개정판

호텔·외식 조주기능사 자격증 취득 완벽 대비

음료서비스 실무 경영론

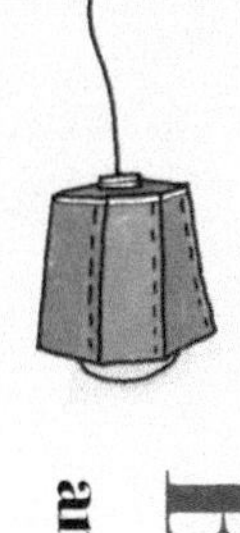

최병호 · 신정하 공저

Beverage Service and Practical Business Management

백산출판사

Preface

현대사회는 다양성에 기초하여 급변하는 환경과 문화 속에서 그 질서를 유지하면서 이어져 오고 있다. 새로운 부가가치와 국가의 신성장 동력으로서의 호텔 · 외식산업은 그 중요성을 인정받고 있으며, 그에 따른 교육 및 문화적인 전문인 양성은 오래 전부터 이루어져 오고 있다.

호텔외식분야의 전문인들로서 오랜 기간 현장 실무경험을 바탕으로 수년에 가까운 연구와 자료수집 및 현장 탐방으로 호텔외식산업의 발전과 우수한 인재양성을 위하여 이 책을 발간하게 되었다.

총9장으로 나누어 음료의 개요부터 칵테일, 와인까지 그리고 조주기능사 자격증 취득을 위한 지침서로 호텔외식산업에 있어서의 음료에 대한 이론과 실무를 정리하였다.

호텔외식산업은 단순히 화려한 시설과 식사만을 판매하는 것이 아니라 고객이 무엇을 필요로 하고 이용하려고 하는가를 파악해야 한다. 일반적으로 고객은 저렴한 가격으로 질 좋은 상품을 훌륭한 서비스로 원하는 시간과 장소에서 제공받기를 원한다. 이러한 고객의 욕구를 파악함과 아울러 매출 극대화를 위하여 음료의 중요도는 식음료 매출 대비 그 신장세가 날로 더해가고 있다. 호텔외식산업의 현장 및 많은 후학들이 좀더 전문적이고 다양한 지식과 실무를 쌓기를 바라며 이 책이 도움이 되시길 바란다.

아직은 많이 수정 · 보완해야 할 것으로 생각되며, 수고하신 백산출판사 진욱상 사장님 및 관계자께 감사드리며 무궁한 발전을 기원한다.

저자 일동

CONTENTS

음료의 개요

위스키

브랜디

기타 증류주

리큐르

비알코올성 음료

칵테일

맥 주

와 인

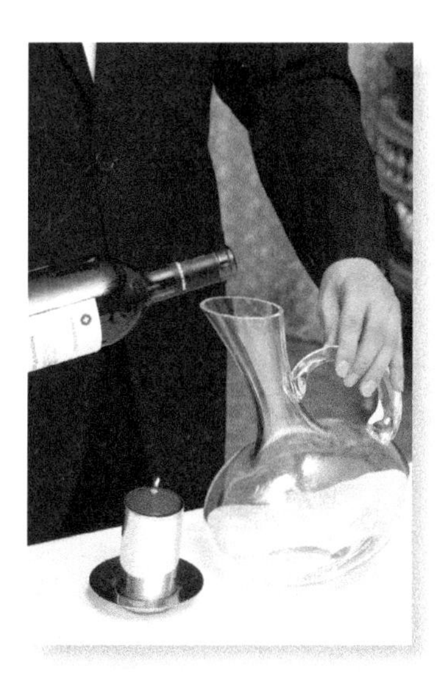

부록 칵테일

Chapter 1

음료의 개요

제1장 음료의 개요

제1절 음료의 역사 및 정의

1. 음료의 역사

음료에 관한 역사는 고고학적 자료가 없기 때문에 정확히 알 수는 없으나, 자연적으로 존재하는 봉밀을 그대로 혹은 물에 약하게 타서 마시기 시작한 것이 그 시초라고 추측한다.

1919년에 발견된 스페인의 발렌시아(Valencia) 부근의 아라니아라고 하는 동굴 속에서 약 1만년 전의 것으로 추측되는 암벽의 조각에는 한 손에 바구니를 들고 봉밀을 채취하는 인물 그림이 있다.

다음으로 인간이 발견한 음료는 과즙이다. 고고학적 자료로써 B.C. 6000년경 바빌로니아(Babylonia)에서 레몬 과즙을 마셨다는 기록이 전해지고 있다. 그 후 이 지방 사람들은 밀빵이 물에 젖어 발효된 맥주를 발견한 것을 음료로써 즐겼으며, 또한 중앙아시아 지역에서는 야생의 포도가 쌓여

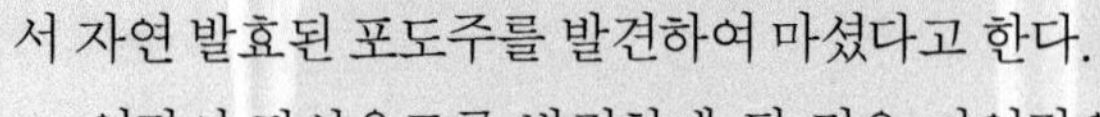

서 자연 발효된 포도주를 발견하여 마셨다고 한다.

인간이 탄산음료를 발견하게 된 것은 자연적으로 솟아 나오는 천연광천수를 마시게 된 데서 비롯되었다. 어떤 광천수는 보통 물과 달라서 인체와 건강에 좋다는 것이 경험으로 알게 되어 병자에게 마시게 했다.

기원전 그리스(Greece)의 기록에 의하면 이러한 광천수의 효험에 의해 장수했다고 전해지고 있다. 그 후 로마(Rome)시대에는 이 천연광천수를 약용으로 마셨다고 한다. 그러나 약효를 믿고 청량한 맛을 알게 되었으나, 그것이 물 속에 함유된 이산화탄소(CO_2) 때문이란 것은 발견하지 못했었다. 탄산가스의 존재를 발견한 것은 18C경 영국의 화학자 조셉 프리스트리(Joseph Pristry)이며, 그는 지구상의 주요 원소의 하나인 산소의 발견자로서 과학사에 눈부신 업적을 남겼다. 탄산가스의 발견이 인공탄산음료 발명의 계기가 되었고, 그 이후에 청량음료(Soft Drink)의 역사에 크게 기여하게 되었다고 할 수 있다. 또한 인류가 오래 전부터 마시게 된 음료는 유제품이 있다.

목축을 하는 유목민들은 양이나 염소의 젖을 음료로 마셨다. 현대인들이 누구나 즐겨 마시는 커피도 A.D. 600년경 에디오피아(Ethiopia)에서 한 양치기에 의해 발견되어 약재와 식료 및 음료로 쓰이면서 수도승들에 의해 홍해를 건너 아리비아의 예멘으로 전파되었고, 800년경에 아라비아 상인들의 무역을 통하여 거래되고 재배되기 시작한 것으로 추정된다.

인류가 음료에 있어서 향료에 관심을 갖게 된 것은 그리스, 로마시대부터라고 전해지고 있으나, 의식적으로 향료를 사용하게 된 것은 중세기경 십자군 원정이나 16C경부터 시작된 남양 탐험으로 동양의 향신료를 구하게 된 것이 그 동기가 되었다.

그 당시에는 초(草), 근(根), 목(木), 피(皮)에 함유된 향신료(Spice and Bitter)를 그대로 사용하였으며, 18C에 와서 과학의 발달과 함께 천연향료 또는 합성향료가 제조되기 시작하였다. 그리하여 19C에 들어와 식품공업이 크게 발전하고 제품의 다양화와 소비자의 기호에 맞춘 여러 가지 종류의 청량음료가 시장에 나오게 되었다. 그 외 알코올성 음료도 인류의 역사와 병행하여 많은 발전을 거듭해서 오늘에

이르렀고, 유제품을 비롯한 각종 과일주스가 나온 이후, 점점 다양화되면서 현재에 이르게 된 것이다.

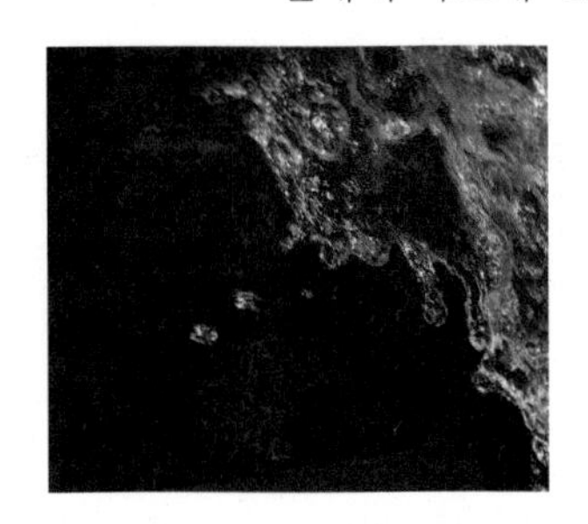

인류 최초의 음료는 물로서 옛날 사람들은 아마 순수한 물을 마시고 그들의 갈증을 달래면서 만족하였을 것이다. 그러나 세계문명의 발상지인 유명한 티그리스(Tigris)강과 유프라테스(Euphrates)강의 풍부한 수역에서도 강물이 더러워 유역 일대의 주민들이 전염병의 위기에 처해 있을 때, 강물을 독자적인 방법으로 가공하는 방법을 배워 안전하게 마셨다고 전해지듯이, 인간은 오염으로 인해 순수한 물을 마실 수 없게 되자 색다른 음료를 연구할 수밖에 없었다.

2. 음료의 정의

일반적으로 음료는 알코올이 함유되어 있는 유무에 따라 알코올성 음료와 비알코올성 음료로 구분하고 있다.

알코올성 음료는 제조방법에 따라 양조주, 증류주, 혼성주로 나뉘고, 비알코올성 음료는 청량음료, 영양음료, 기호음료로 나뉜다.

우리의 인간의 신체 구성요건 가운데 약 70%가 물이라고 한다. 모든 생

여러 가지 음료의 종류

비알코올성 음료
(물)

비알코올성 음료
(탄산음료-콜라)

비알코올성 음료
(오렌지주스)

알코올성 음료
(양조주-와인)

알코올성 음료
(양조주-맥주)

알코올성 음료
(증류주-위스키)

알코올성 음료
(증류주-브랜디)

물이 물로부터 발생하였으며, 인간의 생명과 밀접한 관계를 가지고 있는 것이 물, 즉 음료라는 것을 생각할 때 음료가 우리 일상생활에 얼마나 중요한 것인가를 알 수 있다. 그러나 현대인들은 여러 가지 공해로 인하여 순수한 물을 마실 수 없게 되었고, 따라서 현대 문명 혜택의 산물로 여러 가지 음료가 등장하게 되어 그 종류가 다양해졌으며 각자 나름대로 기호음료를 찾게 되었다.

음료라고 하면 우리 한국인들은 주로 비알코올성 음료만을 뜻하는 것으로, 알코올성 음료는 '술'이라고 구분해서 생각하는 것이 일반적이라 할 수 있다.

그러나 서양인들은 음료에 대한 개념이 우리와 다르다. 물론 음료라는 범주에서 알코올성, 비알코올성 음료로 구분을 하지만 마시는 것을 통칭 '음료'라고 하며, 어떤 의미로서는 알코올성 음료로 더 짙게 표현되기도 한다.

또한 와인(Wine)이라고 하는 것은 포도주라는 뜻으로 많이 쓰이나, 넓은 의미로는 술을 총칭하고, 좁은 의미로는 발효주(특히 과일)를 뜻한다.

일반적으로 술을 총칭하는 말로는 리커(Liquor)가 있으나 주로 증류주(Distilled Liquor)를 표현하며 독한 술, 증류주(Hard Liquor) 또는 스피리츠(Spirits)라고도 쓴다.

제 2 절 술의 역사 및 정의

1. 술의 역사

술의 역사는 인류의 역사와 함께 전해져 왔다고 한다. 술이 최초로 발견된 시기나 방법 또는 그 발견자가 확실하지는 않지만, 오랜 세월이 지나는 동안 인간은 과실이나 꿀 등이 자연 발효된 것을 발견할 기회는 많았을 것이다. 이러한 과정에서 생긴 쓴 맛을 지닌 술(Ethyl Alcohol)은 적어도 7,000년 동안 인간을 매료시켰고 생활에 놀라운 영향을 끼쳤다.

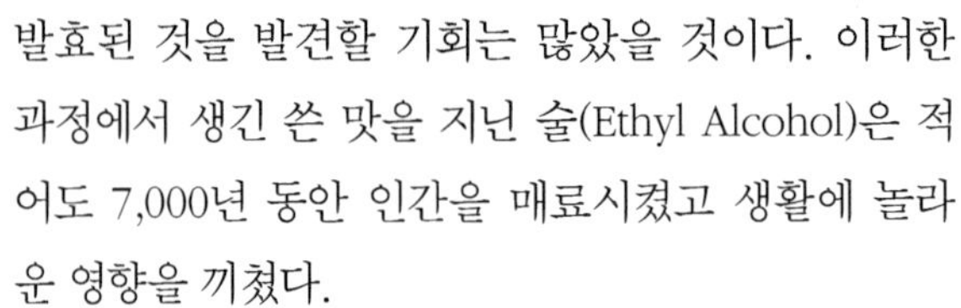

인류 최초의 알코올성 음료는 아마 벌꿀술일 것이다. 학자들의 연구에 의하면 이 벌꿀술(Mead)이라는 말은 음주나 명정이라는 말과 같은 뜻으로써 석기시대의 혈거인들도 이 술을 마셨을 것이라고 한다.

다음으로는 맥주인데, 옛 바빌로니아(Babylonia) 지방에서 출토된 토제 분판을 보면 그들이 맥주를 즐겼음을 알 수 있어 맥주의 역사는 기원전 5000년까지 거슬러 올라간다. 그들은 이 술을 신의 선물로 생각하여 사원 안에서 종교의식의 하나로 술을 빚었는데 빚는 사람들은 모두 여사제들이었다고 한다.

이시스신전의 벽화

고대 서양세계에서 맥주를 가장 많이 즐긴 사람들은 이집트(Egypt)인들로서 이들은 술빚는 일을 자연의 여신인 이시스(Isis)가 내려준 신비의 선물로 간주하였다.

헤크(Hek)라고 불리우는 이집트 맥주는 밀빵을 단지에다 부수어 넣은 뒤 물을 섞어 발효시킨 것인데 그 액을 걸러서 마셨다. 맥주 다음으로 발견된 술은 포도주인데 성서(Bible)에 의하면 태고의 대홍수 직후 노아(Noah)가 최초의 포도원을 경작함으로써(창세기 9:20) 포도주가 비롯되었다. 또한 페르시아(Persia) 전설에 의하면 예수 이전에 포도를 무척 좋아하던 잼쉬드

(Jamshid)라는 왕이 풍작이었던 포도를 지하실에 저장했다가 자연 발효된 포도주를 발견했다고도 한다.

포도주는 메소포타미아(Mesopotamia) 지방에서는 기원전 300년 전에 이미 알려져 헤브라이인, 그리스인, 로마인들이 즐겼으며 맥주와 더불어 오늘날에도 그 인기를 잃지 않고 있다.

중세 이전까지 인간은 위의 세 가지 술, 즉 벌꿀주(Mead), 맥주(Beer), 포도주(Wine)를 주로 즐겨왔다. 그러나 중세에 접어들면서 8C에 아랍의 연금술사인 제버(Geber)로 알려진 재빌 이븐 하얀(Jabir Ibn Hayyan)이라는 사람이 보다 강한 주정의 제조과정을 고안해 냈다.

그 후 십자군전쟁으로 연금술 및 증류비법이 유럽에 전파되었고, 12C경에는 아일랜드(Ireland)에서 보리를 발효하여 증류한 술을 마시게 되었다.

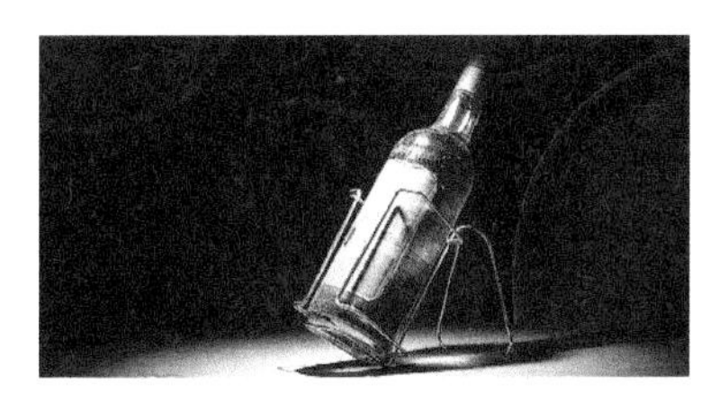

이 술은 스코틀랜드(Scotland)에 영향을 주어 오늘날의 위스키(Whisky)를 탄생시켰다. 이러한 술을 증류하는 방법은 아랍에서 발견되어 유럽 전역에 점차 퍼져 나갔다.

12C경에 러시아에서 보드카(Vodka)가 만들어졌고, 14C경에는 프랑스에서 Arnaud de Villeneuve라는 의학교수에 의해 브랜디(Brandy)가 발견되었다. 17C경에 이르러 네덜란드의 명문교인 라이덴 대학의 의학교수인 Sylvius 박사에 의해 진(Gin)이 탄생했고, 거의 같은 시기에 서인도 제도에서는 사탕수수를 원료로 한 럼(Rum)을 만들어 마셨다. 그 후 멕시코에 있는 스페인 사람들은 원주민이 즐겨 마시는 발효주인 풀케(Pulque)를 증류시켜 오늘날의 데킬라(Teguila)를 만들었다. 이 외에도 수많은 리큐르(Liqueur)가 만들어졌고 각 나라마다 특색있는 새로운 알코올 음료가 생겨났다.

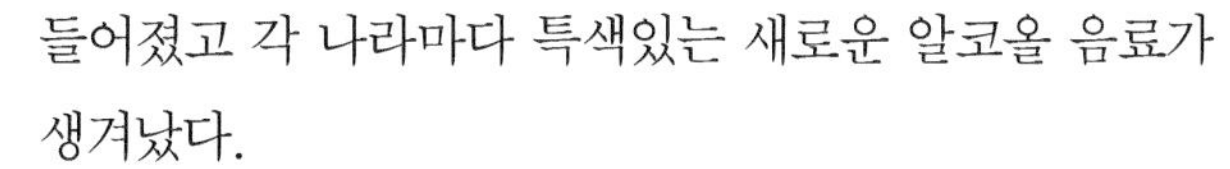

이와 같이 술은 문자마저 명확하지 못했던 시대부터 만들어졌을 만큼 오래 되었고 인류의 역사와 밀접한 관계로 발전되어 왔다.

2. 술의 정의

술이 언제부터 시작되었고 마시게 되었는지는 정확하게 알 수 없지만, 지금은 많은 사람들이 즐겨 마시고 있다.

알코올을 함유한 음료를 술이라고 하지만, 알코올 중에서도 미생물의 발효에 의하여 만들어지는 에틸알코올을 말하며 화학적 합성방법에 의하여 얻어지는 것은 술이라고 할 수 없다.

세계 여러 나라에서 수많은 종류의 술이 만들어지고 있으며 이것은 법적으로 정의나 종류 등이 각 나라마다 다르다.

우리나라는 주세법상 알코올이 1% 이상을 함유하고 있는 음료를 술이라고 정의하고 있다.

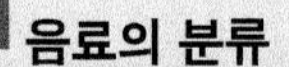

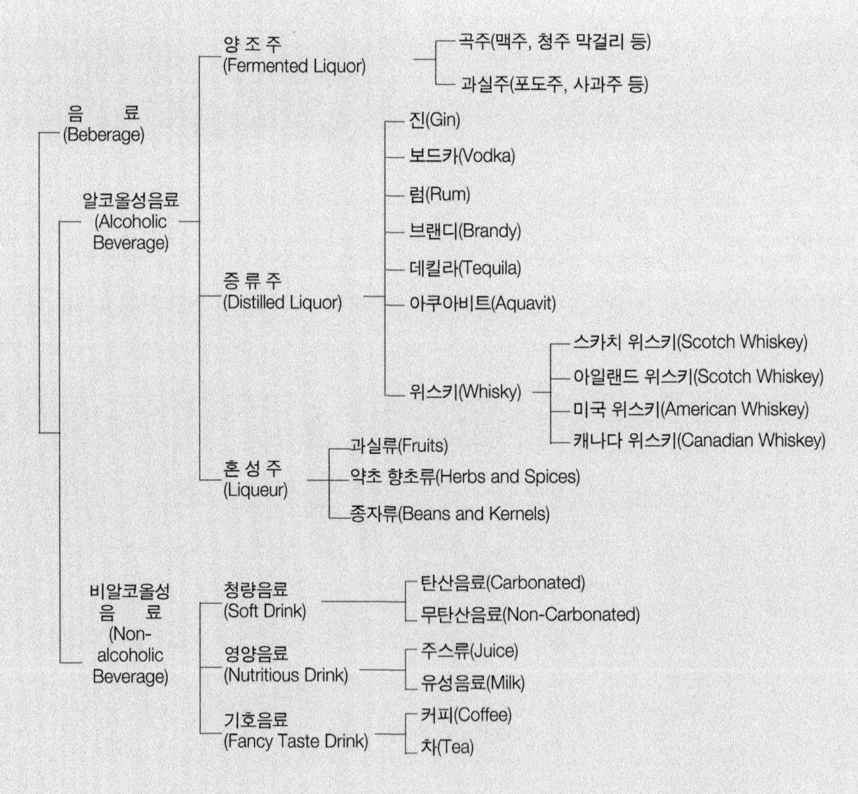

알코올 농도 계산법

알코올(Alcohol) 농도라 함은 온도 15°C일 때의 원용량 100ml 중에 함유하는 에틸알코올(Ethyl Alcohol)의 용량(Alcohol Percentage by Volume)을 말한다.

이러한 알코올 농도를 표시하는 방법은 각 나라마다 그 방법을 달리하고 있다.

1) 영국의 도수 표시방법

영국식 도수 표시는 사이크(Syke)가 고안한 알코올 비중계에 의한 사이크 프루프(Syke Proof)로 표시한다. 그러나 그 방법이 다른 나라에 비해 대단히 복잡하다. 그러므로 최근에는 수출품목 상표에 영국식 도수를 표시하지 않고 미국식 프루프를 사용하고 있다.

예) 80 Proof = U.P 29.9

2) 미국의 도수 표시방법

미국의 술은 강도표시를 프루프(Proof)단위를 사용하고 있다. 60°F(15.6°C)에 있어서의 물을 0으로 하고 순수 에틸알코올(Ethyl Alcohol)을 200 Proof로 하고 있다. 주정도를 2배로 한 숫자로 100 Proof는 주정도 50%라는 의미이다.

3) 독일의 도수 표시 방법

독일은 중량비율(Percent by Weight)을 사용한다. 100g의 액체 중 몇 g의 순 에틸알코올(Ethyl Alcohol)이 함유되어 있는가를 표시한다. 술 100g 중 에틸알코올이 40g 들어 있으면 40%의 술이라고 표시한다.

예) 40°= 33.5% Alc/Weight

이와 같이 알코올 도수 표시방법은 나라별로 약간씩 다른 방법이 있으나, 현재 일반적으로 전 세계의 술에 표시되고 있는 알코올 농도는 Proof와 France의 게이 뤼삭(Gay Lussac)이 고안한 용량분율 (Percent by Volume)을 사용하고 있다.

예) 86 Proof = 43% Vol(혹은 43% Alc/Vol)

제 3 절 술의 분류

술을 분류하는 방법으로는 제법상 원료별이나 성질별로 구분할 수 있으며, 일반적으로 제법상에 있어서 학술적인 방법과 상품학적으로 분류하는 방법을 체택하고 있다.

1. 양조주(Fermented Liquor)

효모균(Yeast)에 의해서 전분(Starch)이나 당분(Sugar)을 발효시켜 주정분을 만든 것을 양조주라고 한다.

양조주는 술의 역사로 보아 가장 오래 전부터 인간이 마셔온 술로써 곡류와 과실 등 당분이 함유된 원료를 효모균에 의하여 발효시켜 얻어지는 주정, 즉 포도주(Wine)와 사과주(Cider)가 있고, 또 하나는 전분을 원료로 하여 그 전분을 당화시켜 다시 발효공정을 거쳐 얻어내는 것으로 맥주와 청주가 있다. 양조주는 보편적으로 알코올 함유량이 3~18%이나 21%까지 강화된 것도 있다.

사이더(Cider)는 청량음료가 아니라,
사과를 원료로 하는 양조주이다.

〈 원료별 분류 〉

- 당질의 원료 : 과실주(Port Wine, Apple Wine, Orange Wine, Peach Wine, Sparkling Wine)
- 전분질의 원료 : 맥주, 국산주나 청주

칵테일의 기주로서는 그리 많이 사용되지 않는다.

양조주는 과실이나 전분질을 원료로 하여
알맞은 조건의 시간과 장소에서 만들어진다.

2. 증류주(Distilled Liquor)

증류주의 대량생산은 증류기를 이용하게 된다.

양조주에 있어 효모의 성질상 더 높은 알코올 농도를 얻을 수 없어 이 양조주의 주정을 증류한 술을 증류주라고 하며 보통 스피리츠(Spirit)라 한다.

곡물이나 과실 또는 당분을 포함한 원료를 발효시켜서 약한 주정분(양조주)을 만들고 그것을 다시 증류기에 의해 증류한 것이다. 양조주는 효모의 성질이나 당분의 함유량에 의해 대개 8~14℃ 내외의 알코올을 함유한 음료를 산출하는데 이를 보다 더 강한 알코올 음료나 순도 높은 주정을 얻기 위해서 증류하는 것이다.

1) 증류주의 배합상 3종류

(1) 몰트 위스키(Malt Whisky / Malt Spirit)

Wash stills and spirit stills

몰트 위스키는 피트(Peat)의 그을음을 배이게 한 대맥 맥아(몰트)만을 원료로 한 단식증류기로 2회 증류한 다음 오크통에서 비교적 장시간 숙성시킨다.

피트향과 통의 향이 배인 독특한 맛이 나는 위스키는 증류소에 따라 피트향의 강약, 통에서 배인 향의 강약 등이 있어 증류소마다의 개성을 지니고 있기 때문에 한 증류소만의 원주로 구성되고 다른 증류소의 원주를 한 방울도 브렌드 하지 않은 것은 싱글 몰트 위스키로서 구분한다.

(2) 그레인 위스키(Grain Whisky / Grain Spirit)

그레인 위스키는 곡물(Grain)로 만든 위스키라는 뜻이다.

현실적으로는 옥수수 약 80%에 피트향을 주지 않은 대맥 맥아 약 20%를 섞어 연속식 증류기라는 정교한 장치로써 고 알코올 도수로 증류한 위스키를 말한다.

풍미가 순하고 온순하여 싸일렌트 스피리트(Silent Spirit) 라 불린다. 대부분 그레인위스키 자체만으로 상품화되지 않고 몰트위스키와 적당한 비율로 섞어 브렌디드 위스키를 만드는 데 이용되며 극히 일부만이 상품화되어 위스키 애호가들로부터 사랑을 받고 있다.

호밀(Rye), 귀리(Oat), 밀(Wheat), 옥수수(Corn) 등의 곡류에다 보리(Barley)의 맥아를 15~20% 정도 혼합하여 당화 발효하여 연속식 증류법(Patent Still)이라는 개량된 증류솥으로 증류한 것이다. 카나디언 위스키가 이 종류의 위스키이다.

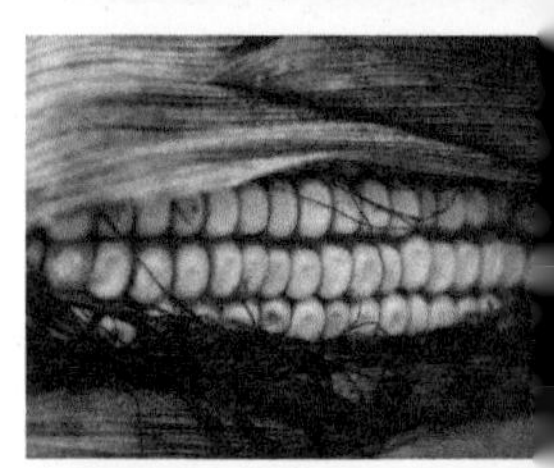

위로부터 호밀, 귀리, 밀, 옥수수, 보리의 맥아

(3) 브렌디드 위스키(Blended Whisky / Blended Spirit)

브렌디드 위스키는 몰트 위스키와 그레인 위스키를 적당히 브렌디드(Blended)한 것인데 우리가 마시고 있는 위스키의 대부분이 이 타입이다. 대개 몇 종류에서 20~30 종류 이상의 몰트위스키를 먼저 브렌딩하여 풍미의 성격을 결정한 다음 한 종류 또는 그 이상의 그레인 위스키를 브렌딩하여 제품화한다. 이 경우 저장연수가 오래된 몰트 위스키의 배합비율이 높은 것일수록 고급품으로 한다. 예컨대 라벨에 12 Years old 라고 표기되어 있으면 12 년 저장의 몰트위스키가 65%이상 브렌딩되어 있다고 생각하면 된다.

조니워커 등 우리가 마시는 위스키의 대부분이 Blended Whisky이다.

증류법

(1) 단식 증류법(Pot Still)

Pot Whisky와 Patent Whisky의 혼합물이라고 하는 몰트 위스키는 Pot Still 이라는 종래의 원시적인 솥머리로부터 나온 Pipe 가시관 속에 1회 증류하는 방법으로 단식증류기의 별명이다.

〈 증류과정 〉

① Barley Green Malt Grist(엿기름) ② Starch Of Grist(엿기름죽)
③ Wort(즙) ④ Wash(발효시킨 엿기름) ⑤ Spirit

(2) 연속식 증류법(Patent Still)

근대적인 연속식 증류기에 의하여 조류와 정류가 여러 개의 탑에 연결된 일조(一租)로 순수에 가까운 주정을 얻으며 대량 생산되는 그레인 위스키인 것이다. 이 방법으로 얻은 위스키가 파텐트위스키로서 스카치위스키 배합의 베이스가 되고 있다.

단식증류기는 시설비가 저렴하고,
맛과 향의 파괴가 적다.
반면에 대량생산이 불가능하며,
재증류의 번거로움이 많다.

연속식 증류기는
대량생단이 가능하며,
생산원가 절감이 되고,
연속적인 작업을 할 수 있다.
반면에 시설비가 고가이지만
주요 성분이 상실될 수 있다.

〈 원료별 분류 〉

- 당질의 원료 : Brandy, Curacao, Rum Etc.
- 전분질의 원료 : Whisky, Gin, Vodka, Ko-Ryang-Joo Etc. 칵테일의 기본이 되는 술이다.

3. 혼성주(Compounded Liquor)

이 술은 세계 여러 나라에서 생산하며 자국에서 생산하는 식물을 원료로 하여 증류주나 양조주에 초 · 근 · 목 · 피를 혼합하여 감미나 향료를 가미한 술이다.

최초에는 약용이 주목적이였으나 최근에는 소화촉진을 목적으로도 마시며 종류에 따라서는 식전에 마시는 술도 있다. 특히 혼성주는 리큐르로서 칵테일을 만드는데 중요한 역할을 하며 색, 맛, 향을 내는데 부재료로 많이 사용한다.

또한 수십종의 약초(Herbs)를 원료로 많이 사용하여 만든 것으로 유명하다. 미국과 영국에서는 꼬디얼(Cordial)로 부르기도 한다.

Chapter 2
위스키

제2장 위스키

제 1 절 위스키의 어원과 역사

1. 위스키의 어원

위스키(Whiskey)는 고대 게릭(Gaelic)어의 Uisge-Beahta에서 나온 것이다. Uisge-Beatha가 우스크베이하(Usque-Baugh)로 변하고 다시 우슈크(Uisqe) – 어스키(Usky) – 위스키(Whisky), 위스키(Whiskey)로 변화된 것이라 한다. 실제로 위스키라고 부르기 시작한 것은 18C말부터이다.

어원이 된 위스게바하(Uisge-Beahta)는 라틴어의 아쿠아 비테(Aqua Vitae)에 해당되며, 북유럽의 스피리츠(Spirits)인 아쿠아비트(Aquavit)와 프랑스의 브랜디(Brandy)를 오드뷔(Eau de Vie)라고 하는 것은 같은 의미의 말로서 "Water of Life"(생명의 물)이란 뜻을 지니고 있다.

미국과 아일랜드에서는 위스키(Whiskey), 영국과 캐나다는 위스키(Whisky)라 하는데 이것은 철자법상의 차이일 뿐 뜻은 같다.

위스키는 주로 곡물인 보리, 옥수수, 호밀 등을 원료로 사용하며, 발효과정을 거쳐 단식 증류법과 연속식 증류법을 사용하여 만들어진 증류주는 일정 기간 오크(Oak)통에 담겨져 숙성기간을 보내는데, 이 기간에 나무로 된 오크통에서 우러나온 액과 증류주가 혼합되어 위스키 특유의 맛과 향 그리고 색이 나게 되며, 오랜 기간 저장하면 할수록 짙은 향과 독특한 맛의 짙은 색이 생긴다.

이렇게 숙성기간을 거친 몰트위스키(Malt Whisky)를 증류수에 희석시켜 알코올 도수를 낮추어 병에 담겨지게 되며, 이 때에 그레인 위스키(Grain Whisky)를 혼합하여 병에 담겨지는 위스키를 블렌디드, 즉 스카치 위스키라 한다.

위스키는 여러 나라에서 생산하고 있으나 세계에서 품질이 좋은 위스키를 많이 생산하는 나라를 소개하면 다음과 같다.

Scotch Whisky	스코틀랜드	American Whiskey	미국
Canadian Whisky	캐나다	Irish Whiskey	아일랜드
Australian Whiskey	호주	Danish Whiskey	덴마크

2. 위스키의 역사

위스키는 언제 생긴 것일까? 여러 가지 설이 있으나 지금에 와서 그 진상을 알 수가 없다. 그러나 스카치(Scotch)의 역사가 곧 위스키의 역사라 할 수 있다. 12C경 이전에 처음으로 아일랜드에서 제조되기 시작하여 15C경에는 스코틀랜드로 전파되어 오늘날의 스카치 위스키(Scotch Whisky)의 원조가 된 것으로 본다.

1171년 영국의 헨리(Henry) II세(1133~1189)가 아일랜드에 침입했을 때 그곳 사람들이 보리를 발효하여 증류한 술은 마시고 있었다고 한다. 15C경까지는 기독교 성직자의 손에 의해 만들어져 널리 보급되고 있었다. 이후 스코틀랜드(Scotland)의 로우랜드(Lowland)와 하이랜드(Highland)에서도 만들어지고 있었다.

1707년 스코틀랜드와 잉글랜드가 합병하여 대영제국이 탄생했다. 그로부터 1713년에 영국 정부는 잉글랜드와 마찬가지로 스코틀랜드에도 맥아세를 과세했다. 이에 그라스코우(Glasgow)와 스코틀랜드의 수도인 하이렌드(Edinburgh)에서 대규모 폭동이 일어나는 등 스코틀랜드의 하이랜드 지방 사람들은 인종적 편견으로 보고 이에 대항하여 목숨을 걸고 싸웠던 것이다. 그 당시 하이랜더들은 단호히 저항하며 벽지의 산 속으로 들어가 위스키의 밀조, 밀수를 하게 되었다. 이 때 발견된 것이 스카치 위스키에 있어서 중요한 피트를 사용하게 되었다. 왜냐하면 세무관리의 눈을 피하려면 낮에 햇빛으로 맥아를 건조시킬 수가 없어 밤에 피트를 사용하여 건조시켰던 것이다.

피트(peat)라고 하는 것은 스코틀랜드에만 있는 것으로 히스(Heath)라는 관목이 몇 백년이나 축적되어 생긴 일종의 진흙탄으로 땅 속에 묻혀 있었다.

피트를 사용함으로써 향기를 얻을 수 있고 증류한 위스키를 쉐리 와인(Sherry Wine)의 빈 통에 넣어 저장하면 원주가 조금씩 색이 나오면서 숙성하는 것이 시대의 하이렌더들이 발견한 우연한 수확이었다.

당시 하이렌드의 밀조업자들은 달빛을 받으면서 일을 한다고 해서 'Moon Shiner'라고 부른 데서 기인하여 밀조주를 문샤인(Moon Shine)이라고 한다.

그 후 1823년 소규모의 증류소에서도 싼 세금으로 증류할 수 있도록 새로운 세제안이 공포되어 이때 면허취득 제1호가 된 것이 Glenlivet의 George Smith이다. 오늘날도 글렌리빗(Glenlivet)은 이름난 양조지로써 이름이 높고 정관사 'The'를 붙이는 것이 허용되어 있는 것은 Smith의 'The Glenivet'뿐이다.

1826년 스코틀랜드의 증류업자 로버트 스테인(Robert Stein)의 연속식 증류기 개발에 이어 1831년 아일랜드 더블린(Dublin)의 세무관리인 에너스 코페이(Aeneas Coffey)가 '코페이식 연속 증류기(Coffey Still)'를 완성하여 특허를 취득했다. 연속식증류법으로 불리우는 이 증류기의 보급으로 단기간 내에 대량의 그레인 위스키를 생산하기에 이르렀다.

1877년 Lowland의 유수한 그레인위스키업자 6개 사가 모여서 D.C.L(Distillers Company Limited)를 주식회사 조직으로 결성하여 조업을 관리토록 했다. 1880년경 프랑스의 포도밭에 '피록셀라'란 병충해가 번져 와인과 브랜디의 생산에 큰 타격을 입었다. 그 때문에 영국은 와인과 브랜디를 수입할 수 없었다. 당시 런던의 상류 계급에서는 레드 와인(Red Wine)이나 브랜디를 주로 애용하고 있었는데, 런던시장에 바닥난 브랜디를 대신하여 브렌디드 위스키가 크게 부상하게 되었다.

1890년경에는 런던 시민 전체에 번져 그때까지 대중들에게 진(Gin)이 누리고 있던 인기를 앞지르게 되었다. 이러한 추세를 몰아 D.C.L은 전체 스카치 위스키의 60%, 영국 전체 알코올 생산의 80%를 점유하였다. D.C.L에 속해 있는 5대 메이커(Maker)는 John Haig 사(John Haig, Haig & Haig), John Dewar's 사(White Label), White Horse 사(White Horse), John Walker사(Johnnie Walker), James Buchanan's 사(Black & White)이다. 결국 옛날에는 스코틀랜드의 지주에 지나지 않았던 스카치 위스키도 현재는 영국풍의 신사를 매혹시키는 술로써 기품있고 대중성도 겸비되어 전 세계에 스카치 팬을 많이 가지고 있다.

제 2 절 스카치 위스키(Scotch Whisky)

스카치 위스키는 스콜틀랜드에서만이 생산되는 것으로서 자국의 발리 그레인(Barley Grain)으로 전통적인 재래식 증류방법인 단식증류법으로 증류한 것이다. 대체적으로 몰트 위스키 60%를 혼합하여 브렌디드 위스키로 조제한 것이며, 3년 이상 저장하여 완숙한 것으로서 보통 80~86 Proof의 주정 도수를 가지고 있다.

스카치의 특수한 것은 발아된 보리를 이탄불로 건조함에서 오는 스모키 페이버(Smoky Flavor)이다.

일찍이 스페인으로부터 증류법을 아일랜드가 도입한 이후 아일랜드의 수도사가 서부 스코틀랜드에 증류기를 설치하면서부터 증류주의 생산이 가속화되었다.

이렇게 만들어져 오던 증류주는 스코틀랜드 정부가 1643년 증류주제조업자에게 과중한 세금을 부과시키자 제조업자들은 세무 당국의 눈을 피하여 하이랜드 깊은 계곡에서 밀주를 만들었다.

원주민과 애주가들의 보호를 받는 제조업자와 정부 당국 간에 많은 마찰을 빚게 되는데, 이러한 마찰은 19세기 초까지 이어지며 이것을 '오랜 기간 정부와의 싸움(Long Running Battle)'이라 한다.

이 때까지만 해도 단식증류법으로 생산해오던 위스키를 1826년 스코틀랜드인 Robert Stein씨가 연속증류기를 처음 고안하여 설계한 것을 Aeneas Coffey씨가 부족한 부분을 개량하여 1831년에 특허를 받은 증류기라 하여 Patent Still(Continuouse Still)이라고 현재까지 전해져오고 있으며, 또다른 일설에는 코페이 스틸(Coffey Still)이라고도 한다.

이러한 연속증류기가 발명되면서 위스키에 새로운 혁명이 일어나 대량생산이 가능하게 되었고, 연속증류기로 생산한 그레인 위스키(Neutal Grain Spirits)는 알코올 농도가 100%의 순수한 에틸알코올로 맛이 연하고 부드러워 위스키를 만들 때 몰트 위스키와 함께 브렌딩하여 전보다 부드러운 맛이 나는 질이 좋은 위스키를 생산하였다.

스카치의 독특한 맛은 많은 양의 토탄이 묻혀있는 지하에서 나오는 지하수와 발아된 맥아를 토탄을 태워서 건조시키는 것과 쉐리를 담아 두었던 오크통에 증류된 원액을 저장하여 오크통 안에서 액이 혼합시켜 특이한 맛을 내게 되었다.

쉐리를 저장하였던 오크통을 사용하게 된 시초는 깊은 계곡에서 밀주를 제조한 업자들이 위스키를 운반하기 위하여 쉐리를 담았던 통에 넣어서 판매지에 도착하여 맛을 보니 생산지에서의 맛보다 더욱 좋은 맛이 나므로 이상하게 여겨 연구한 결과 쉐리통에서 우러나온 액이 맛을 좋게 만든 결과라는 것을 알게 되어 이 때부터 증류된 스카치 원액을 쉐리통으로 사용하였던 오크통에 저장하게 되었다.

1. 스카치 위스키의 제조과정

1) 맥아 제조(Malting)

보리를 물에 담가서 2~3일간 불린다. 물에 불린 보리를 따뜻한 콘크리트 바닥에 펼쳐 놓고 적정한 온도와 습도를 맞추어 8~10 일간 발아시킨다.

파랗게 싹이 난 보리(엿기름)를 그린몰트(Green Malt)라 하며 이 과정에서 당분과 효소를 생성하여 이것이 발효시키는 결정적 역할을 한다.

발아된 그린몰트는 피트를 태워 그 연기로 맥아를 건조시키는데 스카치의 독특한 맛을 내는 결정적인 원인이 된다.

곡류 맥아의 효소, 효모균(Diastase)를 당화하여 그 당액을 발효시켜 이것을 증류하여 만든 최저 190 Proof의 증류주를 쉐리의 빈 오크통에 넣어 5년, 10년, 30년 저장하여 성숙시킨 다음 80~86 Proof로 하여 병에 넣어 시판한다.

Scotch Whisky	Scotland에서 증류한 것
Irish Whiskey	Ireland에서 증류한 것
Canadian Whisky	Canada에서 증류한 것
Bourbon Whiskey	America에서 증류한 것

2) 매싱(Mashing)

건조된 맥아를 제분기로 갈아서 분말로 만들어 큰 당화조(Mash Tank)에 끓는 물과 함께 넣고 잘 저어서 끓여준다.

이 과정에서 효소와 당분이 우러나게 되며 이렇게 만들어진 맥아즙을 워트(Wort)라 하며 냉각시켜서 발효통으로 넘겨진다.

3) 발효(Fermentation)

워트는 10,000~45,000리터의 대형 발효조에 넣고 부족한 당분과 이스트(Yeast)를 첨가하여 약 3일간 발효시키면 알코올 도수가 낮은 액체가 되는데 이것을 워시라 하며, 이렇게 만들어진 워시는 다음 단계인 증류기로 넘겨진다.

4) 증류(Distillation)

증류는 단식증류법으로 증류시키며 2~3번 반복하여 증류시킨다.

워시를 증류기에 넣고 불을 피워 열을 가하면 기체화된 워시는 냉각기에 거치는 동안 액체로 변한다.

이렇게 액체화된 것이 몰트 위스키의 원액이며 처음 증류한 원액은 알코올 도수가 30~40도로 낮아 다시 증류하게 되는데, 1차 증류가 끝나면 증류기 안에 있는 모든 찌꺼기를 제거시키고 2차 증류를 하면 알코올 도수는 20~25도 정도 더 높아진다.

2차 증류시 처음 나온 액체와 마지막에 나온 액체는 알코올 도수가 낮아 다음 번에 증류하는 워시와 함께 증류하게 된다.

5) 숙성(Maturation)

증류를 마친 원액은 쉐리를 담았던 오크통 또는 미국산 오크통에 담겨져 숙성기간을 보내게 되는데 최하 3년 이상을 거치게 되며, 숙성과정에서 오크통에서 우러나온 액과 색이 스카치에 독특한 맛과 향을 만들어낸다.

숙성기간은 대부분 4년 이상을 걸리고 오랜 기간을 숙성시키면 시킬수록 품질이 좋아져 30~50년 숙성시키기도 한다.

6) 브렌딩(Blending)

브렌딩은 매우 중요하다. 오랜 경험으로 고도의 맛과 향을 식별할 수 있는 기술자에 의하여 혼합되며 제조회사마다 자사 제품의 독특한 맛과 향이 계속 똑같이 유지되어야 하기 때문이다.

숙성기간을 거친 몰트 위스키는 물과 희석시켜 병에 담겨지기도 하지만 많은 위스키는 그레인 위스키(Grain Whisky)를 혼합하여 병에 담겨지는데 이렇게 혼합한 위스키는 브렌디드 스카치 위스키라 하며 그레인 위스키를 혼합하지 않은 위스키는 몰트 위스키라 한다. 싱글 몰트 위스키는 한 증류소에서 생산한 몰트 위스키를 그레인 위스키와 혼합하지 않은 것을 말한다.

몰트 위스키는 짙은 맛이 나며 브렌디드 위스키는 연하고 부드러운 맛을 가진다. 하이랜드 몰트 위스키는 80여 개 증류소에서 생산하며 맛이 연하고 부드러워 품질이 우수하며 로우랜드 몰트 위스키(Lowland Malt Whisky)는 짙은 맛이 강하며 품질이 약간 낮은 것으로 10여 개 증류소에서 생산한다.

아이레 몰트 위스키(Islay Malt Whisky)는 스코틀랜드 서쪽에 위치한 스카이(Skye) 섬에서 생산하며 몰트에 강한 맛과 피트탄에 냄새가 약간 나는 짙은맛의 위스키이다.

7) 후숙 및 병입

블랜딩이 끝난 위스키는 다시 오크통에서 수년간 후숙(後熟)시킨 뒤 병에 넣어 시판된다.

제조과정

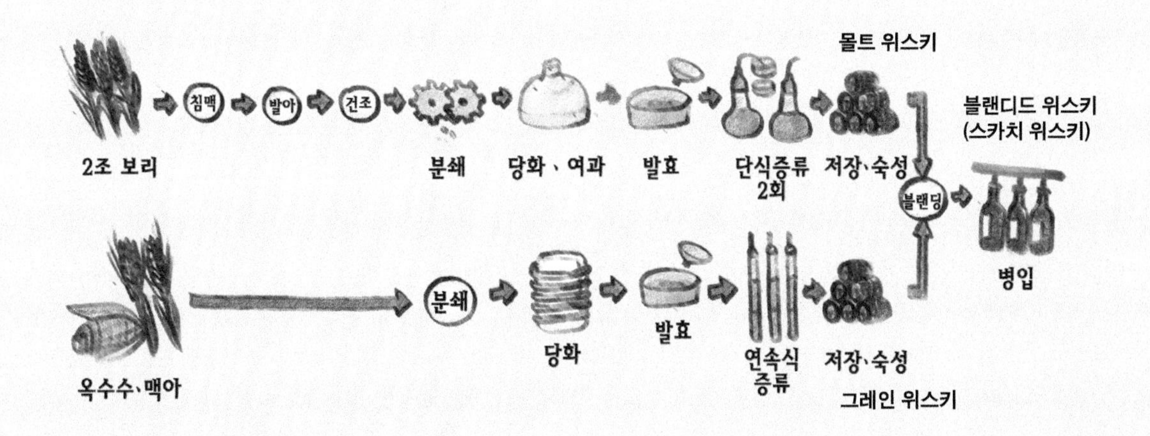

2. 스카치 위스키의 종류

▣ 에니버서리(Anniversary 8~12 Yrs)

Nordern McCall(영국, 프랑스, 네덜란드의 3개국 합자회사)에서 생산한 스카치로 Campell Town에 있는 증류소 Glen Scotier의 몰트를 사용하였다. 맛이 헤비(Heavy)하며 피트(Peat)의 향이 강하다.

▣ 엠베서더(Ambassador)

- Ambassador Royal 8-10 Yrs.
- Ambassador 12 Yrs.
- Ambassador 25 Yrs.(Heavy 하다)
- Ambassador Royal 12 Yrs.(Light 하며 출고량의 80%를 차지)

Taylor & Ferguson에서 생산하고 있는 위스키로 이 회사는 Hiram Walker's 소유이며, H.W는 Ballentine과 Old Smuggler도 소유하고 있다. 엠베서더는 그 이름을 명하기 전 하이랜드 지방에서 해마다 열리는 스카치 페스티벌에 영국 주재 각국 대사로 하여금 그 맛과 향을 테스트하게 하여 그곳에 모인 각국 대사들의 투표에 의해 Grand Prix를 차지하게 되어 이름을 명명했다고 한다.

▣ 발렌타인(Ballentine's)

- Ballentine's 12 Yrs. : Light 한 맛.
- Ballentine's 17 Yrs. : Light 한 맛.
- Ballentine's 30 Yrs. : Heavy 한 맛.
- Ballentine's Stone Jug : 17Yrs. 산을 이용
- Ballentine's Crystal : 30Yrs. 과 17 Yrs. 산을 이용

발렌타인은 George Ballentine & Son사(Hiram Walker's 소유)에서 생산하고 있는 스카치 위스키의 명품이다.

이 제품의 이름은 발렌타이 데이(Ballentine Day)에서 명명하였으며, '영원한 사랑의 속삭임'이라는 이미지를 가지고 있다.

발렌타인의 역사는 1827년 농부였던 조지 발렌타인이 개발한 술이며 에든버러로 나가 식품점을 창업한 것이 시초이며, 식품점에서 취급하는 품목에 위스키를 추가하게 된 것은 19세기 말엽에 그의 아들이 위스키를 생산하면서부터이고, 1919년 발렌타인 회사는 맥킨리라는 사업가에게 넘어가게 되었고, 그 후 1937년 캐나다의 대 주류회사인 Hiram Walker사가 인수하여 현재에 이르고 있다.

발렌타인에는 재미있는 일화가 있는데 그 당시 위스키 숙성 창고에 도둑이 자주들어 위스키를 훔쳐가자 거위 100여 마리를 키워 창고 주위에 낯선 사람이 나타나면 거위들이 집단으로 짖어대며 공격을 가하여 좀도둑들의 침입을 막았다고 한다.

발렌타인은 숙성기간이 6년은 Finest, 12년은 Gold Seal, 17년, 21년, 30년으로 병입되어 시판되고 있다.

Ballentine's Finest

Ballentine's 12 Yrs.

Ballentine's 17 Yrs.

Ballentine's 21 Yrs.

▣ 벨스(Bell's)

- Bell's deluxe 12 Yrs.
- Bell's 20 Yrs.
- Bell's Crystal

제조회사명은 Arthur Bell & Son사로 Arthor Bell에 의해 1825년에 창업되었고, 창업자는 1807년에 창업된 Suntherman이란 남회의 점원으로 1821년 입사하여 1865년에 완전 인수하였다.

그렌리빗 몰트(Glenliver Malt)를 사용하며 100% 하이랜드 몰트(HighLand Malt)를 사용하는 것으로 알려져 있다.

Rack Label에는 특이한 문자가 있는데, 'Afore Ye Go'란 문자로서 이 문자는 성경에 나오는 라틴어로서 창업자인 Arthur Bell이 주석에서 항상 건배를 하며 하던 말로서 그 뜻은 "여러분 전진합시다"라는 뜻이다.

▣ 블랙 앤 화이트(Black & White)

- Buchanan's Reserve 12 Yrs.
- Royal House Hold

1879년 Scotland의 '글라스고'시에서 창업한 부캐넌에 의해서 탄생한 위스키로 제조회사명은 Jamese Bachanan's이다.

최초의 상품명은 Buchanan's Blend(Black & White의 전신)로서 소비자의 기억을 좋게 하기 위해 블랙 앤 화이트로 상표를 바꾸었으며, 특히 Main Label에 James Buchanan이 평소 귀여워하며 기르던 애완용 강아지를 넣어 유명해졌다.

1879년 제임스 부캐넌이 창설하여 런던에서 위스키 판매점을 하면서 부캐넌 상표를 붙여서 판매하다가 증류소에서 배달되어온 위스키 원액이 배럴통마다 품질이 달라 대량으로 구입하여 직접 브렌딩시켜 품질을 일정하게 만들어 판매하였으며, 판매량을 늘리기 위하여 매일 저녁 친구들을 10여명 동원해서 주로 고급식당에 들어가 부캐넌 위스키를 주문하여 웨이터가 그런 술이 없다고 하면 친구들은 왜 그 술이 없느냐고 하며 자리에서 일어나 나와버렸다. 이렇게 반복하여 매일 저녁 여러 곳의 식당만을 다녀 판매 실적을 올리게 되었다. 평소에 애완용 동물을 좋아하던 부캐넌은 희고 검은 한 쌍의 고양이를 마스코트로 삼아 상표에 사용하였다.

▣ 시바스리갈(Chivas Regal 12 Yrs)

Chivas Regal → 12.Yrs(Stone Jug)

Chivas Brother's 의 제품 시바스 리갈은 1801년 창업된 하일랜드에서 가장 오래된 증류소로 알려진 스트라스아일라 증류소의 원액을 주로 사용한다. 시바스 리갈은 시바스 가문의 왕자란 뜻이며, '국왕을 지키는 기사'들이라는 의미가 담겨져 있다.

▲ Chivas Regal

1843년에 빅토리아 여왕의 애용품으로 사용되었으며, 로얄 샬루테(Royal Salute)는 영국 여왕인 엘리자베스 2세를 위하여 만들어 그녀가 즉위한 해에 21발의 예포와 함께 21년간 숙성한 술로 만들어 '국왕의 예포'라는 이름이 붙여졌다. 병 모양을 둥근 도자기로 만든 것은 16세기에 에든버러성을 지키는 데 위력을 발휘한 '에그'라는 거대한 대포의 탄알을 모방하여 만든 것이다. Stone Jug에 나오는 청, 록, 자주색의 3색으로 시판되며 그 맛은 동일하다.

또한 상표에 칼 두자루와 방패가 그려져 있는 것은 1843년 빅토리아 여왕시대 기사들이 여왕에게 충성을 다한다는 표시라고 한다. 시바스 리갈은 12년간 숙성시킨 프리미엄급 스카치 위스키이다.

◀ Royal Salute

▣ 커티 샥(Cutty Sark)

Berry's Best 10Yrs.
Cutty sark 12Yrs.

커티 샥은 Berry Bros & Rudd에서 생산하고 있는 라이트 스카치(Light Scotch)이다.

1923년에 늦게 창업됐으나 라이트 스카치의 붐을 이루었으며, J & B가 여성적이라면 이 술은 남성적인 술로 대치된다.

커티 샥이란 게일어로 원래 Short Shirt의 의미이나 17~18C경 영국에서 인도양을 왕래하던 매우 빠른 배의 이름으로 커티 샥은 그 이름을 따서 탄생한 것이다.커티 샥은 18세기 스코틀랜드의 작가 Robert Burns의 작품 Tam O'Shanter에 나오는 짧은 속치마를 입은 아름다운 미녀들이 말보다 빨리 달린다는 전설로 유래되어 1869년 세계에서 가장 빠른 속도를 내는 범선을 만들어 커티 샥이라는 이름을 붙였다는 일화가 있다.

1956년 커티 샥 범선 항해대회(Cutty Sark Tall Ships Races)를 시작하여 1972년에는 커티 샥 위스키의 공식 협찬으로 세계에서 가장 규모가 큰 국제적인 범선 항해대회 행사로 25세 미만의 젊은이들이 전 세계에서 3,000여명이나 참가하는 대규모 행사를 한 적도 있다.

커티 샥은 캐러멜 색소를 첨가하지 않는 색이 매우 연하고 부드러운 라이트 바디(Light Body) 위스키이다.

커티 샥은 숙성기간이 6년산인 Standard, 12년산인 Emerald, 18년산인 Discovery, 50년산인 Golden Jubillee로 시판되고 있다.

▣ 헤이그(Haig)

Haig Pinch 12Yrs.

John Haig 회사에서 생산하고 있다. 이 회사는 John Haig가 창업하였으며 17C 중엽에 창업되었다고 하나 기업으로서의 면모는 1824년에 그 틀이 잡

혔으며, 현대 영국의 스카치 업계에서 헤게모니를 쥐어 발언권이 가장 센 회사이다. 또한 영국의 주류기업의 집단인 D.C.L의 중심적 존재이다.

상품명 Pinch(손으로 한웅큼 집다)의 명명동기는 병의 모양에서 따온 것이다.

▣ 하이랜드 퀸(Highland Queen)

Highland Queen Grand 15Yrs.

McDonald & Muir 회사에서 생산하고 있는 스카치 위스키이다. 하이랜드 퀸이란 '고원의 여왕'이란 뜻을 가진 것으로 여기서 가리키는 여왕은 16C 엘리자베스 1세의 암살음모에 가담한 혐의로 체포되어 16년간의 긴 옥중생활 끝에 옥중에서 암살되었다. 창업자 맥도날드가 여왕의 구명운동과 남은 유족의 생계를 돕기 위해 창업하였다.

우리나라에서 수입하는 대부분의 스카치 위스키는 하이랜드 지역에서 생산되는 위스키이다. 하이랜드 퀸은 단맛이 나는 듯 맛이 소프트하고 잘 익은 과일이나 꽃밭에서 나는 향처럼 방향성이 좋아 최고로 인정을 받고 있다.

▣ 헤로드스(Harrods)

- Harrods 12Yrs.
- Harrods 21Yrs.

헤로도스 회사에서 생산하고 있으며, 이 헤로드스는 런던(London)의 호화롭게 그 크기가 세계적으로 유명한 백화점의 이름으로 이 백화점의 대표적 상징인 스카치이다. 이러한 스카치를 Private Scotch라고 한다.

하이랜드산 White & Maquey사의 몰트를 사용하고 있으며 J & B, Cutty Sark와 같은 라이트 스카치(Light Scotch)이다.

▣ 하우스 오브 스터트(House of Stuart)

House Of Stuart Royal 8Yrs.

제조회사명은 House of Stuart Bonding이며, 여기서 스터트는 잉글랜드(England) 왕을 배출한 스터트(Stuart)라는 가문명이다. 이 회사는 미국계 자본인 Barton사(Kenturky Gentleman 생산)가 1958년 매입했으며 하이랜드 몰트(HighLand Malt)를 사용한다.

▣ 제이엔비(J & B)

Royal Ages 15Yrs.

Justerini & Brooks 회사는 저스테리니(Justerini)와 브룩스(Brooks)의 첫글자를 따서 J & B로 이니셜한 제품으로 몰트의 풍미가 강한 브렌디드 위스키로 국내에서도 잘 알려진 위스키이다.

발매 시작연도가 1919년으로 창업자는 '저스트리니'라는 이탈리아인이다. '자코모 저스트리니'가 이탈리아의 오페라 싱어(Opera Singer)인 여가수 'Verino'를 흠모하여 공연차 그녀를 따라 영국으로 건너갔다가 한 증류회사에 취직하고 있던 중 'Alfred Brooks'란 사람과 동업으로 창업하였다.

제이앤비 위스키는 1749년 이탈리아계 자코모 저스테리니가 최초 설립하였으며, 1760년 영국왕 George 3세 이래 지금의 엘리자베스 여왕에 이르기까지 200여 년간 영국왕실의 공식 위스키로 자리를 지켜 오면서 5차례나 국왕으로부터 수출대상을 받았다. 또한 라이트 보디 위스키로 하이랜드 40여 증류소에서 생산하는 품질이 좋은 몰트 위스키에 Grain 중성곡주(Whisky)를 브렌드 하였으며, 캐러멜 색소는 사용하지 않아 색이 연하고 맛이 부드러운 것이 특징이다.

▶ J&B 12Yrs.

J & B는 영국왕실의 품격과 맛을 지켜온 공로를 인정받아 영국왕실의 문장을 사용할 수 있는 특권을 부여받아 병 라벨(Label)에 위스키로는 유일하게 영국 왕실의 문장이 있다.

J & B는 6년산인 Rare, 12년산인 Jet, 그리고 15년산 Royal Ages 등이 있다.

▲ Johnnie Walker Blue Label

▣ 조니워커(Johnnie Walker)

- Johnnie Walker Red Label
- Johnnie Walker Black Label
- Johnnie Walker Swing Label
- Johnnie Walker Blue Label

Johnnie walker & sons 회사는 현재 스카치 위스키 판매고가 세계 제1위이며, 우리나라에서도 위스키의 대명사도 널리 알려진 것으로 1820년 스코틀랜드 동남부에 위치한 Ayrshire의 중심지 Kilmarnok에서 조니워커(John walker)씨가 위스키를 판매하기 시작하였다. 1850년부터 아들 알렉산더 워커(Alexander Walker)와 함께 위스키를 브랜딩하여 도매를 하면서부터 사업이 번창일로에 있었으나, 1852년에 엄청난 폭우가 쏟아져서 킬마녹 전체를 휩쓸어버렸다.

▲ Johnnie Walker Black Label

그러나 알렉산더 워커는 이에 굴하지 않고 다시 사업을 일으켜 1886년 런던에 대리점을 차려 위스키를 판매하면서부터 조니워커는 널리 알려지게 되었다. 상표 조니워커란 브랜드가 태어난 것은 1908년의 일로 이 때의 창업자는 존의 손자인 알렉산더였는데 그는 할아버지의 가업을 기리기 위해 신발매의 상품으로 생전에 할아버지가 애칭인 'Johnnie'를 사용했으며 메인 라벨 속의 그림인 심벌은 상업미술가인 톰 브라운(Tom Brown)에게 의뢰하여 외눈 안경을 쓰고 장화를 신은 신사가 지팡이를 들고 걸어가는 모습의 현재 상표를 사용하기 시작하였다. 조니워커는 하이랜드 40여 곳의 증류소에서 생산하는 몰트 위스키

▲ Johnnie Walker Swing Label

에 그레인 위스키를 브렌드하여 병입하며 숙성기간에 따른 분류는 다음과 같이 한다.

6년 산은 Red Label, 12년 산은 Black Label, 15년 산은 Swing, 18년 산은 Gold, Blue는 최고급으로 정확한 연수는 나와 있지 않으나 보통 30년 숙성시킨 것으로 옛날에는 60년까지 숙성시킨다.

또한 조니워커 스윙(Johnnie walker swing)은 병모양에서 따온 것으로 병을 쥐었다 놓으면 흔들린다 하여 사용되고 있다.

▣ 롱존(Long John)

- Long John 8 Yrs.
- Long John 12 Yrs.
- Long John 12 Yrs.(Stone Jug)

Long John Distillery에서 생산되는 하이랜드산 위스키이다. 1825년 존(John)이 창업하였으며 '키다리 John'이란 John의 키가 큰(신장 193cm) 데에서 나온 말이다. 하이랜드 몰트 중 'Ben Nevis' Malt를 주로 사용하였으며 19C말경 빅토리아 여왕이 Highland 지방에 여행 중 베네비스 몰트(Ben Nevis Malt)를 1 cask 선물받아 그 아들 에드워드 7세의 성인식에 사용했다는 일화가 있다.

▣ 올드파(Old Parr)

- Old Parr Stone Jug
- President
- Claymore(Standard 제품으로 Stone jug에 담아 시판한다)
- Sandy Macdonald(Premium 제품으로 Stone jug에 담아 시판한다)

Macdonald Greenless에서 생산되는 위스키로 Glendullan을 몰트로 사용한다.

'King Of King'라는 스카치를 만드는 'Monro'사는 이 회사의 자회사이다. 알렉산더 맥도날드(Alexander Macdonald)와 그린리스 브러더(Greenlees Brother)사와 19C에 합병되었다.

'올드파(Old Parr)'란 152살까지 장수하던 영국 쉘로프셔 지방의 농부의 이름(원명은 Thomas Parr)을 따서 지은 것으로서, 이 사람은 80살에 초혼하여 1남1녀의 자녀를 보고 122살에 다시 재혼하였다. 쉘로프셔 지방의 영주인 '아둔딜'이란 사람이 Charles 1세에게 천거하여 런던으로 옮겨 살다가 죽었으며 Westminster 코너에 그 묘가 있다. 메인 라벨의 초상화 그림은 영국의 유명한 인상파 화가인 '루벤스'가 그려 삽입시켰다.

▣ 바트 69(VAT 69)

Antiquary(Premium)

William Sanderson에서 생산하고 있으며 1863년 창립된 'John Begg' 회사의 몰트를 사용한다.

VAT=CASK를 의미하는 것으로서 140여 개의 숙성된 CASK를 스카치 전문감식인들에게 감별을 의뢰한 바 69번째의 숙성된 CASK의 스카치가 가장 질이 좋다고 하여 그 이름을 지었다고 한다(라이트 스카치는 대부분 착색이 되어있다).

▣ 화이트라벨(White Label)

┌ Ancestor
└ Ne Plus Ultra →(Smoky 향이 Malt Scotch에 가깝다)

John Dewar & Son사에서 생산되는 위스키로 1846년 창업하여 1920년부터 상품생산을 시작하였으며 맛이 소프트한 것이 특징이다.

Ne Plus Ultra란 말은 프랑스어로서 '이 이상의 술은 없다'라는 뜻이다.

화이트라벨(White Label) ▲

■ 화이트 호스(White Horse)

Lairdo'Logan

White Horse Distillery에서 생산하고 있는 위스키로 James Logan Macky가 창업한 Lagavulin Malt 사용하여 맛이 혜비하다.

영국 에딘버러 궁이 있는 에딘버리시의 고풍스런 한 여관의 이름을 따서 유명해졌으며 Logan의 깊은 뜻은 '지주', '부가'란 뜻이다.

■ 윌리엄 로우손(William Lawson)

William Lawson 8 Yrs.

제조회사명은 William Lawson Distillery이며 창업자 William Lawson은 이탈리아인으로 1849년 창업했다.

Cutty Sark, J & B와 같은 라이트 스카치이다.

■ 예 몽스(YE MONKS)

- YE MONKS Deluxe Oval
- YE MONKS Deluxe Flagon

도날드 피셔(Donald Fisher)에서 생산하고 있는 위스키로 독일인이 "에딘버러"시에서 1836년에 창업한 도날드 피셔에서 생산하고 있는 위스키로 프랑스인들에게는 인기가 매우 높다.

YE = 정관사, Monks = 수도승

예 몽스는 영국의 한 수도승(신부)이 독일인에게 증류방법을 알려주었기 때문에 독일인 창업자가 그 고마움을 기리기 위해 명명하였다고 한다.

▣ Abbot's Choice(어봇스 쵸이스)

- Abbot's Choice Figuring
- Chequers
- Cheequers Fragon

John McEWAN사에서 생산하는 위스키로 Linkwood Malt를 사용한다. Abbot란 '수도승'을 의미하며 '수도승'이 선택한 '술'이란 뜻을 가지고 있다.

스카치 위스키

제 3 절 몰트 위스키의 종류

▣ 말모르(Malmore / 8Yrs, 20Yrs)

제조회사는 Mackenzie Brother'S Dalmore사이다. 이 증류소는 1839년에 창립했고 1960년 '클라스코'의 White & Mackenzie에 흡수되었다.

말모르는 브렌딩시키지 않은 하이랜드산의 싱글 몰트 위스키(Single Malt whisky)이며 이탄(Peat)의 향과 오크통의 향이 베인 독특한 맛이 나는 위스키이다.

상품명은 회사 옆의 델모르 모리(Dalmore Morie)라는 강의 이름을 따서 명명하여 사용하였다.

▣ 듀어스 퓨어 몰트(Dewar'S Pure Malt / 12 Yrs)

John Dewar & Son이며, 이 회사는 1975년에 창립됐으며 화이트 라벨(White Label) 회사의 모체이다.

하이랜드산 브렌디드 몰트 스카치로 맛이 유연하다.

▣ 그렌드로나쉬(Glendronach / 8 Yrs, 12 Yrs)

William Teacher & Sons에서 생산하는 몰트 위스키로 하이랜드산의 싱글 몰트로서 Teacher'S사의 모체이다.

Glen=Valley의 의미, Dronach=강의 의미를 나타낸다.

▣ 그렌페크라스(Glenfaclas / 8 Yrs, 12 Yrs)

Glenfaclas Distillery 제품인 하이랜드산 싱글 몰트 스카치로 하이랜드산 중 가장 남성적이다.

Peat Glen(Valley), Faclas(독일어에서 유래한 것으로 Green Field의 뜻이므로 즉 '푸른 초원의 계곡'이라는 뜻)

▲ 그렌드로나쉬(Glendronach 12 Yrs)

▣ 그렌피딕(Glenfiddich)

William Grant사에서 생산되는 위스키이다. 1986년 창립된 'Grants'의 모체 회사로서 하이랜드산 싱글 몰트 위스키이다.

Bottle 모양이 Triangle Bottle로 Green색이며 판매량이 가장 많으며 스코틀랜드산 중 가장 개성이 강하다.

또한 피트에 향기있는 해초를 넣어 향이 같이 스며들게 하여 인기가 높다.

하이랜드에서 생산하는 가장 순수한 싱글 몰트 위스키로 1887년 빅토리아 여왕 즉위 50주년을 기념하여 그해 성탄절에 첫선을 보인 프리미엄급 스카치 위스키이며 그렌피딕은 게릭어로 '사슴이 있는 골짜기'라는 뜻으로 상표에는 사슴이 그려져 있다.

그렌피딕은 몰트 위스키 중에서는 세계적인 베스트셀러 브랜드이며, 12년산과 15년산, 18년산, 21년산, 30년산 등이 있다.

▲ 그렌피딕(Glenfiddich)

제 4 절 아메리칸 위스키(American Whiskey)

미국에서 생산되는 모든 위스키를 말한다. 아메리칸 위스키하면 보통 라이 위스키(Rye Whiskey)를 가리키는 것이다. 미국에서의 위스키 역사는 비교적 새롭다. 17~18C에 걸쳐 점차로 발전했다. 1795년 제콥 빔(Jacob Beam)이 켄터키(Kentucky)주의 버번(Bourbon) 지방에서 비로소 옥수수로 위스키를 만들었다.

이것이 버번 위스키의 발단이다. 19C 초 켄터키주에는 수천 개소의 위스키 증류소가 있었다. 1920년 1월 금주법이 미국 연방의회를 통과하여 소위 암흑의 20년대가 시작된다. 암흑가의 제왕이라 불리던 Al Capone(1895~1947)는 시카고(Chicago)시의 정계, 경찰을 완전 매수하여 위스키의 밀조, 밀매, 마약, 매춘, 도박 등의 불법 산업으로 거액의 부를 구축하였다. 1933년 비로소 13년간의 금주법이 해제되자 다시 위스키 산업이 크게 발전을 했던 것이다.

다음해인 1934년 증류주의 규격에 관한 규칙이 생겼다. 당시의 아메리칸 위스키는 스카치위스키의 모방에 지나지 않았으나 캐나다의 증류가인 시그램(Seagram) 형제가 미국으로 진출 몰트와 그레인 위스키를 모두 연속식 증류법으로 증류할 때 알코올분을 조정하는 새로운 방법을 고안해 내서 브렌딩한 위스키를 시판하게 되자 미국 국민성에 배치하여 시장을 압도하게 되었다.

미국에 있어서의 위스키는 신대륙에 이주해온 영국계 이민에 의해서 시작되었다고 생각되는데 초기의 역사는 거의 알려져 있지 않다.

1770년 피츠버그에서 곡물로 증류주를 만들었다는 내용이 기록되어 있다.

1821년 버번 위스키(Bourbon Whisky)로 광고가 게재되었으며, 1783년 켄터키의 루이빌에서 이반 윌리엄즈라는 사람이 맥류에 옥수수를 섞어 만든 것이 가장 오래된 것이다.

일반적으로는 1789년 켄터키주 스코트군의 목사 엘리저 크레이그가 부근의 옥수수를 이용해서 만든 것이 본격적인 옥수수 위스키의 시초인 것으로 알려졌다.

미국은 1775년 독립전쟁이 일어나기 전에는 쿠바와 서인도 제도에서 많은 양의 럼주를 수입하였으나, 독립전쟁이 일어나면서 영국이 모든 수입로를 차단하게 되자 미국내의 여러 농가에서 술을 약용 또는 환각용으로 만들게 되었으며 18세기 말엽에는 3,000종의 위스키를 생산하게 되었다.

현재 미국에서는 다양한 종류의 위스키가 많이 생산되고 있으며 라벨에는 흔히 Sour Mash라고 되어 있다. 이것은 발효가 끝난 발효액을 증류기로 옮길 때 시큼시큼한 발효액을 일부 남겨 두었다가 다음번에 맥아즙(Wort)과 함께 발효시켜 발효액의 품질과 위스키의 맛을 일정하게 유지시켜 준다.

미국 위스키는 스트레이트 위스키와 브렌디드 위스키 두 가지로 분류된다.

- 옥수수를 80% 이상 쓰고 통에 의한 숙성을 하지 않거나 숙성하더라도 안쪽을 그을린 헌 통을 사용한 것은 콘 위스키가 된다.
- 테네시 위스키(Tennessee Whiskey)는 원료면에서는 버번과 똑같지만 증류 후에 테네시주의 사탕 단풍나무로 구운 숯으로 여과하여 맛을 매끈하게 만든 위스키, 그 밖에 브렌디드 위스키가 있다. 이것은 스트레이트 버번이나 스트레이트 라이 등의 위스키를 20%(알코올도 50%) 이상 브렌드하여 만든 위스키이다.

제 5 절 아메리칸 위스키의 분류 및 종류

① Rye whiskey
② Bourbon Whiskey : 전 미국의 95% 이상이 이 상품이다.
③ American Blended Whiskey
④ Tennessy Whiskey

1. 아메리칸 위스키의 분류

1) 버번의 명칭의 3대 조건

① 콘(Corn)을 51% 이상 포함하여야 한다.
② 구 Cask를 사용할 경우 알코올 성분을 40~80도 함유하여야 한다.
③ 신 Cask를 사용할 경우(이 때는 Cask의 안벽을 태워 사용) 알코올 성분이 40~62.5도인 몰트(Malt)를 넣어야 한다.
※ 위 3가지 조건을 만족시켰을 경우 스트레이트 버번 위스키(Straight Bourbon Whiskey)라고 한다.

2) 스트레이트 위스키(Straight Whiskey)

스트레이트 위스키를 만드는 원료로는 옥수수(Corn), 호밀(Rey), 보리(Barley), 밀(Weat) 등을 사용하며 증류된 위스키는 2년 이상을 숙성시키는데, 오크통 내부를 불에 태워 숯처럼 만들어 사용하며 색소로 캐러멜을 첨가하여 주기도 한다.

스트레이트 위스키는 중성곡주와 혼합이 금지된다.

스트레이트 위스키는 다음과 같이 4가지로 구분된다.

① 버번 위스키(Bourbon Whiskey)

1789년 켄터키(Kentucky)주 군단위(Bourbon County)에 있는 조지타운(Georgetown) 마을에서 많은 사람의 존경을 받아오던 침례교 목사 엘리야크레이그(Elijah Craig)가 옥수수를 원료로 하여 증류주를 만든 것이 시초이다.

버번을 만드는 원료로 옥수수를 51% 이상 사용하며 오크통에서 4년 이상 숙성시키고 오크통에서 우러난 액과 잘 혼합되어 버번 특유의 맛과 향이 나며 캐러멜 색소로 색을 내기도 한다.

켄터키 스트레이트 버번 위스키가 오리지날 버번이며 유사한 위스키를 생산한 곳은 Illinois주, Indiana주, Ohio주, Pennsylvanina주, Tennessee주, Missouri주 등이다.

② 라이 위스키(Rey Whiskey)

호밀을 원료로 51%이상 사용하며 버번보다 짙은 맛이 난다.

③ 콘 위스키(Corn Whiskey)

원료로 옥수수를 80% 이상 사용하며 한 번 사용한 오크통을 다시 사용한다.

④ 버틀 인 본드 위스키(Bottle in Bond Whiskey)

버번과 라이 위스키에 해당되며 미국 정부의 엄격한 감독하에 생산되지만 정부가 품질을 보증하는 것은 아니며 한 증류소에서 생산한 것만이 병에 담겨진다.

3. 브렌디드 위스키(Blended Whiskey)

스트레이트 위스키와 중성곡주를 혼합한 것으로 스트레이트 위스키를 20% 이상 사용하여야 한다. 브렌디드 위스키는 다음과 같은 3가지가 있다.

1) 켄터키 위스키(Kentucky Whiskey)

켄터키주에서 생산한 위스키로 다른 증류소에서 생산한 것을 혼합하여 병에 담겨진다.

2) 어 브렌드 오브 스트레이트 위스키(A Blend of Straight Whiskey)

두 가지 이상의 스트레이트 위스키만을 혼합하며 중성곡주는 혼합하지 않는다.

3) 아메리칸 브렌디드 라이트 위스키(American Bleneded Light Whiskey)

마일드(Mild) 타입의 위스키로 스트레이트 위스키의 혼합비율을 20% 이내로 한다.

2. 아메리칸 위스키의 종류

▣ 안시엔트(Ancient Age 6Yrs)

Ancient Age Distilling사에서 생산하며 그 투자액이 약 100만불이라고 한다.

▣ 버번 딜럭스(Bourbon Deluxe)

The Bourbon Deluxe사에서 생산하고 있으며, 이 회사는 대주류기업 National Distillery Products사의 자회사이다.

▣ 컨트리 페어(Country Fair / 4Yrs)

제조회사명은 W.A.Haller이며, 링컨 대통령이 취임한 1860년에 탄생되었다.

▣ 얼리 타임스(Early Times)

Early Times사가 생산하고 있는 버번 위스키로 링컨 대통령이 취임한 1860년에 켄터키주 버번카운터에서 탄생하였다.

켄터키 버번의 순정파로 알려졌으며 미국내 최고의 인기를 얻어 크라운(Crown)과 쌍벽을 이룬다. 올드 포레스터(Old Forester)와 자매품이다.

▣ 힐 엔 힐(Hill & Hill)

제조회사명이 Hill & Hill Distillery로 1878년 창업하였으며, 두 형제 William Hill과 T.C Hill의 이름을 따서 Hill & Hill로 명명하였다.

1929년 National Distillery Group에 흡수되었으며, 미국 남서부 지바에서 인기가 높다.

▣ 아이더블유 하퍼(I.W. Harper(6Yrs.)

- I.W. Harper 6Yrs.
- I.W. Harper 10Yrs.
- I.W. Harper 12Yrs.

대규모 버번 메이커인 I.W. Harper Distillery에서 생산하고 있으며 감칠맛과 풍경있는 맛으로 인해 많은 애음가를 확보하고 있다. 창업자 아이쟈크 월프와 베르날드 벨하임(후에 개명하여 베르날드 하피로 고침)의 이니셜(Initial)을 따서 상품명으로 하였으나 1822년에 창업하였으며, 이 상품은 55%의 콘을 넣어 아주 특이한 존재로서 알려져 맛이 마일드하며 라이트한 것으로 젊은이들에게 인기가 있다.

▲ 짐빔(JIM BEAM)

▣ 짐빔(Jim beam)

- Beam's Choice(8Yrs.)
- beam's Choice Black Label(10Yrs.)

짐빔은 James B. Beam Distilling의 제품으로 이 회사의 역사는 1795년 James. B. Beam이 버번군에 위스키 증류소를 세웠을 때부터 시작된다. 빔(Beam)가에 의해 운영되는 아메리칸 위스키 중에서 최고의 회사이다.

술의 알코올성분이 40.3도의 낮은 도수로서 인기는 여전하며 또한 큰 특징은 케스크(Cask)에서 출고된 술은 차콜필터(Charcol Filter) 속에 특이한 향을 투입시켜 걸러내므로 그 방향이 특이하다. 맛이 부드러워 소프트 버번의 대명사로 인정을 받고 있다.

▣ 올드 그렌데(Old Grand Dad)

제조회사명은 The Old Grand Dad Distillery로 National Distillery Group의 자회사이며 프리미엄 버번이다.

▣ 잭 다니엘(Jack Daniel)

많은 사람들은 버번(Bourbon) 하면 미국에서 생산하는 위스키를 모두 버번으로 생각하며, 잭 다니엘(Jack Daniel) 하면 버번을 대표하는 위스키로 잘못 알고 있다. 버번은 켄터키주 버번 카운티에서 생산하며 잭 다니엘은 테네시주에서 버번과 유사한 방법으로 생산하는데 제조과정에서 증류시킨 원액을 단풍나무로 만든 숯으로 여과시키는 한 단계 과정을 더 거친 다음 숙성시키는 것이다.

이렇게 한 단계 공정을 더 거친 '잭 다니엘'은 버번보다 부드럽고 향이 좋아 미국을 대표할만큼 품질이 좋은 아메리칸 위스키인 것은 틀림없다.

▲ 잭다니엘(Jack Daniel)

잭 다니엘은 소년시절에 친척집에서 양조기술을 익혀 1846년에 테네시주 링컨카운티의 린치버그 마을에서 증류소를 차려 '벨 오프 링컨과 카운티의 미녀'라는 상표로 판매하여 오다 1887년에 자신의 이름을 붙이게 되었다. 1890년 세인트루이스에서 열린 위스키 품평대회에서 'Jack Daniel No 7'이 최우수상을 수상한 이래 계속해서 미국의 대표적인 위스키로 군림하고 있다. 잭 다니엘은 한번 더 거치는 그 여과 때문에 마일드한 맛이 생기고 우아한 위스키로 정평이 있다. 블랙(Black)이 널리 팔리고 있는데, 그린(Green)은 저장 기간이 짧다. 그러나 풍미는 거의 차이가 없다.

▲ 와일드터어키(Wild Turkey)

▣ 와일드 터키(Wild Turkey)

술 이름은 야생 칠면조(Wild Turkey)에서 유래한 것이다. 미국 서부 개척시대의 강인한 미국 사람들을 상징한다는 칠면조는 1855년 사우스 캐롤라이나 주에서 매년 행사하는 야생칠면조 사냥을 기념하기 위하여 어스틴 니콜즈 디스틸링(Austin Nichols Distilling Co.)사에서 생산하기 시작하였으며 7년 숙성시킨 것은 43.4도이며 8년 짜리는 50.5도이다.

▣ 시그램 세븐 크라운(Seagram's 7 Crown)

캐나다의 종합주류 제조회사인 Josep E.Seagram사에서 미국의 금주법이 해제되고 난 1934년에 미국에 진출하여 생산하기 시작한 마일드 타입 위스키로 미국 사람들에게는 7 & 7을 만든 기주로 많이 알려져 있다.

밀 등을 주로 사용하며 정부의 엄격한 감독하에 생산과정이 이루어지며 증류를 마친 위스키 원액은 3년 이상을 내부를 태워 숯처럼 만든 오크통에서 숙성기간을 거치는데, 대부분이 4년 이상을 숙성시키며 좋은 위스키는 12년 또는 15년을 숙성시킨다.

제 6 절 캐나디안 위스키(Canadian Whisky)

▣ 델리커트(Delicate)

캐나다 내에서 생산되는 위스키를 말한다. 광대한 지역에서 보리(Barley)나 호밀(Rye) 등 모든 곡류가 재배되므로 생산량도 지극히 많다. 주로 온타리오(Ontario)호 주변에 위스키 산업이 집결해 있고 시장의 태반이 미국이기 때문에 미국 형태의 것을 많이 생산한다. 그러나 아메리칸 위스키에 비해 호밀(Rye)의 사용량이 많은 것이 특징이다.

스트레이트 위스키는 법으로 금지하고 브렌디드 위스키만 생산하며 4년 이상의 저장기간을 규제한다. 수출품은 대개 6년 정도 저장한다. 다른 어떤 나라보다 정부의 통제가 엄격하다. 정부 감독하에 캐나다에서만이 생산되고 있으며 호밀, 옥수수, 보리를 혼합하여 증류된 브렌디드 위스키이며 적어도 4년은 저장되고 있으며 아메리칸 위스키보다 더 가벼운 밀도이다. 주정도수는 80~86 Proof이다. 연속식 증류법 방법으로 한다. 라이트한 풍미의 라이보리를 주재료로 비교적 향미가 나는 위스키를 만드는데 이것을 플레이버링이라 부른다.

다음에 옥수수를 주재료로 한 풍미가 경쾌한 위스키를 만드는데 이것을 베이스 위스키라 부른다. 양자를 모두 3년 이상 숙성하여 최종적으로 브렌드한다.

총체적으로 라이트 타입이다. 그리고 원료로 51% 이상의 라이보리를 사용해서 만들어진 것은 라벨에 라이 위스키라는 표기가 허용된다. 지금으로부터 약 200년 전 아일랜드와 스코틀랜드 사람들이 캐나다로 이주하면서 가지고 간 증류기로 옥수수를 원료로 위스키를 만들기 시작한 것이 시초이다.

이 나라에서는 스트레이트 위스키를 만드는 것이 법으로 금지되어 있으며 모든 위스키는 브렌디드 위스키로 만들어야 한다.

위스키를 만드는 원료로는 곡물만을 사용하게 되며 옥수수, 호밀 등을 주로 사용하며 정부의 엄격한 감독하에 생산과정이 이루어지며 증류를 마친 위스키 원액은 3년 이상을 내부를 태워 숯처럼 만든 통에서 숙성기간을 거치는데 대부분이 4년 이상을 숙성시키며 좋은 위스키는 12년 또는 15년을 숙성시킨다.

캐나다산 위스키는 미국 위스키보다 연하고 부드러우며 많이 마셨을 때 갈증을 덜 느끼는 특성이 있다. 알코올 도수는 40도와 43도 두 가지가 있는데 40도 짜리는 자국내 내수용이고 43도짜리는 수출용이다.

제 7 절 캐나디안 위스키의 종류

▣ 크라운 로얄(Crown Royal)

1939년 영국왕 조지 6세 내외가 엘리자베스 공주를 대동하여 캐나다를 방문하였을 때 Seagram's에서 심혈을 기울여 최고급 위스키로 만들어 진상하였으며, 국왕은 캐나다 대륙을 횡단하여 벤쿠버로 가는 왕실열차 안에서 처음 개봉하였다.

그 후 엘리자베스 공주와 에든버러 공의 결혼식과 엘리자베스 2세의 대관식에 진상된 것으로도 유명하다. 이 당시 크라운 로얄(Crown Royal)은 귀빈 접대용으로 소량만 생산하다가 후에 대량 판매하게 되었다.

왕관 모양의 크라운 로얄은 많이 마셔도 다른 위스키보다 갈증을 덜 느끼는 특성이 있는 프리미엄급 위스키다.

▣ 시그램즈 V.O(Seagram's V.O)

세계 최대 규모를 자랑하는 시그램 종합 주류제조회사는 1924년에 몬트리올에서 창업하여 정부의 엄격한 통제하에 옥수수와 호밀을 원료로 하여 만든 V.O를 주력 품종으로 생산하기 시작하였으며 많은 판매실적을 올리게 되었다.

법으로는 4년을 숙성시키게 되어 있으나 V.O는 6년간 숙성시킨 마일드

타입 위스키로 한국에는 1950년 6·25 전쟁때 들어와 나이 많은 애주가들에게 정감이 가는 위스키다.

▲ 캐나디안크럽

▣ 캐나디안 클럽(Canadian Club)

1858년 하이럼 워커(Hiram Walker Sons Ltd.)사가 창업한 이래 계속 주력 상품으로 생산하고 있으며 C.C.라는 애칭으로 더 잘 알려져 있다.

영국의 빅토리아 여왕 시대인 1898년 이래로 영국 왕실에 납품되고 있으며 영국 왕실의 문장이 표시되어 있다.

▣ 블랙 벨벳(Black Velvet)

1970년에 미국에 첫 수출하여 선풍적인 인기를 얻은 검은색 라벨의 캐나디안 위스키로 6년산, 12년산이 있으며 우리나라에도 많이 수입되고 있다.

옥수수와 호밀은 주원료로 만든 위스키로 보드카의 맛과 비슷하며, 라이트 & 스무스한 특성을 가지고 있다.

제 8 절 아일리쉬 위스키(Irish Whiskey)

1. 아일리쉬 위스키의 특징

아일랜드(Ireland)에서 만들어지는 위스키를 말한다. 아일랜드는 영국제도 서부의 섬으로써 중남부의 아일랜드 공화국(The Republic of Ireland)과 북부에 있는 영연방의 한 주인 노런 아일랜드(Northern Ireland)로 나누어져 있다. 영국의 법률에 의하면 아일리쉬 위스키란 다음과 같은 것을 말한다. 몰트의 디아스타아제(Diastase)를 사용하여 당화된 씨리얼 그레인(Cereal Grain)의 매쉬를 발효하여 노런 아일랜드에서 증류에 의해 얻은 Spirit를 증류가의 창고 내의 술통 또는 보세창고 내의 술통 안에서 최저 3년간 숙성한 것으로 아일리쉬 위스키는 맥아 외에 여러 가지의 곡류를 원료로 사용하므로 그레인 위스키로 분류된다.

특징으로는 단식 증류법을 사용하여 증류한다. 원래는 단품으로 병에 봉해지나 최근에는 연속식 증류법을 사용한 그레인 위스키와의 브렌드도 가끔 이루어진다.

스카치와 같이 Barley Malt Whiskey와 그레인 위스키를 혼합한 브렌디드 위스키이나, 스카치와 다른 것은 석탄불로 몰트를 건조한 것으로 그 불의 냄새는 몰트에 이르지 않는다. 스카치보다 중후하고 강하며 보통 86 Proof이다. 증류는 단식증류방법으로 한다.

위스키 종류로 가장 빠른 12세기에 만들기 시작하였다. 스카치 위스키와 유사한 것 같으나 만드는 제조과정이 다르다. 스카치 위스키는 맥아를 건조시킬 때 피트를 태운 연기에 건조시키는데, 아일리쉬 위스키는 바닥에 널어서 건조시키며 스카치는 몰트 위스키와 그레인 위스키를 따로 증류하여 숙성기간을 거친 다음 혼합하여 병입하는데, 아일리쉬 위스키는 건조시킨 맥아를 갈아서 물을 넣고 열을 가하여 맥아즙을 만들 때 밀과 호밀을 함께 넣고 즙을 만드는데 한 번에 끝내는 것이 아니고 4번을 반복하여 끓여서 냉각시킨 다음 발효시켜 단식 증류법으로 3번 반복하여 증류한다. 증류된 원액은 쉐리(Sherry) 통으로 사용하였던 오크통에 넣어서 5년 이상을 숙성시켜 스탠다드급은 6년, 프리미엄급은 12년을 숙성시켜 스카치보다 부드러우면서도 짙은 맛이 나며 몰트 위스키에서 나는 피트의 향도 나지 않는다.

2. 아일리쉬 위스키의 종류

▣ 존 제임슨(John Jameson)

1780년 더블린에서 존 제임슨(John Jameson Son Ltd.)사가 설립한 증류소의 위스키이다. 아일랜드의 전통적인 방법으로 생산하여 오고 있는 위스키로 많이 알려져 있으며 아주 부드러운 풍미를 지닌 대표적인 아일리쉬 위스키이다. 6년산 스탠더드급과 12년산 프리미엄급 두 가지가 한국에도 판매되고 있다.

▣ 올드 부쉬밀즈(Old Bushmills)

아일리쉬 위스키 중 가장 역사가 오래된 것으로 1743년에 밀조주를 만들기 시작하여 1784년에 정식으로 제조업자로서 인가를 받은 The Old Bushmills Distiller사에서 생산하고 있다. 부쉬밀즈는 북아일랜드에 있는 도시의 이름인데, '숲 속의 물레방아간'이라는 뜻으로 그곳에서 만들어지고 있는 데서 붙여진 이름이다. 이 위스키는 전통적인 걸쭉한 풍미를 지니고 있으며, 검은 라벨의 Black Bush는 프리미엄급이다.

Chapter 3
브랜디

제3장 브랜디

제 1 절 브랜디의 정의와 유래

1. 브랜디의 정의

브랜디(Brandy)의 어원은 17세기에 코냑지방의 와인을 폴란드로 운송하던 네덜란드 선박의 선장이 험한 항로에서의 화물의 부피를 줄이기 위한 방법으로 와인을 증류한 것을 네덜란드어로 Brandewijn 즉 Brunt Wine이라 부른데서 기원한 것으로 프랑스어로 Brande Vin이라 하고 이 말이 영어화되어 브랜디라 불리웠다. 이를 힌트로 프랑스의 후장 le Croix 에 의해 2차 증류에 의한 본격적인 브랜디 생산방법이 개발되었다. 특히 코냑(Cognac) 지방의 것이 세계적으로 유명하며, 이 지방에서 생산된 브랜디만을 코냑으로 부르도록 법의 제재를 받고 있다.

코냑은 우선 포도주를 만들고 이것을 스카치 위스키와 같은 방법으로 구식의 단식증류법으로 두 번 반복 증류시킨다. 솥에서 나왔을 때는 주정도가 60%로 무색투명의 액체이지만, 이것을 다시 참나무통에 담아 오래 두면 참나무통의 색과 나무에서 나오는 타닌(Tannin)으로 인하여 향기와 색이 붙어 아름다운 갈색으로 되는 것이다. 브랜디는 숙성정도가 중요하다. 왜냐하면 방향성 유산액체(Furfural), 알데히드(Aldehyde) 및 에스테르(Ester) 등이 사람의 신체에 해를 끼치므로 저장기간이 길면 길수록 인체에 대한 해가 적어지고 술의 질도 우량해진다.

포도주를 증류하여 브랜디를 만들 때 그 용적은 반 가까이로 줄고, 남아돌던 포도주도 쉽게 처리할 수 있었다. 같은 브랜디 종류 가운데에서 코냑과 비교할 수 있는 것으로 아르마냑(Armagnac)이 있다. 보르도의 남쪽 피레네 산맥 부근이 그 산지이며 대부분의 상품이 호리병형의 유리 또는 도기병에 들어있다.

브랜디는 영어이나 원래는 Netherlands어로 Brandewijn(영어로 Brunt Wine : 태운 또는 증류한 와인)에서 전해진 것인데 이를 프랑스어로 Brande Vin이라 하고 영어화되어 브랜디라 부르게 되었다.

브랜디를 프랑스에서는 오드비(Eau-de-Vie / Water of life)라 부르고 독일에서는 Branntwein(Brunt Wine)이라 한다. 좁은 의미의 브랜디는 포도를 발효, 증류한 술을 말하며 넓은 의미로는 모든 과실류의 발효액을 증류한 알코올 성분이 강한 술을 총칭한다. 포도 이외의 다른 과실을 원료로 할 경우에는 브랜디 앞에 그 과실의 이름을 붙인다.

예) Apple Brandy, Cherry Brandy, Apricot Brandy 등

2. 브랜드의 유래

와인을 처음 증류한 사람은 14C 무렵 프랑스의 아비뇽(Avignon)에 살던 의사이자 연금술사인 아르 누드 빌누브(Arnaud de Villeneuve, 1235~1312, 아르 누드 빌누브)이다. 와인을 증류하여 벵 부르(Vin Brule)라고 하는 증류주를 만들어 "불사의 영주"라고 이름을 붙여 의약품으로 판매하였다고 한다.

프랑스에서는 부정 경쟁이나 허위표시의 방지와 증류업을 보호하기 위하여 법률을 제정하여 명칭이나 원산지의 명칭을 보호하며 생산지의 명칭관리가 특히 엄정하여 이 지역 이외의 것에는 코냑(Cognac)의 명칭을 붙이는 것을 허가하지 않고 있다.

제 2 절 브랜디의 제조방법과 등급

1. 브랜디의 제조방법

1) 양조작업(와인 제조)

브랜디의 원료로 사용되는 포도 품종은 생산지에 따라 다르나, 프랑스에서 Folle Blanche, Saint-Emillion, Colomber 종을 주로 사용한다. 9월에서 10월 하순에 걸쳐 수확하여 곧바로 브랜디의 원료가 되는 와인이 만들어지는데 신맛이 강해서 와인으로서의 맛은 좋지 않다. 그러나 이 신맛이 고급 브랜디에는 불가결의 요소로 되어 있다.

2) 증 류

브랜디의 증류는 와인을 2~3회 단식증류법으로 증류하는데 위스키의 것과는 조금 다르다. 첫 번째 증류에서 알코올 성분 25% 정도의 초류액이 얻어지는 것을 부루이이(Brouillis)라고 하며, 다시 증류하여 알코올 성분 68~70%의 재류액이 얻어지는데 라본느 쇼프(La Bonne Chauffe)라 한다. 이렇게 2단계로 나누어 증류하면 평균 8통의 와인에서 1통의 브랜디가 얻어진다. 여기서 더 좋은 브랜디를 얻으려면 다시 한번 주의깊게 10~15시간에 걸쳐 세 번째의 증류를 하게 되는 것이다.

3) 저 장

증류한 브랜디는 오크통에 저장하며 오크통은 새것보다 오래된 것이 좋다. 새 오크통을 사용할 때에는 반드시 열탕으로 소독하고 다시 화이트 와인을 채워 유해한 색소나 이취물질을 제거한 후 화이트 와인을 쏟아내고 브랜디를 넣어 저장한다. 저장 기간은 최저 5년에서 20년이나 오래된 것은 50~70년 정도 되는 것도 있다. 저장 중 브랜디의 양은 증발에 의해 줄어드는데 이는 오크통의 나뭇결에서 발산하므로 2~3년마다 다른 오크통에 채워 넣는다.

4) 혼합(Blend)

브랜디도 위스키처럼 브렌드를 하는 데 가장 중요한 공정 중의 하나이다.

오랜 경험과 예리한 감각을 지닌 브렌더에 의해 브렌드된 브랜디는 다시 어느 정도 숙성시킨 후 병입되어 시판된다.

브랜디 제조과정

2. 브랜디의 원료와 제법

브랜디의 원료로 사용하는 포도는 브랜디 생산지에 따라 다르다. 프랑스에서는 폴 브랑슈(Folle Blanche) 종, 생 떼미리옹(Saint Emillion) 종, 꼴롱바르(Colombar) 종이 주로 되어 있으며 그 외 5종류 가량의 품종이 있다. 브랜디의 증류는 2회 내지 3회 증류한다. 최초의 증류는 알코올분이 25%이며 이것을 브루이(Brouillis)이고 한다. 이것을 다시 증류하여 알코올분 68~70%를 얻는다. 이것을 본느 쇼프(Bonne Chauffe)라고 한다. 이렇게 2단계로 나누어 증류하면 평균 8통의 백포도주에서 1통의 브랜디가 증류된다.

여기에서 더 좋은 품질의 브랜디를 얻으려면 또 한 번 증류한다. 3번째 증류는 10시간 이상 걸려 천천히 행한다. 이 브랜디는 무색이고 진과 흡사하다. 호박색인 브랜디는 오크통이나 쉐리의 오래된 통에 10년간 저장해도 좀처럼 그런 색이 나오지 않아 캐러멜 등으로 인공착색하기도 한다.

3. 브랜디의 등급

저장연수에 따라 품질이 다르기 때문에 여러 가지 부호로서 품질을 구별하기 위해 표시하고 있으나 법률상의 규제에 의한 것은 아니며 각 회사마다 표시가 일정치 않다. 이것은 Hennessy에서 1865년에 자기 회사 제품의 등급별과 품질보증을 위하여 별표시를 사용하기 시작하였다. 브랜디의 급별 표시의 기호는 별의 수나 영어단어의 약자로 표시되어 있다.

코냑으로 유명한 메이커인 헤네시에서는 3성을 브와쟈르메(Bras Arme)라 표시하고 있으며, Remy Martin사에서는 Extra대신에 Age Unknown이라는 표시를 사용한다. Martell 사에서는 V.S.O.P에 해당하는 것을 메다이옹(Medaillion)이라고 부르고 있다. 이

외에 코냑에는 나폴레옹이 표시되어 있어 최고급품이라고 잘못 생각하는 이도 있다. 나폴레옹 표시는 저장연수에 아무런 관계가 없다.

코냑의 경우 쓰리스타(Three Star)만이 법적으로 보증되는 연수(5년)이고 그 외는 법적 구속력이 전혀 없다.

브랜디 등급표시

- 3star : 3년 이상 숙성
- 5star : 5년 이상 숙성
- V.O : 10년 이상 15년 숙성
- V.S.O : 15년 이상 20년 숙성
- V.S.O.P : 20년 이상 25년 숙
- Napoleon : 25년 이상 30년 숙성
- X.O 와 Cordon Bleu : 30년 이상 35년 숙성
- Hors d'Age : 35년 이상 40년 숙성
- Extra와 Paradise : 40년 이상 45년숙성
- 루이13세 : 70년 이상 100년 숙성

V: Very S : Superior O : Old P : Pale X : Extra

제 3 절 코냑 지방

코냑(Cognac)지방은 샤랑트(Charente)지구와 샤랑트 인페류르(Charente Inferieur) 지구에 속한 France 법률에 따라 다음의 6개 지역으로 나눈다.

① 그랑드 상빠뉴(Grande Champagne)
② 쁘띠드트 상빠뉴(Petite Champagne)
③ 보르드리(Borderies)
④ 팡브와(Fins Bois)
⑤ 봉브와(Bons Bois)
⑥ 브랑조디네르(Bois Ordinaire)

이 지역에서 만드는 브랜디만이 코냑이라고 표시하도록 허가하고 있다. ①, ②번 2개 지역에서 나는 코냑만이 상표에 그 지역을 표시한다.

브랜디는 한마디로 포도를 원료로 하여 만든 와인을 단식증류법으로 두 번 반복 증류시켜서 오크통에 넣어서 일정기간 숙성시킨 것으로 세계 여러 나라에서 생산하며, 포도가 아닌 다른 과일로 만든 브랜디를 오드비와 페이버드 브랜디로 분류되어진다.

포도가 아닌 다른 과일로 만들었을 경우 반드시 과일 이름을 병에 기재하게 되어 있다.

1. 코냑의 역사

아르노드 빌누브(Arnaud de Villeneuve)가 브랜디를 발견하고 그 후 여러 지방에서 만들어졌고 코냑 지방에서도 만들어졌는데 처음에는 지방주에 지나지 않았으나 오늘날에는 불후의 명성을 얻고 있다.

코냑의 거리는 로마제국 시대에 이미 존재했고 와인의 산지로서 번영하고 있었다. 16~17C에는 네덜란드가 프랑스의 남서부에 있는 비스케만 일대의 해상권을 지배하고 있었다. 샤랑트(Charente)강 유역의 라르셀(La

Rochelle) 항구에서는 영국과 네덜란드를 왕래하는 와인 상인들이 많이 드나들면서 코냑 지방의 와인 산업은 크게 번영했다. 그러나 다른 지방의 와인에 비해 산도가 높고 당도가 낮으며 장기간의 해상수송 중에 품질의 저하 등으로 차츰 인기가 떨어지자 생산은 과잉상태로 되었다. 이때 네덜란드의 와인 상인들이 배에 적재하는 와인의 양을 늘리려고 증류를 하기 시작했다. 이에 코냑의 와인 업자들도 재고처리를 위해 와인을 증류했는데 뜻하지 않게 좋은 맛을 내게 된 것이다.

코냑 브랜디의 맛을 안 영국으로부터 교역의 배가 자꾸만 늘어났고 네덜란드인이 이 새로운 술에 붙인 Brandewijn이란 호칭을 영국식으로 브랜디라 불러 그 이름은 순식간에 알려지게 되었다. 18C에 들어서자 당시의 태양왕 루이 14세(1638~1715)로부터 인정을 받았다. 과잉 와인의 처리로 시작된 코냑 지방의 브랜디 산업은 여기서 빛나는 첫 장을 열었던 것이다.

그 후 나폴레옹 I 세(1804~1815) 시대에는 비할 데 없는 방향을 자랑하는 왕후의 술로서 유명해졌다. 나폴레옹 궁전은 물론 유럽의 각 궁전이나 귀족사회에서 애음하게 되어 코냑 브랜디는 절정기에 달했던 것이다. 그런데 1875년 보르도 지방에 침입한 피록셀라병이 코냑지방에도 휩쓸어 브랜디 산업은 큰 타격을 받았다.

이것을 계기로 1919년에 Appellation d'Orgine 원산지 명칭 통제(Controlee)에 의해 코냑의 이름은 이 지방 산출의 브랜디에만 허용하게 되었다.

코냑은 프랑스 중서부 지역에 위치한 서해안 상업도시의 이름이며 이 지역에서 생산한 브랜디만을 코냑이라 부르며 다른 지역에서 생산한 브랜디는 코냑이라는 이름을 붙이지 못한다.

그래서 모든 코냑은 브랜디라 부를 수 있어도 모든 브랜디는 코냑이라고 부르지 않는다.

나폴레옹 코냑(Napoleon Cognac)이란

코냑의 등급 중에 나폴레옹이 최고라는 잘못된 생각을 가진 사람들이 아직도 남아 있다. 그러나 이 표시는 대단히 질서 없이 사용된 시기가 있으므로 저장연수와는 거의 관계가 없다고 해도 좋다.

어느 메이커에서는 저장 15년 정도의 상품에 나폴레옹을 표시하고 다른 메이커에서는 50년 이상의 것이 아니면 나폴레옹이라는 이름을 붙이지 않는다.

나폴레옹은 프랑스의 황제 나폴레옹 I세의 이름을 딴 명칭이다. 1811년 황제는 대망의 아들을 얻는다. 같은 해 유럽의 하늘에 혜성(Comet)이 나타나 사람들은 불길한 예감을 느끼고 있었으나 프랑스의 포도원에서는 사상 유례없는 풍작을 기록했다.

이 해의 와인은 Comet Wine으로써 진귀하게 여겨졌고 이것을 증류한 코냑은 특히 우수한 브랜디가 되었다. 아들의 탄생과 포도의 풍작이라는 이중의 기쁨을 기념하여 이 해의 브랜디를 나폴레옹이라 불리워졌다.

그 후도 풍작을 이루는 해마다 나폴레옹을 이름하는 브랜디가 출현하여 점차 명성이 높아졌던 것이다. 코냑의 품질을 구분하기 위해 등급 표시를 시작하면서 풍작한 해의 브랜디에 나폴레옹이라는 명칭을 붙이는 일이 사라졌다.

이와 같이 코냑이 의회를 통과하기까지 많은 역경이 있었음에도 불구하고 오늘날과 같은 세계인의 코냑으로 발전을 계속했던 것이다.

2. 코냑의 유명상표

유명한 코냑 생산업체로는 헤네시, 레미 마르땡, 까뮈, 마르텔, 비스뀌, 오와르 등이 있다.

▣ 헤네시(Hennessy)

소규모 포도원을 소유하고 있던 헤네시는 자체 증류소 외에 27개의 증류소를 선정하여 자신이 정한 규정에 의하여 엄격한 관리 시스템을 도입하여 코냑을 생산하였다. 1765년 이렇게 시작한 헤네시는 자사에서 직접 제작하는 리모주산의 리무진 오크나무를 숙성 통으로 사용하여 현재까지도 그 중후함 때문에 애호가들의 큰 호응을 얻고 있다.

브라 자르므(무장한 팔)이라고 불리며 스탠더드급의 품질과 안정된 바디로 유명한 쓰리 스타(Three Star), 시중에 시판하고 있지 않아 더 유명한 나폴레옹, 그랑드 샹빠뉴부터 팽 브와까지 네 곳의 우수한 포도를 사용하여 부드럽고 경쾌함을 선사하는 30년 숙성의 VSOP, 1970년 헤네시에 의해 처음 제조되어 1947년부터 현재의 병을 사용하여 유명한 XO 등이 있다.

▣ 레미 마르땡(Remy Martin)

전 제품을 VSOP급 이상으로 생산하는 것으로 유명한 레미 마르땡은 1724년 설립한 이래, 현재까지 전체 코냑 지구의 9%를 생산해내고 있다.

특히 그랑드 샹빠뉴와 쁘띠뜨 샹빠뉴에서 절반씩 약 1200여개의 포도원에서 원료를 공급받고 있으며, 모든 제품에 삔드 샹빠뉴라는 호칭을 사용하고 있다.

알렘빅(Alambics)이라는 소형증류기로 증류하고, 리무진 화이트 오크의 좋은 부분으로 자체 제작한 오크통에 숙성시킨다. 이 때 증류소의 원액은 약 1년 가량 새 통에서 숙성하여 통의 고유의 향과 타닌의 향이 잘 베어나게 하는데, 매년 브렌딩을 반복하고 5년 이상 숙성하여 최종 브렌딩 후에는 묵은 통에서 2년 이상 숙성하고 20년 이상의 원액도 일정부분 브렌딩 하여 제품화된 VSOP가 탄생된다. 이 때문에 VSOP는 통이 주는 고유의 향이 균형잡힌 마일드한 제품으로 사랑받고 있다. 또 안정적이고 풍부한 향의 나폴레옹, 완벽한 균형으로 정평이 난 XO와 Extra 제품이 있고, 루이왕가의 문양을 본딴 백합모양 병의 루이 13세가 유명하다.

▣ 까뮈(Camus)

처음에는 협동조합으로 운영되어 유통판매에 전력하던 까뮈는 1934년 미셀 까뮈가 3대 사장으로 취임한 이래, 제품을 까뮈라는 브랜드로 통일하여 판매해오고 있다. 특히 유통에 특화된 브랜드인 덕분에 전체 코냑 생산량으로 본다면 세계 5위권이지만, 면세점에서 많이 판매되어 가장 널리 알려진 코냑 중 하나가 되었다.

나폴레옹 탄생 200주년을 기념하여 1969년 숙성된 원주로 만드는 까뮈 나폴레옹은 고급 코냑의 대명사로 인식되고 있다. 그 밖에도, 3 Star, VSOP, XO 등이 있으며, 창립 후 지금까지 회사 대표가 태어난 해의 코냑을 특별 관리하는 전통이 있는데, 현재 대표인 시릴 까뮈(5대)가 직접 싸인한 1971년 빈티지가 2005년부터 한정판매되고 있다.

▣ 마르텔(Martell)

화이트와인만을 사용하여 샤랑트(Charente)법의 연속으로 증류하여 만드는 마르텔은 1715년 창업하여 현재까지 외부자본의 유입없이 자체적으로

경영하는 보기 드문 순수혈통을 고집하는 회사이다. 그럼에도 50여개 이상의 증류소와 12개의 자가 포도원이 있어 최대규모의 생산면적을 자랑하고 있다.

화려한 숙성향과 드라이한 특징을 가진 마르텔은 이런 전형적인 특징을 갖춘 베스트셀러 3 Star와 장기간 숙성한 원주를 정선하여 브렌딩한 코르동 느와르 나폴레옹, 30년 이상의 숙성으로 중후함과 기품을 갖춘 코르동 블루, VSOP급의 메다이옹 등이 유명하다.

제 4 절 아르마냑(Armagnac)

1. 아르마냑의 특징

코냑지방에서 남쪽으로 80km 떨어진 보르도 남서부의 아르마냑 지역에서 AOC법으로 생산되는 브랜디를 아르마냑이라 한다. 포도의 품질과 토양, 기후 등이 코냑과 큰 차이는 없지만 단식증류기로 2회 증류하는 코냑에 비해 반연속식 증류기로 한번만 증류하여 향이 짙은 특징을 갖고 있다. 또한 이 강한 향은 블랙오크통의 영향이 큰편이며, 화이트오크를 사용하는 코냑에 비해 숙성도 빠른 편이어서 보통 10년 정도면 완전히 숙성된 아르마냑을 생산할 수 있다.

2. 아르마냑의 유명상표

■ 샤보(Chabot)

프랑스 최초의 해군 원수 필립 드 샤보가 와인을 긴 항해에 견딜 수 있도록 하기 위하여 증류하여 선적하였다는 기록이 남아 있다. 특히 샤보는 이렇게 증류함으로써 시간에 따라 베어나는 타닌과 향의 조화가 훌륭한 품질을 내는 것을 발견하였고, 가장 유명한 아르마냑인 샤보의 역사가 시작되었다.

3Star, VSOP, 나폴레옹, XO급으로 생산되는데, 블랙오크의 특성으로 인해 화이트오크를 사용하는 코냑에 비해 숙성년도가 짧아 해당등급의 표시 또한 코냑등급에 준해서 정하게 된다.

■ 자뉴(Janneau)

보통 아르마냑 지역 협동조합으로 운영되고 있지만, 자뉴의 경우는 1851년 설립되어 현재까지 6대째 가업을 계승하고 있다. 아르마냑 전통 증류법인 반연속식 증류기에서의 1회 증류 후 블랙오크 새통에서 2년간 저장하여 통의 향이 베이게 한 후, 다시 묵은 통에 옮겨져서 숙성하는데, 이렇게 생기는 감칠맛과 강한 향이 특징이다.

그 외에도 블랙오크의 특성상 보통 5년 이상 숙성하면 나폴레옹급으로 인정되지만, 10년 이상의 숙성한 원주만을 사용하는 말리악(Malliac), 과거 아르마냑의 인기 포도품종이었으나, 지금은 그 사용도가 낮은 픽프르종을 계속 사용하고 초콜릿 향미가 특징인 몽테스큐(Montesquieu) 등이 유명하다.

제 5 절 오드비(Eau-de-Vie)

1. 오드비의 개념

오드비(Eau-de-Vie)는 프랑스어로 브랜디라는 뜻이며, 프랑스 알사스(Alsace) 지방에서 과일을 발효시켜서 증류한 증류주를 유리병이나 옹기 그릇에 넣어 일정기간 숙성하게되 무색투명한 알코올 밸런스(White Alcohols)라 하였으며 알코올 농도가 리큐르보다 높다.

그러나 현재는 유럽 여러 나라에서 생산하고 있으며 많은 애주가들로부터 좋은 호평을 받고, 품질이 좋은 것은 오크통 속에 넣어 10~30년의 숙성기간을 거치는데, 이 과정에서 오크통에서 우러난 액과 증류주가 혼합되어 색은 황갈색으로 변하고 맛과 향이 더욱 좋아지며 원료의 원액을 첨가하여 주기도 한다.

오드비는 원료로 사용하는 과일의 종류에 따라 이름이 다르며 원료 분량에 비해 생산되는 양이 적어 가격이 비싼 편이며, 마실 때에는 주로 냉각시켜서 스트레이트로 즐겨 마신다.

오드비에 사용되는 재료는 다음과 같다.

사과(Apple), 살구(Apricot), 월귤 나무 열매(Bilberry), 초록색 자두(Blue Plum), 체리(Cherries), 용담(Gentian), 복숭아(Peaches), 배(Pears), 나무 딸기(Strawberry), 야생 딸기(Wild Strawberry), 황색자두(Yellow Plum) 이외 여러 종류가 있다.

2. 오드비의 특징

오드비는 생명의 물이라는 뜻을 가진 브랜디로 프랑스의 알자스 지역, 독일 보스게 산맥의 동서쪽, 블랙 포레스트 지역, 스위스의 북쪽 알프스 산기슭에서 생산된다. 포도 외의 다른 과실로 만든 증류주를 보통 오드비라고 하는데, 특히 곡물을 증류한 것은 슈납(Schnapps)이라고 하며, 가장 인기 있는 오드비는 배(Pear)로 만들어진 것이다. 오드비는 통의 향이 베는 것을 막기 위해 탱크에서 숙성하므로 무색투명한 것이 많고, 가끔 통에 숙성하여 색이 진하고 감칠맛이 나는 오드비도 있다.

3. 오드비의 종류

오드비는 재료에 따라 다양한 명칭으로 불리운다. 흔히 사이다라고 부르는 시드르(cider)는 원래 사과를 원료로 한 사과주이다. 특히 오드비 드 시드르(Eau de vie de cider)는 사과를 원료로 한 브랜디 중에서 가장 유명하며, 54도의 높은 알코올로 유명한 노르망디 특산주인 칼바도스가 널리 알려져 있다.

와인을 만들기 위해 포도를 양조하는 과정에서 포도를 짜고 생기는 포도 찌꺼기를 재발효하여 증류한 것을 마르라고 하는데, 프랑스어로는 오드비 드 마르(Eau de vie de marc)라고 한다.

그 밖에도 포도를 증류시켜 만드는 오드비 드 뱅(Eau de vie de van), 검은 딸기를 원료로 하여 독일, 스위스 등지에서 생산되는 브롬베아가이스트(Brombeergeist), 슈바르츠바르트의 체리로 만드는 산뜻한 향미의 키르쉬밧서(Kirschwasser) 등이 있다.

Chapter 4
기타 증류주

제4장 기타 증류주

제 1 절 진의 정의와 종류

1. 진의 정의

진(Gin)은 곡물을 발효 증류한 주정에 두송나무의 열매(Juniper Berry) 향을 첨부한 것이다. 진은 무색투명하고 선명하게 닦여진 술로서 다른 술이나 리큐르(Lequeur) 또는 주스(Juice) 등과 잘 조화되기 때문에 칵테일의 기본주로 가장 많이 쓰인다.

애음가에서부터 술에 익숙치 못한 사람에 이르기까지 친해질 수 있는 '세계의 술, Gin'이라 하기에 알맞은 술이다.

진이라는 이름의 어원은 두송열매, 즉 쥬니퍼 베리(Juniper Berry)의 프랑스 말에서 유래한다. 즈니에브르(Geniévre)는 네덜란드어로 전화하여 제네바(Geneva)가 되고 영국으로 건너가 진이 되었다.

2. 진의 역사

진(Gin)이 처음 1660년 네덜란드의 라이덴 대학의 의사인 실비우스 박사가 값이 싼 신장병 치료제로 맥아를 원료로 하여 만든 발효주를 증류시켜서 만들어낸 증류주에 열매(Juniper Berry)와 수종의 식물을 첨가하여 다시 증류시켜서 약용으로 개발한 것이 시초이다. 박사는 술에 두송나무 열매를 담아 해열제로 약국에서 발매하였다.

진의 원료는 옥수수, 대맥, 라이보리 등으로 고농도의 알코올을 만들고 주니퍼 베리, 커리엔더(Coriander 고수풀 미나리과), 시이드(Seeds), 감귤류의 과피 그 밖의 스파이스 등으로 향기를 내었으며 통숙성을 하지 않으므로 무색투명하다

이렇게 만들어진 진은 처음 만들어진 의도와는 달리 신장병 치료제 보다 애주가들에게 술로 더 많은 호평을 받게 되었으며, 17세기초 영국의 튜더(Tudo) 왕조때 종교전쟁에 참전하였던 영국 병사들이 귀향하면서 진을 가지고 와 급속도로 영국에 전파되었으며, 이 술을 마시면 용기가 난다 하여 터치 커리지(Dutch Courage)라 하였고, 1831년 연속 증류기가 발명되면서 진은 대량생산이 이루어졌으며, 품질이 좋아지고 가격이 저렴하게 판매되자 영국의 가난한 노동자들이 스트레스를 풀며 용기를 내기 위하여 많이 마시게 되었다.

오늘날 대부분의 진은 영국 타입의 '드라이 진'과 전통적인 제법으로 만들어지는 네덜란드의 진 '제네바'가 그 주류를 이루고 있다.

3. 진의 제조법

1) 영국 진(England Gin)의 제법

원료인 보리의 맥아, 옥수수, 호밀 등의 곡류를 혼합하여 당화, 발효시킨 뒤 먼저 연속식 증류법으로 증류하여 95% 정도의 주정을 얻는다. Juniper Berry, Coriander, Angelica, Caraway, Lemon Peel 등의 향료 식물을 증류액에 섞어 단식증류법으로 두 번째 증류를 한다. 여기에 증류수로 알코올 성분 37~47.5%까지 낮추어 병입 시판한다.

2) 네덜란드 진(Netherlands Gin)의 제법

곡류의 발효액 속에 쥬니퍼 베리나 향료 식물을 넣어 단식증류법으로만 2~3회 증류하여 55% 정도의 주정을 만든다. 이것을 술통에 단기간 저장하

고 45% 정도까지 증류수로 묽게 하여 시판한다.

이 때 사용하는 쥬니퍼 베리는 독일, 스페인 등지에서 수입하며 네덜란드 진은 생으로, 영국진은 2~3년 정도 건조시켜 사용하는 것이다.

4. 진의 특성

진(Gin)을 만드는 데 재료로 사용되는 노간주 열매는 신장을 튼튼하게 하여 이뇨작용을 원활하게 해주는 효력이 있다. 토닉 워터(Tonic Water)를 만드는 원료가 키니네(Quinine)로 학질 예방과 치료, 강장에 효력이 있어 진 엔 토닉(Gin & Tonic)은 질병이 많은 여름철에 매우 적합한 음료이다. 탐카린스(Tom Collins) 역시 갈증을 해소시켜 주는 데 좋은 음료 이외에도 드라이 진은 칵테일의 왕자라고 하는 마티니(Martini)를 비롯하여 칵테일을 만드는 기주로 가장 많이 사용된다.

5. 진의 종류

1) 드라이 진(Dry Gin)

드라이 진은 투명하면서도 단맛이 없으며 송진의 향이 강하게 나는 것으로 세계 여러 나라에서 생산하며 가격이 저렴하여 일반 서민들이 많이 즐겨 마신다. 칵테일을 만들 때 기주로 많이 사용한다.

2) 런던 드라이 진(London Dry Gin)

런던 드라이 진은 영국에서 만들어졌으며 진으로는 가장 품질이 우수하다. 제조회사마다 비법에 차이는 있으나 곡물을 원료로 하여 연속증류기로 만들어낸 중성주를 여러 가지 식물과 함께 단식증류기로 만들어내는데 유사한 제품이 여러 나라에서 생산된다. 런던 드라이 진은 두 가지 방법으로 생산하는데 첫번째는 곡물을 원료로 하여 연속증류기로 만들어진 증류주를 숯을 이용한 여과기에 여러 번 반복하여 여과시킨 중성주를 여러 가지 식물과 함께 단식증류기에 넣고 증류시키는 방법이다. 또 한가지 방법은 중성주를 단식 증류기에 넣고 열을 가하여 생기는 증기가 식물성 부재료를 통과하여 맛과 향이 혼합되어 냉각기로 옮겨지는 방법이다. 런던 드라이 진을 만드는 데 부재료로 사용하는 식물은 다음과 같다.

멧두릅 속의 식물(Angelica Root), 붓꽃 뿌리(Orris Root), 계피나무 껍질(Cassia Bark), 감초(Licorice), 오렌지와 레몬 껍질, 회향풀(Fennl), 창포 뿌리(Calamud Root), 생강의 일종(Cardamom Seed), 아몬드(Almond), 노간주 나무 열매(Juniper Berry), 그외에 여러 가지 식물들이 있다.

드라이 진으로 가장 품질이 우수하며 많이 알려져 있는 상품명으로는 다음과 같다. Tanqueray, Beefeater, Gordon's. Gilbey's 등이 유명하다.

3) 더치 진(Dutch Gin)

홀렌드 또는 제네버라고도 하는데 제네버는 스위스의 도시 제네바(Geneva)와는 아무런 관련이 없다.

네덜란드의 수도 암스테르담(Amsterdam)과 쉬이담(Schiedam)에서 두 가지 형태로 생산되며 Oude Genever는 올드 진(Old Gin)이라 하고 Jonge Genever는 Young Gin이라고 한다.

Oude Genever는 맥아로 만든 발효주에 여러 가지 식물을 첨가하여 증류시킨 것으로서 제조원가가 많이 들어가며 오리지널 제네버(Original Genever)에 근사하고 Jonge Genever는 Oude Genever에 비하여 맥아를 적게 사용하여 많은 양을 생산하며 알코올 도수가 약간 낮다.

4) 플리머스 진(Plymouth Gin)

플리머스(Plymouth)는 영국 남서부에 있는 영국 해군항으로 이곳에서 생산하는 진(Gin)만을 플리머스 진이라 한다. 전통적으로 영국 해군에서 이

용되어 오는 핑크색의 단맛이 없는 진이다.

5) 골든 진(Golden Gin)

영국에서 생산하는 단맛이 나는 진이다. 1910년대에 탐 카린스(Tom Collins)를 처음 만들었을 때만 하여도 올드 탐 진(Old Tom Gin)을 기주로 사용하여 수요가 많았다. 그러나 드라이 진(Dry Gin)이 많은 호평을 받게 되면서부터 수요가 감소되어 1939년부터는 생산이 거의 중단상태에 있어 극히 소량만 생산한다.

6) 후레버 진(Flavored Gin)

오렌지, 레몬, 라임, 박하 등을 부재료로 사용하여 단맛에 부재료의 맛과 향이 나는 진이다.

7) 슬로우 진(Sloe Gin)

야생 자두를 원료로 하여 만든 술로 여러 나라에서 생산하고 있으며 적색에 단맛이 풍부하여 진이라기보다 리큐르에 해당된다.

8) 탱거레이(Tanqueray)

현재까지 나와 있는 드라이 진으로는 가장 품질이 우수한 것으로 알려져 있으며, 런던 진 제조회사인 찰스 탱거레이사는 1830년부터 런던 사핀즈베리구의 맑은 자연수를 이용하여 생산을 시작하였으며, 1898년에 고든사와 합병하여 판매와 수출을 상호 협력하고 있다. 탱거레이는 스페이셜 드라이(Special Dry) 타입으로 미국 사람들이 제일 좋아하는 드라이 진이다.

9) 비이피이터(Beefeater)

병의 라벨에서 보여 주듯이 런던 타워를 배경으로 한 근엄한 근위병의 모습에서 전통적인 영국의 보수성이 돋보이는 것처럼 런던 드라이진으로는 가장 품질이 우수하며, 우리나라를 비롯하여 여러 나라에 제일 많이 알려져 있다.

비이피이터는 1890년 런던에서 설립한 제임즈 버러우사(James Burrough Ltd.)이며, 상쾌한 향기와 매끄러운 풍미가 있다.

10) 고든스(Gordon's)

드라이 진을 생산하는 회사로는 가장 오랜 역사를 지니고 있으며 품질이 가장 우수한 품종의 하나로 늑대 머리가 상표인 것이 돋보인다.

1769년 런던의 템즈강 남안에서 창업하여 후에 런던시 북부의 구즈엘가로 옮겼다. 1898년에 탱거레이사와 합병하여 Tanqueray, Gordon사로 새로 출발하여 가장 우수한 품질의 드라이 진을 두 가지나 생산하는 회사가 되었다.

11) 길비스(Gilbey's)

1875년에 길비 집안에 월터와 알프레드 형제가 설립하여 두 사람의 이니셜을 따서 W & A Gilbey로 설립되었으며, 진 생산은 1872년부터 하였고 1887년부터 스카치도 생산하기 시작하였으며, 길비 진은 우유색이 나는 네모난 병을 전통적으로 사용하여 오다 최근에 와서 투명한 병으로 바뀌었다.

길비스 진은 1급 수준에 품질이 좋은 제품이다. 레드 레벨은 37도, 그린 레벨은 47.5도로 생산되고 있다.

12) 볼스 주네버(Bols Genever)

네덜란드의 쉬이담(Schiedam)에서 1575년에 설립하였으며 증류회사로 세계에서 가장 오래된 회사다. 오랜 역사와 전통을 지니고 있는 볼스는 종합 주류를 생산하는 회사로 진을 만드는 데 옛날 방식을 그대로 유지하고 있으며, 이 회사에서 생산하는 리큐르 종류로 품질이 우수하여 널리 알려져 있다.

13) 슐리히테 슈타인헤거(Schlichte Steinhager)

독일의 독특한 타입의 증류주로 진의 일종이다. 1863년 설립한 슐리히테사의 제품으로 쥬니퍼 베리를 증류한 것과 대맥을 단식 증류법으로 2번 반복 증류한 증류를 균형있게 배합한 것으로 드라이 진보다 마일드한 것이 특징이다.

14) 플라이슈만(Fleischmann's)

미국산 진이며 1870년에 진을 생산하기 시작하였으며 미국에서 진을 만든 최초의 회사로 현재는 오하이오에서 버번도 생산한다.

제 2 절 럼의 정의와 종류

1. 럼의 정의

서인도제도가 원산지인 럼(Rum)은 사탕수수의 생성물을 발효, 증류, 저장시킨 술로서 독특하고 강렬한 향이 있고, 남국적인 야성미를 갖추고 있으며 해적의 술이라고도 한다.

럼이란 단어가 나오기 시작한 문헌은 영국의 식민지 바바도스(Barbados) 섬에 관한 고문서에서 "1651년에 증류주(Spirits)가 생산되었다. 그것을 서인도제도의 토착민들은 럼불리온(Rumbullion)이라 부르면서 흥분과 소동이란 의미로 알고 있다."라고 기술되어 있다. 이것이 현재의 럼으로 불리어졌다고 하는 설이 있다. 다른 한편으로는 럼의 원료로 쓰이는 사탕수수의 라틴어인 샤카룸(Saccharum)의 어미인 'Rum'으로부터 생겨난 말이라는 것이 가장 유력하다.

2. 럼의 역사

▲ 바카디럼 화이트

럼의 역사는 서인도제도의 역사를 보는 데서 시작된다. 1492년 콜럼버스에 의해 발견된 이후 사탕수수를 심어 재배하였다. 이후 유럽과 미국을 연결하는 중요 지점으로서 유럽 여러 나라의 식민지가 되고 사탕의 공급지로 번영했다.

17C가 되어 바바도스 섬에서 사탕의 제당공정중에서 생기는 폐액에서 럼이 만들어진 것이 시초이다. 이러한 점은 18C로 접어들자 카리브해를 무대로 빈번하게 활약했던 대영제국의 해적들에 의해 점점 보급되었다.

또한 서인도제도를 통치하는 유럽의 열강들은 식민정책을 전개하기 위한 노동력을 아프리카의 흑인에 의존했다. 노예 수송선은 카리브해에 도착하면 빈 배가 되는데 여기에 당밀을 싣고 미국으로 가서 증류하여 럼으로 만든다. 그 배는 아프리카로 돌아가서 노예의 몸값을 대신하여 럼으로 준다. 이같은 식민정책의 삼각무역에 의해 럼 산업이 성장해 온 것이다. 1740년경 괴혈병을 예방하기 위해 '에드워드 바논'이라는 영국 해군의 제독은 럼에 물을 탄 것을 군함 안에서 지급했다는 기록이 있다. 럼하면 역시 빼놓을 수 없는 사람이 있는데 넬슨(Nelson / 1758~1805) 제독이다. 1805년 트라팔가(Trafalgar) 해전에서 제독은 나폴레옹 I세의 함대를 대파하여 승리로 이끌었으나 결국 전사하였다. 유체의 부패를 막기 위해 럼주 술통 속에 넣어 런던으로 옮겨졌다. 이에 기인하여 영국사람들은 넬슨의 충성심을 찬양하기 위해 다크럼(Dark Rum)을 'Nelson's Blood(넬슨의 피)'라고도 불렀다 한다.

17세기경 서인도 '발바도스'라는 섬에서 람바리온(Rumbullion) 혹은 람바숀(Rumbustion)이라고 하는 이름의 약자라는 설과 '데본시아'의 방언에서는 '괴동'이나 '흥분'이라는 의미라는 설이 있으나 명확치는 않다. 럼의 원료인 사탕수수의 라틴어 세키럼(Saccharum)의 어미인 럼에서 나온 설이 가장 유력하다

16세기초 콜럼버스(Columbus)가 사탕수수(Sugar Cane)를 서인도제도에 보급시켜 재배하면서부터 급속도로 카리브해 연안까지 경작지가 확대되었다.

17세기에 들어서면서 사탕수수에서 원액인 결정당을 분리한 나머지 당밀(Molasses)을 이용하여 술을 만들어 마셔오다 1647년 서인도제도(West Indies)에서 증류기를 이용하여 만든 것이 시초이다.

럼주는 마시면 흥분시키는 요소가 있어 노예시절에는 농장에서 힘든 노동을 하는 노예들에게 노동의 능률을 높이기 위하여 럼주를 먹였으며 흥분제, 소독제, 살균제, 마취제 등 의약용으로도 많이 사용되어 왔다. 해적들이 다른 배를 공격할 때 미리 럼주를 마시고 흥분된 상태에서 공격하였으며 영국 해군에서는 오랫동안 항해를 하는 수병들의 괴혈병 예방과 치료제로도 약 300년 동안 사용하여 왔다. 이러한 럼주는 황금의 술(Rumbullion) 또는 악마를 쫓는 술(Kill Devil)이라 하였으며, 럼주에다 물을 타서 마시는 것을 그로그(Grog)주라 한다. 당시에 영국 해군 함대사령관이었던 에드워드 버멍(Edward Vemon) 제독은 거친 피륙(Gorgram)으로 만든 외투를 입은 채 그로그주를 마시면 비틀거리곤 했다.

그로기(Groggy) 상태라고 하는 말은 이 때부터 유래되었다. 영국정부는 1917년부터 증류를 마친 럼주는 숙성기간이 3년이 되지 않으면 판매를 할 수 없게 했다.

럼주는 사탕수수를 재배하는 모든 나라에서 생산하고, 세계에서 가장 많이 생산되는 소모 또한 가장 많은 술이다. 색이 무색 투명한 럼을 White Label(Light Bodied 또는 Light Rum)이라 하며 맛이 연하고 부드러워 현재 가장 많이 유행되고 있는 토로피컬 드링크(Tropical Drinks)에 많이 사용되고 있으며 Gold Label(Gold Rum)은 연한 갈색에 깊은 맛이 나며 다크럼은 짙은 갈색에 맛과 향이 매우 강하게 난다.

럼주는 숙성기간이 보통 6개월에서 1년이면 병에 담겨지지만, 품질이 우수한 것은 15년 오크통에서 숙성시키기도 한다.

3. 럼의 원료와 제법

원료는 고구마와 사탕수수이며, 사탕공업의 부산물로서 당밀과 사탕수수의 즙의 가운데 있는 크림(Skimming)을 사용한다.

사탕수수를 압착하여 얻은 액에 효모를 가하여 발효시켜 증류한 독특하고 강한 냄새를 가진 증류주로서 쉐리주의 빈 통에 넣어 수년간 저장하여 시판한다.

미국법률로서는 증류 후 4년간을 저장하지 않으면 판매를 금지하고 있다. 주정 도수는 약 50도 전후이며 기이나의 데머레러 럼(Demerara Rum)은 품질보다 주정 도수가 75도로 높은 것으로 이름난 것도 있다. 영령인 서인도 여러 섬의 것이 유명하며 자마이카 럼은 품질이 우수하다.

4. 럼의 분류

1) 헤비럼(Heavy Rum / Dark Rum)

감미가 강하고 짙은 갈색으로 특히 Jamaica산이 유명하다. 주요 산지로는 Jamaica, Martinique, Trinidad Tobago, Barbados, Demerara, New England 등이 있다.

2) 미디엄 럼(Medium Rum / Gold Rum)

헤비럼과 라이트 럼의 중간색으로 서양인들이 위스키나 브랜디의 색을 좋아하는 기호에 맞추어 캐러멜로 착색한다. 주요 산지로는 도미니카(Dominica), 남미의 기이나, 마티니크(Martinique) 등.

3) 라이트 럼(Light Rum / White Rum)

담색 또는 무색으로 칵테일의 기본주로 사용된다. 쿠바(Cuba)산이 제일 유명하다. 주요 산지로는 Cuba, Puerto Rico, Mexico, Haiti, Bahamas, Hawaii 등이 있다.

5. 럼의 국가별 상표

국내별 럼의 유명상표를 보면 다음과 같다.

1) 쿠바(Cuba)

바카디럼(Bacardi Rum)의 원산지이기도 한 쿠바는 질이 우수한 럼을 많이 생산하며, Carta Blanca(Light Rum)와 Carta Oro(Gold Rum)은 품질이 좋은 것으로 널리 알려져 있다. 특히 골드 럼은 더욱 유명하다.

2) 푸에르토리코(Puerto Rico)

푸에르토리코는 세계에서 럼주를 가장 많이 생산하는 나라이다. 품질이 가장 우수하다는 바카디 럼(Bacardi Rum)은 스페인의 알폰고 13세가 왕실의 문장을 사용케 하였으며, 행운의 심벌로 박쥐 상표를 사용하고 있는 것으로 유명하다. 푸에르토리코에서 생산하는 럼주로 널리 알려진 상표는 다음과 같은 것이 있다.

Bacardi, Boca Chica Carioca, Don Q, Maraca, Merito, Ronrico.

3) 자마이카(Jamaica)

자마이카에서 생산하는 럼주도 품질이 우수하여 널리 알려져 있으며 짙은 색에 짙은 맛이 나는 다크 럼은 유명하여 그 중 메이어스 럼(Myer's Rum)은 우리에게도 잘 알려져 있으며, 애주가들이 선호하는 럼주이다.

제 3 절 보드카의 정의와 종류

1. 보드카의 정의

보드카(Vodka)는 슬라브 민족의 국민주라고 할 수 있을 정도로 애음되는 술이다. 무색(Colorless), 무미(Tastless), 무취(Odurless)의 술로써 칵테일의 기본주로 많이 사용하지만, 러시아인들은 아주 차게 해서 작은 잔으로 스트레이트로 단숨에 들이킨다. 러시아를 여행하는 외국인이 기대하는 것의 하나로 캐비어(Caviar : 철갑상어 알젓)에 보드카를 곁들여 마시는 것을 꼽을 수 있을 것이다. 이러한 보드카의 어원은 12C 경의 러시아 문헌에서 지에즈니즈 붜타(Zhiezenniz Voda : Water of Life)란 말로 기록된 데서 유래한다. 15C경에는 붜타(Voda : Water)라는 이름으로 불리었고 18C경부터 보드카라고 불리어졌다.

2. 보드카의 역사

보드카는 혹한의 나라 러시아인들에게는 몸을 따뜻하게 하는 수단으로 마셔 왔다. 노동자나 귀족계급 할 것 없이 누구나 즐겨 마시는 술이였다. 실로 빈부의 차이를 느끼지 않는 술이다. 러시아의 마지막 3대에 걸친 황제들도 애용하던 전술의 술로서 제조법을 비밀에 부쳤던 것이 그를 뒷받침한다. 그런데 최후의 황제인 니콜라이(Nicolai) II세(1868~1918)는 맹렬한 알코올이 함유된 보드카는 건강에 좋지 않다는 이유로 알코올 도수를 40%까지로 제한하기도 했다. 또 1917년 러시아혁명 이후 볼셰비키 정부는 한때 보드카의 제조판매를 금지하였으나 국민들의 강력한 요구에 금지를 해제시켰다. 혁명 후 제조기술이 러시아인들에 의해 남부 유럽으로 전해지고, 1933년 미국의 금주법이 폐지되자 제조기술이 미국으로 전해져 대단한 인기를 끌었다. 1958년 미국에서 보드카의 생산량은 본국인 러시아를 능가하여 세계 제1위가 되었다.

현재의 보드카는 옥수수나 감자를 쓰기도 하는데 당시로는 러시아 땅에 이식되지 않아 원료로 쓰는 것은 불가능하였다.

18세기경까지는 주로 라이보리로 만들어졌는데, 그후 대맥이라든가 아메리카 대륙에서 유럽으로 전해진 옥수수 감자 등도 쓰이게 되었다.

활성탄 여과법을 사용하여 만들어진 무색, 무미, 무취의 특색의 술인 보드카는 러시아 등 슬라브 민족이 애음하는 국민주로 알려져 있다. 어원은 러시아어의 우오다(Vodka), 영어의 워터(Water)와 비슷한 것으로 즈이네니야바다 '생명의 물'이라고 불리우는 위스키나 브랜디와 같은 뜻의 글로 해석된다.

보드카는 12세기 때 발트해(Baltic) 연안국인 러시아(Russia), 폴란드(Poland), 핀란드(Finland), 라트비아(Latvia), 리투아니아(Lithuania), 에스토니아(Estonia) 등 여러 나라에서 감자를 원료로 하여 만든 것이 시초이며 정확하게 어느 나라에서 처음 만들었다는 자료는 없다. 다만, 러시아와 폴란드에서 만든 것으로 전해져 오고 있다. 제1차 세계대전 이후 여러 나라에 알려졌고, 1940년대부터 곡물을 원료로 하는 연속식 증류방법으로 대량 생산하게 되었다.

보드카가 처음 증류되었을 때에는 90~95도의 높은 알코올로 자작나무를 태워서 만든 숯을 이용한 여과기에 넣고 여러 번 반복하여 여과를 시키는데 여과 횟수가 많을수록 품질이 좋은 보드카가 된다.

3. 보드카의 제조법

원료는 주로 보리, 밀, 호밀, 옥수수 등과 감자, 고구마를 사용한다. 이들 곡류(Grain)나 고구마류에 보리 몰트(Malted Barely / 맥아)를 가해서 당화 발효시켜 '세바리식'이라는 연속증류기로 95%정도의 주정을 취한다. 이것을 자작나무의 활성탄이 들어있는 여과조를 20~30번 반복해서 여과한다. 그러면 퓨젤 오일(Fúsel Oil) 등의 부성분이 제거되어 순도 높은 알코올이 생긴다. 끝으로 모래를 여러 번 통과시켜 목탄의 냄새를 제거한 후 증류수로 40~50%로 묽게 하여 병입된다.

보드카가 무색, 무미, 무취로 되는 중요 요인은 자작나무의 활성탄과 모래를 통과시켜 여과하기 때문이다. 보드카는 증류주 중에서 생산하기가 가장 간편하고 쉬워서 여러 나라에서 생산한다.

4. 보드카의 분류

1) 중성 보드카(Natural Vodka)

무색 투명한 것으로 보드카의 90% 이상이 이것이며 증류시켜서 여과를 거친 후 별도의 숙성기간을 거치지 않고 바로 증류수로 희석시켜서 병입하게 된다. 이 보드카의 특징은 다음과 같은 세 가지이다.

'색이 없다(Colorless), 맛이 없다(Tasteless), 냄새가 없다(Odourless)'. 이 때문에 보드카는 모든 종류의 주스나 청량음료를 배합하여 칵테일을 만들어 마시기에 가장 적합하여 현대 칵테일을 만드는 기주로 드라이 진, 럼 등과 함께 가장 많이 사용된다.

보드카를 가장 운치있게 마시는 요령은 보드카를 차게 냉장시켜서 식사 전이나 식사 후에 철갑상어의 알(Caviar)을 곁들여 스트레이트로 마시는 것이다.

2) 골드 보드카(Gold Vodka)

이 보드카는 증류시켜서 여과를 한 다음 일정기간 오크통에서 저장한다. 그러면 오크통에서 우러난 연한 황갈색으로 된다.

품질이 좋은 보드카는 10년을 숙성시키기도 한다.

3) 즈브로우카(Zubrowka)

즈브로우카는 폴란드 자생인 즈브로우카 풀을 담가 만드는 보드카로서, 황녹색의 빛을 띠며, 병속에 떠있는 풀잎으로 유명하다.

그밖에도 과일을 배합하여 다양한 맛을 내는 날리우카(Naliuka), 레몬향을 첨가하여 향이 좋은 황색의 리몬나야(Limonnaya), 크리미아 지방에서 나오는 배, 사과잎을 담가 만들고 소량의 브랜디가 첨가되어 풍미가 좋은 갈색빛의 스타르카(Starka) 등이 있다.

또는 여러 가지 과일을 첨가하여 맛과 향을 내는 후레버 보드카(Flavored Vodka)도 있다.

5. 보드카의 종류

-Russian Vodka : Moskouskaya, Stolichnaya
-American Vodka : Smirnoff, Samovar, Hiram's Walker
-Holland Vodka : Bols, De Kurper
-England Vodka : Gilbey's, Gordon's

1) 앱솔루트(Absolute)

보드카로서는 가장 품질이 우수한 것으로 알려져 있는 앱솔루트는 1879년 스웨덴 남부에서 생산하기 시작되었으며, 밀을 원료로 하여 원시림을 통과한 깨끗한 물로 만들어진 보드카다. 상표를 병에 직접 인쇄하여 맑고 투명한 액이 보이도록 한 것이 특색이며, 마일드 타입의 보드카다.

2) 스미노프(Smirnoff)

스미노프 보드카는 1818년 모스크바에서 피에르 스미노프가 생산하기 시작하여 1886년 러시아의 황제 알렉산더 3세가 황실에 단독납품 보드카로 지정함으로써 러시아 최고의 명주로 부각되었다.

1918년 러시아혁명으로 그의 자손 우라디미루 스미노프가 파리로 망명하여 러시아인을 상대로 보드카를 생산 판매하며 근근히 명맥을 이어오다 러시아 태생의 미국인 R. 크네트 씨와 미국에서 금주법이 해제되고 난 후, 1943년부터 생산하기 시작하였으며, 후에 휴브라인에게 회사가 넘어가 현재에 이르고 있다.

스미노프 보드카는 미국에서 판매실적 1위이며 품질이 우수하다.

3) 핀란디아(Filandia)

핀란드(Finland)에서 밀과 보리를 원료로 만든 보드카로 북구의 나라답게 고드름을 배경으로 하여 백야의 순록 두 마리가 힘겨루기를 하는 모습의 상표는 시원한 청량감을 느끼게 한다.

4) 모스코프스카야(Moskovskaya)

러시아에서 생산하는 보드카로 3대 명품 중의 하나이다. 구 소련시대 러시아에서 생산하는 보드카를 해외에 수출할 때 구 소련 식품 수출입공단(V/O Sojuzploimport)에서 취급하여 왔던 것으로 품질이 우수하다.

5) 스톨리치나야(Stolichinaya)

러시아에서 생산하는 보드카로 스톨리치나야는 러시아어로 수도라는 뜻이며 연하고 부드럽다. 차게 냉각시켜서 캐비어를 곁들여 마시기에 매우 적합한 보드카이다.

제 4 절 데킬라

1. 데킬라의 유래

데킬라(Tequila)의 원산지는 멕시코의 중앙 고원지대에 위치한 제2의 도시인 라다하라 교외에 있는 데킬라라는 마을이며, 여기서 멕시코 인디안들에 의해 데킬라가 생산되기 시작하였다. 멕시코의 여러 곳에서는 유사한 증류주를 생산하는데 이를 메즈칼(Mezcal)이라고 부른다. 이러한 메즈칼 중에서 데킬라 마을에서 생산되는 것만 데킬라라고 부르며, 어원도 마을 이름에서 유래되었다.

2. 데킬라의 제조법

원료는 용설란과의 아가베(Agave)인데 이 나무에는 '이누린'이라는 전분과 비슷한 물질이 함유되어 있다.

아가베(Agave)는 8~10년간 자란 것을 원료로 사용하며 하나의 무게가 25~115kg까지 되며 이렇게 자란 아가베의 길고 뾰족한 잎을 잘라내면 마치 그 모양이 파인애플과 같은 모양에 농구공처럼 둥글다. 이것을 파인애플 모양같다고 하여 피나(Pina)라고 부르며, 이러한 피나를 잘게 썰어서 약 6~7시간 쪄서 냉각시킨 다음 프레스기에 넣고 원액을 짜낸다.

짜낸 원액을 큰 발효통에 설탕과 이스트를 함께 넣고 약 3일간 발효시킨다. 이렇게 발효된 것을 풀케(Pulque)라 하는데, 이 풀케를 단식증류법으로 두 번 증류하여 화이트 오크통에 약 한달 가량 숙성시킨 후 활성탄으로 정제하고 시판하는 것이 화이트 데킬라(Tequila Joven : 데킬라 호벤)이고, 드물게는 장기간 저장하였다가 판매하는 것도 있으며 이를 골드 데킬라(Tequila Anejado : 데킬라 아네하도)

라 한다.

1년 묵은 것은 'Anejo'라고 표시하고 2~4년 묵은 것은 'Muy Anejo'라고 표시 구분한다. 알코올 도수가 5~6도로 색과 맛이 한국의 막걸리와 비슷하며 그냥 마시기도 한다.

발효된 풀케는 단식 증류법으로 두 번 반복하여 증류하게 되며 이렇게 증류한 술을 메즈칼(Mezcal)이라 부른다.

데킬라는 메즈칼과 같은 것이며 데킬라(Tequila)지방에서 생산한 것만 데킬라라 부르며, 다른 지방에서 생산한 것은 모두가 메즈칼이라 부른다.

아가베로 생산한 데킬라는 품질이 우수하다 하여 100% Agave 라 표시되어 있다.

데킬라의 일반적 주정도는 40~52°이다.

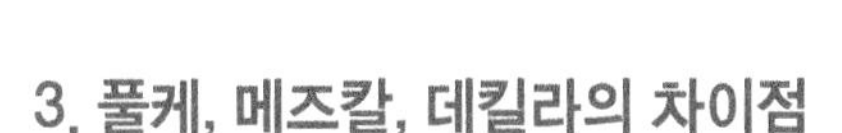

3. 풀케, 메즈칼, 데킬라의 차이점

1) 풀케(Pulque)

6종 이상 Agave Plant를 사용하여 수액을 발효시킨 양조주로 스페인의 멕시코 정복 이전부터 애용되어 온 멕시코의 국민주이다.

2) 메즈칼(Mezcal)

수종의 Agave Plant로부터 채취된 수액의 발효액, 즉 풀케를 증류한 것으로서 여러 지방에서 생산되며 영어 표기로는 메즈칼이라고 한다.

3) 데킬라(Tequila)

메즈칼과는 두 가지 차이점이 있다. 하나는 'Agave Tequila'라고 하는 단 한 종의 아가베만을 사용하는 것과 다른 하나는 데킬라 마을에서 생산되는 메즈칼을 데킬라라고 칭하고 있다.

데킬라는 용설란을 원료로 하여 멕시코에서 만든 술이며 원료로 사용되는 용설란으로는 다음과 같이 여러 가지가 있다.

Blue-Green Agave, Century Plant, American Aloe, Maguey, Blue-Mazcal(Mescal) 등을 원료로 사용하며 이 중에서 아가베와 메즈칼을 주로 많이 사용한다.

4. 데킬라의 숙성방법에 따른 분류

(1) 화이트 및 실버(White or Silver)

증류를 마친 데킬라는 속에 밀납(Wax)을 바른 40,000리터짜리 대형 술통에 넣고 2년 이상의 숙성기간을 거친 후, 병에 담겨진다. 이것은 무색 투명하며 데킬라 호벤(Tequila Joven)이라고도 한다.

(2) 골드 및 아네호(Gold or Anejo, Aged)

3년 이상을 오크통에서 숙성되어 오는 동안 술통에서 우러나온 액이 연한 황색을 낸다. 품질이 좋은 것은 10년 이상을 숙성시키기도 하며 데킬라 아네하도(Tequila Anejado)라고도 한다.

데킬라는 증류가 끝나면 3년 이상을 숙성시키는데 숙성시키는 방법에 따라 색이 구분된다.

5. 데킬라의 유명상표

1) 호세 쿠에르보(Jose Cuervo)

대표적인 멕시코의 데킬라 메이커로, 1795년 창업한 후 사우사(Sauza)와 함께 데킬라의 양대산맥을 이루고 있다. 특히 양사는 과거 시장쟁탈을 위해 온갖 술수와 폭력까지 동원하여 성질 급한 멕시코인의 술인 데킬라를 대표하는 수많은 에피소드를 양산하였지만, 지금은 양사가 인척관계를 맺어 좋은 관계에 있다고 한다.

클린 데킬라인 통숙성을 하지 않은 화이트, 1년 이상 통숙성하여 감칠맛이 나는 골드, 고급주인 센타나리오, 장기숙성한 디럭스 데킬라인 1800이 있다.

▲ 마리아치

2) 사우사(Sauza)

1875년 창업하여 멕시코 데킬라산업을 이끌어 온 사우사는 데킬라 생산의 중심지인 하리스코주에 본사를 두고 있다. 호세 쿠에르보에 비해 늦게 출발하였으나, 지금은 데킬라 생산 세계 1위를 달리고 있다.

통의 향을 알맞게 베이게 하여 인기 있는 엑스트라, 미디엄 드라이 타입의 플레이버가 있고, 창사 100주년을 기념으로 발매된 고급품 콘메모라티보는 1970년대 이후 6년마다 발매되어 그 희소성으로 인해 세계적으로 유명하다.

3) 멕시코 씨그램(Seagrams de Mexico)

다국적 기업인 씨그램이 제2차 세계대전 후 기존 기업과 합작으로 설립하여 현지에서 제조^생산하고 있다. 통숙성을 2년 이상 하고 마일드한 풍미가 일품인 마리아치(거리의 음악사란 뜻)와 통숙성 3년 이상의 상급품으로 멕시코 고대문명의 이름을 딴 올메카가 유명하다.

멕시코 원주민들은 데킬라를 마실 때 레몬이나 라임(Lime)을 반으로 잘라서 왼쪽 손가락 사이에 끼고 손등을 적셔서 소금을 묻혀서 찬 데킬라를 스트레이트로 마신 후 레몬이나 라임의 즙을 빨고 손등의 소금을 먹으면서 즐긴다. 이것은 멕시코가 열대 지방인 관계로 건조하여, 염분을 보충하고 신맛의 과즙을 섭취하기 위한 것이라고 한다.

제 5 절 아쿠아비트

1. 아쿠아비트의 특징

아쿠아비트(Aquavit)는 생명의 물(Aqua Vite)이라는 라틴어에서 유래하며, 스웨덴의 전통주로서 곡물이나 감자를 주원료로 한다. 감자를 익혀 맥아로 당화^발효시킨 후 연속식 증류기로 증류하여 95%의 고농도 알코올을 얻고, 이것을 물로 희석하여 회향초 씨(Caraway seed)를 넣어 제조한다.

아쿠아비트로는 가장 지명도 높은 덴마크 올보(Aalborg)와 동남아 일대에서 제조되는 쌀과 여러 과일을 원료로 한 아라크(Araak), 아니스(Anise)의 맛과 향이 강한 그리스의 국민주 오우조(Ouzo), 독일의 코른(Korn) 등이 유명하다.

Chapter 5

리큐르

제5장 리큐르

제 1 절 리큐르의 정의 및 어원

1. 리큐르의 정의

리큐르(Liqueur)는 과일이나 곡류를 발효시킨 주정을 기초로 하여 만든 증류주에 정제한 설탕으로 감미를 더하고 과실이나 약초류, 향료 등 초(草)·근(根)·목(木)·피(皮)의 침출물로 향미를 붙인 혼성주이다. 즉, 색채, 향기, 감미, 알코올의 조화가 잡힌 것이 리큐르의 특징이다. 식후 주로 즐겨 마시며 간장, 위장, 소화불량 등에 효력이 좋은 술이다. 리큐르의 어원은 라틴어 리큐화세(Liquefacere : 녹는다)에서 유래된 말이다. 프랑스 및 유럽에서는 Liqueur, 독일에서는 Likor, 영국과 미국에서는 Cordial이라고도 한다.

2. 리큐르의 역사

고대 그리스의 의사인 히포크라테스(기원전 460~377년) 때에도 약용으로 사용되어 오던 리큐르를 최초로 만든 것은 아르노드 빌누브(Arnaude de Villeneuve : 1235~1312)와 그의 제자 레이몽 류르(Raymond Lulle : 1235~1315)에 의해서였다. 당시에는 증류주에 레몬, 장미나 오렌지의 꽃 등과 스파이스(Spice)류를 가하여 만들어져서 이뇨, 강장에 효과가 있어 의약품으로 사용되었다.

200년 후인 1533년 이탈리아 피렌체의 까뜨리네 드데 메디치(Catherine de Médicis : 1519~1589)가 프랑스 앙리 2세(Henry II)의 왕비가 되었을 때 수행한 요리사가 포플로(Populo)라는 리큐르를 파리에 소개했다는 기록이 있다.

이후 각양각색의 리큐르가 제조되기 시작하였다. 18C부터 서구의 식생활은 눈부시게 향상되어 미식학의 싹이 텄다. 입에 부드러운 과일향이 있는 리큐르가 출현하게 된 것이다. 19C에 이르러 고차원의 미각에 부합되는 근대적인 리큐르가 개발되었는데 그 예로 커피, 카카오 등과 바닐라 향을 배합한 리큐르들이다.

제 2 절 리큐르의 제조방법

1. 리큐르의 제조

1) 증류법(Distilled Process)

방향성의 물질인 식물의 씨, 잎, 뿌리, 껍질 등을 강한 주정에 담아서 부드럽게 한 후에 그 고형물질의 전부 또는 일부가 들어있는 채 침출액을 증류하는 것이다. 이렇게 얻은 향이 좋은 주정성 음료에 설탕 또는 시럽의 용액과 야채 엑기스나 태운 설탕의 형태로 된 염료를 첨가하여 감미와 색을 낸다.

이 술은 세계 여러 나라에서 생산되며 자국에서 생산하는 식물을 원료로 많이 사용하여 맛과 향이 다양하고 단맛이 풍부하여 식사 후 입가심과 소화를 돕는 데 많은 효력이 있으며, 일부는 약용으로 개발되어 해열, 진정, 강장, 살균제 등으로 개발되기도 하였다.

사용되는 원료로는 여러 가지 증류주에 식물의 꽃, 잎, 줄기, 열매, 뿌리, 씨, 껍질 등이며, 특히 수십 종의 약초 종류인 허브(Herbs)를 원료로 많이 사용하여 만든 것으로 유명하다. 미국과 영국에서는 꼬디얼로 부르기도 한다.

2) 에센스법(Essence Process)

주정에 천연 또는 합성향료를 배합하여 여과한 후 사카린(Saccarine)을 첨가하여 만드는데 이런 제품은 품질이 좋지 않고 값이 싸다. 주로 독일에서 흔히 이 방법을 사용하고 있다.

3) 침출법(Infusion Process)

증류하면 변질될 수 있는 과일이나 약초, 향료 따위에 증류주를 가해 향미 성분을 용해시키는 방법이다. 열을 가하지 않으므로 콜드 방식(Cold Mehtod)이라고 한다. 이렇게 만들어진 리큐르를 특히 Cordial이라고 한다.

4) 여과법(Percolation Process)

커피 만드는 방법과 비슷하다. 허브 등의 재료를 커피 여과시키는 것처럼 기계의 맨 윗부분에 놓고 증류주는 밑부분에 놓는다. 열을 가하여 알코올이 함유된 증기가 윗부분의 향료를 통하여 지나가면서 액화시키거나 액체 증류주 자체가 위로 펌프되어 향료에 접하게 된다. 이렇게 향취를 얻은 증류주에 당분을 가미하고 색깔로 첨가시키는데 첨가 후 다시 여과시킨다.

위에서 소개한 바와 같이 리큐르의 특징은 알코올의 향과 감미가 있어 이 제법에는 크게 나누어 여과법, 침전법, 증류법, 향료첨가법의 4가지로 크게 구분한다. 다음은 이 4가지 방법으로 만들어지는 리큐르를 각각 소개하면 다음과 같다.

① 여과법에 의한 리큐르… 추출법(Extaction)

싱싱한 원료를 프레스 공법으로 원액을 뽑아내어 설탕과 함께 증류주에 배합하여 만드는 방법이다.

Apricot Brandy, Peach Brandy, Creme de Cassis, etc.

② 침전법에 의한 리큐르… 침지(출)법(Infusion)

증류주의 원료인 식물에 침전시켜 맛과 향이 우러나게 하는 방법으로 생산과정이 오래 걸린다.

Orange Curacao, Cherry Brandy, Creme de Cacao, Sloe Gin, etc.

③ 증류법에 의한 리큐르… 증류법(Distill)

원료를 발효시킨 다음 단식증류법으로 생산하며 증류과정에서 없어진 맛과 향을 보충하여 준다.

White Curacao, Kummel, etc

④ 항료첨가법 혹은 에센스법에 의한 리큐르

Creme de Menthe, Virdette, Rose, etc.

2. 리큐르의 등급 표시

리큐르의 라벨에 크림(Creme)이라는 문자가 있는데 크림 소스라는 의미가 있으며, 프랑스 리큐르업자의 단체가 자국산의 리큐르를 세계적인 신뢰도를 유지시키기 위하여 붙인 리큐르의 급별 표시에서 온 것이다.

1. Sur Fines 2. Fines 3. Demi Fines 4. Ordiaire

상기의 4단계로 나누며 Fines급의 것을 크림이라고 한다.

3. 리큐르의 원료에 따른 분류

리큐르의 원료를 보면 과물류, 종가류, 향초류, 과피류, 크림류, 그 외 계란이나 동물의 모유 등을 사용한 것들이다.

약초, 향초류(Herbs and Spices)	아니제트(Anisette) · 캄파리(Campari) · 페퍼민트(Peppermint)
과실(Fruits)	큐라소(Curacao) · 체리브랜디(Cherry Brandy) · 카시스(Cassis)
종자류(Beans and Kernels)	아마레토(Amaretto) · 카카오(Cacao) · 바닐라리큐르(Banilla Liqueur)
특수류(Specialities)	에그 브랜디(Egg Brandy) · 크림리큐르(Cream Liqueur)

제 3 절 리큐르의 종류

1. 압상트(Absinthe)

1797년 스위스에서 프랑스 사람인 의사 M. Pernod씨가 아니스 열매(Anis)와 쓴 쑥을 비롯하여 여러 가지 약초를 이용해서 건강 강장제로 만든 것이 시초이며 현재는 유럽 여러 나라에서 유사한 제품들을 많이 생산하고 있다. 증류주에 향쑥 그 외에 다른 향료를 배합하여 만든 리큐르이다. 지금은 이 압상트 대용으로 페르노(Pernod)가 시판되고 있다. 압상트의 주정도는 보통 68%(Swiss)이나 페르노는 45%(France)로서 보통 약 4~5배의 물을 타서 마신다.

2. 아드보캇(Adovocaat, Advokaat)

네덜란드에서 브랜디를 기초로 하여 계란 노른자위와 여러 가지의 허브와 설탕을 배합하여 만든 리큐르이다.

계란 노른자가 들어있는 브랜디와 설탕으로 제조한 리큐르, 홀랜드가 원산지로 영어로는 에그 브랜디라고 하며, 주정도는 18%이다.

3. 아멘드 오 코냑(Amandes au Cognac)

프랑스에서 코냑을 기본주로 하여 아몬드를 첨가하여 만든 리큐르이며 향과 맛이 우수하다.

4. 아니세트(Anisette)

증류주에 아니스열매(Aniseed), 레몬 껍질, 시나몬(Cinnamon), 알모드(Almond), 고수(Coriander)과의 초목 등을 침전 증류하여 감미를 첨가하여 제조한 리큐르로서, 주정도는 27~37% 정도 이다.

5. 어프리콧 브랜디(Apricot Brandy)

살구향의 감미로운 리큐르로 살구를 씨와 함께 통 속에서 발효하며 이것을 증류하여 알코올, 당분, 비터 알몬드(Bitter Almond)유 등을 배합하여 만든다. 주정도는 35%이다.

▲ 어프리콧 브랜디

6. 아우럼(Aurum)

연하고 투명한 황금색의 이탈리아 리큐르이다.

7. 아마레또(Amaretto)

프랑스에서 코냑을 기초로 하여 1525년 사로노의 산타마리 성전과 벽화작업을 하던 화가 베르나르도 르니라와의 사랑을 잊지 못한 여관 여주인이 화가를 위하여 살구와 아몬드 이외의 여러 종의 재료를 사용하여 만든 것으로 품질이 매우 좋으며 원명은 Disaronno Amaretto이다. 현재는 유사한 제품을 네덜란드에서도 생산한다. 이탈리아가 자랑하는 3가지 리큐르는 Amaretto를 비롯하여 Galliano와 Sambuca가 유명하다.

▲ 아마레또

8. 엔젤리카(Angelica)

스페인 서부산지 바스크(Basque)에서 생산하는 황색의 단맛이 있으며 샬트루스(chartreuse)와 비슷하다.

9. 애플진(Apple Gin)

스코트랜드의 리즈에서 제조된 무색 투명한 리큐르이다.

10. 베네딕틴(Benedictine)

리큐르로는 프랑스를 대표하는 만큼 유명하며 처음 만들어진 것은 16C로 1510년 Benedict 수도원에서 Dom Bemardo Vinceli가 브랜디를 기주로 하여 여러 가지 식물을 배합하여 만들었으며 당시에는 주로 귀족들이 즐겨 마셨다.

프랑스혁명 당시 수도원은 모두 파괴되었고 수도사들은 모두가 뿔뿔이 헤어졌다가 약 70년 후 M.Alexandre le Grand 장로가 수십 종의 약초를 원료로 하여 새로운 제조법을 개발하여 만들어낸 것이 지금의 베네딕틴이다. 특이한 점은 현재도 3사람의 장로에게만 제조방법이 전수되어오고 있으며 비법이 전혀 외부에 알려지지 않았다.

베네딕틴에서 D.O.M의 표시는 온갖 정성을 다하여 만들어 신에게 바친다는 뜻으로(Deo Optimo Maxima) 품질이 매우 우수한 제품이다.

11. 바나나 리큐르(Banana Liqueur)

바나나를 향료로 한 감미로운 리큐르 크림 드 바나나(Creme de Banana)라고 부르기도 한다. 주정도는 약 30도 전후이다.

12. 비엔비(B & B)

프랑스 베네딕트 수도원에서 생산하며 베네딕틴과 코냑을 혼합하여 만든 것이며 원래는 칵테일의 이름으로 2 oz Pousse Cafe Glass에 베네딕틴을 절반 따른 다음 위에 브랜디를 섞이지 않게 조심스럽게 따라 잔을 채워주는 것이었으나, 이 칵테일이 애주가들에게서 많은 호평을 받게 되자 지금은 제조회사에서 직접 만들어져 나온다.

13. 블랙베리 브랜디(Blackberry Brandy)

야생나무 딸기 일종인 블랙베리를 발효 증류하여 감미 제조한 리큐르이다.

14. 블랙베리 리큐르(Blackberry Liqueur)

검은 나무딸기를(Blackberry) 원료로 배합하여 만든 리큐르이며, 이 열매는 Eau de Vie를 만들기도 한다.

15. 베일리스(Bailey's)

아일랜드에서 생산하며 증류주에 크림과 꿀, 여러 종의 향신료를 첨가하여 만든 크림 리큐르이다.

16. 칼바도스(Calvados)

이것은 애플 브랜디로서 프랑스의 지명에서 유래한다. 영국과 미국에서는 애플 잭 브랜디라고 한다.

17. 샤르트르즈(Chartreuse)

프랑스 카트시안 수도원에서 130여 종의 식물(약초 종류)을 원료로 하여 만든 품질이 매우 우수하며 세계적으로 유명한 최고급품의 리큐르이다. 1607년부터 1901년까지 이르는 동안 프랑스의 구루노블 근처에 있는 파근란드 샬트루스 수도원에서 카루토 교단의 승려들의 손에 의하여 만들어졌다. 이름은 이 수도원의 명칭으로서 수도원의 승이 성찬용과 약용으로 만든 리큐르이다. 원료는 공개되어 있지 않아 확실한 것은 모르나, 132종의 약초를 넣어 5회에 걸친 약초의 침전, 4회의 증류로 제조된 것이다. 샤트루즈는 3가지 타입이 있다. 황색(Jaune)은 주정도가 43%이며 감미는 녹색보다 강하고, 녹색(Verte)의 주정도는 55%, 무색 투명한 것은 주정도가 72%이다.

18. 체리 브랜디(Cherry Brandy)

증류주에 체리를 넣어 침전법을 사용하여 만든 리큐르이다.

여러 나라에서 생산하며 체리를 원료로 첨가하여 만든 것으로 맛과 향이 풍부하여 브랜디라고 하기보다 리큐르 종류에 해당한다. 주정도는 약 30도이다.

19. 체리헤링(Cherry Heering)

피터헤링(Peter Heering)이라고도 부르며 덴마크에서 체리를 원료로 첨가하여 만든 것으로 품질이 좋아 널리 알려진 제품이다.

20. 커피 리큐르(Coffe Liqueur)

커피를 원료로 첨가하여 만든 리큐르로 Kahlua, Tia Maria, Creme de Mocha 등 여러 가지가 있다.

21. 꼬앙뜨르(Cointreau)

프랑스 단제시에 있는 꼬앙뜨르사의 제품으로 오렌지를 원료로 하여 만든 것으로 오렌지의 맛과 향이 가장 우수한 오렌지 리큐르이다.

▲ 꼬앙뜨르

22. 크림디 카시스(Creme De Cassis)

구스베리(Gooseberry)에 속하는 Black Currants(까치밥나무 열매 : 검은 Gooseberry의 일종)의 열매를 증류주에 침전하여 맛과 향을 내게 하여 다량의 당분으로 조미한 리큐르이다. 주정도는 약 26° 전후이다.

▲ 크림디 카카오 화이트

23. 크림디 카카오(Creme De Cacao)

카카오 열매를 빻아서 주정에 침전시켜 체리 브랜디나 바닐라를 가하여 감미 제조한 리큐르로서 초콜릿 맛을 낸다.

초콜릿 맛이 나는 리큐르로 화이트와 브라운 두 가지 색이 있다. 주정도는 30도 전후이다.

▲ 크림디 카카오 브라운

24. 크림디 맨스(Creme De Menthe)

감미 있는 진에 박하(Peppermint)의 향료를 첨가한 리큐르로서 녹, 청, 적, 황, 백색 등이 있다. 백색 이외에는 모두 인공 착색한 것이다.

주정도는 약 25도 전후이다.

▲ 크림디 맨스 그린

25. 크림디 바이올렛(Creme De Violette)

제비꽃을 증류주에 침전하여 만든 자색의 리큐르로 Cream de d'Yvette도 비슷한 리큐르이다.

26. 크림디 바닐라(Creme de Vanilla)

바닐라(Vanilla)를 원료로 첨가하여 만든 리큐르이다.

27. 큐라카오(Curacao)

베네수엘라 북부의 큐라소(Curacao)섬에서 가져온 오렌지를 원료로 하여 제조한 리큐르로서 화이트, 레드, 블루 등이 있으며 여러 나라에서 생산하고 있다.

주정도는 스위트한 것은 30도, 드라이한 것은 37~40도 정도이다.

▲ 큐라카오

28. 드람뷔(Drambuie)

위스키나 스카치에 벌꿀과 향초 스파이스(Spice) 등을 가하여 감미있게 제조한 리큐르이다.

'안전한 음료 만족한 즐거움을 준다는 의미'이며 제일어로 'An Dram buidheach'를 축약시킨 것이다. 품질이 좋은 스카치 위스키에 히스꽃(heath)에서 채취한 꿀과 허브(Herbs)를 원료로 배합하여 만든 품질이 매우 우수한 리큐르이다. 드람뷔는 1745년 스코틀랜드의 용감한 Charlie 왕자가 스코틀랜드 서부에 위치한 Spey섬을 침공하였다가 실패한 후 왕가에서만 만들어 마시던 드람뷔를 만드는 비법을 몸 시종인 Mackinnon에게 전수하여 현재까지 이어져오고 있다. 에든버러(Edinburgh)에서 생산하며 주정도는 약 40%이다.

29. 두보넷(Dubonnet)

키니네를 원료로 첨가하여 만든 강화주로 맛과 향이 우수한 것으로 프랑스가 원산지이나 현재는 미국에서도 생산한다.

30. 갈리아노(Galliano)

이탈리아에서 생산되는 리큐르로 야구방망이 모양에 가늘고 긴 병이 돋보인다. 여러 가지 약초류와 오렌지, 바이올렛, 꿀 등의 향초나 약초의 40여 종을 혼합하여 만들었으며 감초의 맛이 강하게 나는 황금색의 리큐르로 요리와 케이크를 만들 때와 칵테일을 만들 때 부재료로 많이 사용한다.

1896년 Abyssinia(지금의 Ethiopia)와 전쟁 당시 공을 많이 세운 전쟁영웅 Giuseppe Galliano 소령의 이름을 붙인 것이다.

▲ 갈리아노

31. 마라스치노(Maraschino)

체리 리큐르의 일종으로 유고슬라비아의 다루마치아 지방에서 나는 마라스카 종의 체리를 원료로 하여 만든 리큐르이다.

▲ 피치브랜디

32. 피치 브랜디(Peach Brandy)

복숭아를 원료로 하여 제조한 리큐르로서 알몬드 향을 가한 것이 특징이다. 주정도는 30%이다.

33. 페퍼민트(Peppermint)

박하를 원료로 한 리큐르로서 크림 드 멘스(Creme de Menthe)와 같은 리큐르이나 감미가 조금 없다. 주정도는 25~30%이다.

▲ 페퍼민트

34. 록 라이(Rock Rye)

라이 위스키에 여러 종류의 과일을 침전시켜 감미 제조한 리큐르이다.

35. 슬로진(Sloe Gin)

슬로 베리를 주정에 침전하여 감미를 가하여 제조한 리큐르이며 주정도는 30%, 당도는 50% 정도이다.

> Tia Maria : Coffee Liqueur, Jamaica 산
> Kahlua : Coffee Liqueur, Denmark 산. 46~53 Proof.

36. 실보위츠(Slivouitz)

체코 특산의 서양자두(Plum)로 제조한 Plum Brandy이다.

37. 그랑 마니아(Grand Marnier)

프랑스에서 1880년 코냑을 기초로 하여 오렌지를 비롯한 여러종의 과일을 원료로 첨가하여 만든 오렌지의 맛과 향이 나는 리큐르로 품질이 우수한 세계 5대 리큐르 중의 하나로 꼽힌다. 그랑 마니아는 두 가지로 생산하며 Cordon Rouge는 적색으로 알코올 도수가 높으며, Cordon Jaune는 황색으로 알코올 도수가 낮은 것이다. 유사한 제품으로 Cherry Marnier과 Cream Marnier가 있다.

38. 아일리쉬 크림(Irish Cream)

아일리쉬 위스키를 기초로 하여 크림과 꿀 여러 종의 허브와 향신료를 배합하여 만든 리큐르로서 대표적인 것은 Bailey's이며 이와 비슷한 제품이 여러 나라에서 생산되고 있다. 유사한 제품으로 Carolans, Waterford, O'Darby, Emmet's, St.Brendan's, Hereford Cow, Aberdeen Cow, Contichinno 등이 있다.

39. 아일리쉬 미스트(Irish Mist)

아일리쉬 위스키를 기초로 하여 히스꽃(Heather)에서 채취한 꿀과 여러 종의 허브를 원료로 첨가하여 만든 리큐르이며 드람뷔와 비슷하다.

40. 칼루아(Kahlua)

멕시코에서 커피를 원료로 첨가하여 만든 리큐르로 가장 많이 알려져 있다.

▲ 칼루아

41. 큼멜(Kummel)

1575년 독일에서 감자를 원료로 하여 처음 만들어졌으며 현재는 곡물을 많이 사용한다. 첨가된 원료로는 Careway Seeds(회향풀씨), 고수풀, 미나리과의 식물 커민, 이외에 여러 종의 허브를 사용하였으며 드라이(Dry)와 스위트(Sweet) 두 가지가 있다. 유사한 제품으로는 Allasch, Bolskummel, Gilka 등이 있으며 주정도는 40~60%까지 있다.

▲ 티아 마리아

42. 미드(Mead)

꿀을 원료로 첨가한 강화주의 일종으로 미국과 유럽에서 생산한다.

43. 파르페 아모르(Parfait Amour)

네덜란드에서 생산하며 핑크색과 보라색의 두 가지 종류가 있으며, 제비꽃(Violet)과 감귤, 여러 종의 허브를 원료로 첨가하여 만든 것이며, 19세기 유럽 여성들이 완전한 사랑의 결합을 상징하는 뜻으로 즐겨마시던 리큐르이다.

44. 티아 마리아(Tia Maria)

자마이카에서 커피를 원료로 첨가하여 만든 품질이 좋은 커피 리큐르이다.

▲ 트리플 섹

45. 트리플 섹(Triple Sec)

여러 나라에서 생산하며 오렌지의 과피를 원료로 첨가하여 만든 것으로 오렌지의 맛과 향이 강한 것으로 칵테일을 만들 때 부재료로 많이 사용한다.

리큐르(Liqueur)란 호칭

프랑스에서는 우선 알코올 15% 이상, 당분이 20% 이상인 술에 리큐르라는 호칭을 허용하고 있다.

알코올이 15%이상이더라도 당분이 20% 미만이면 리큐르가 아니고 아페리티프로서 다루어진다. 당분이 40%이상인 아주 단맛의 것은 Creame De ~라는 명칭을 붙이기도 한다.

Chapter 6

비알코올성 음료

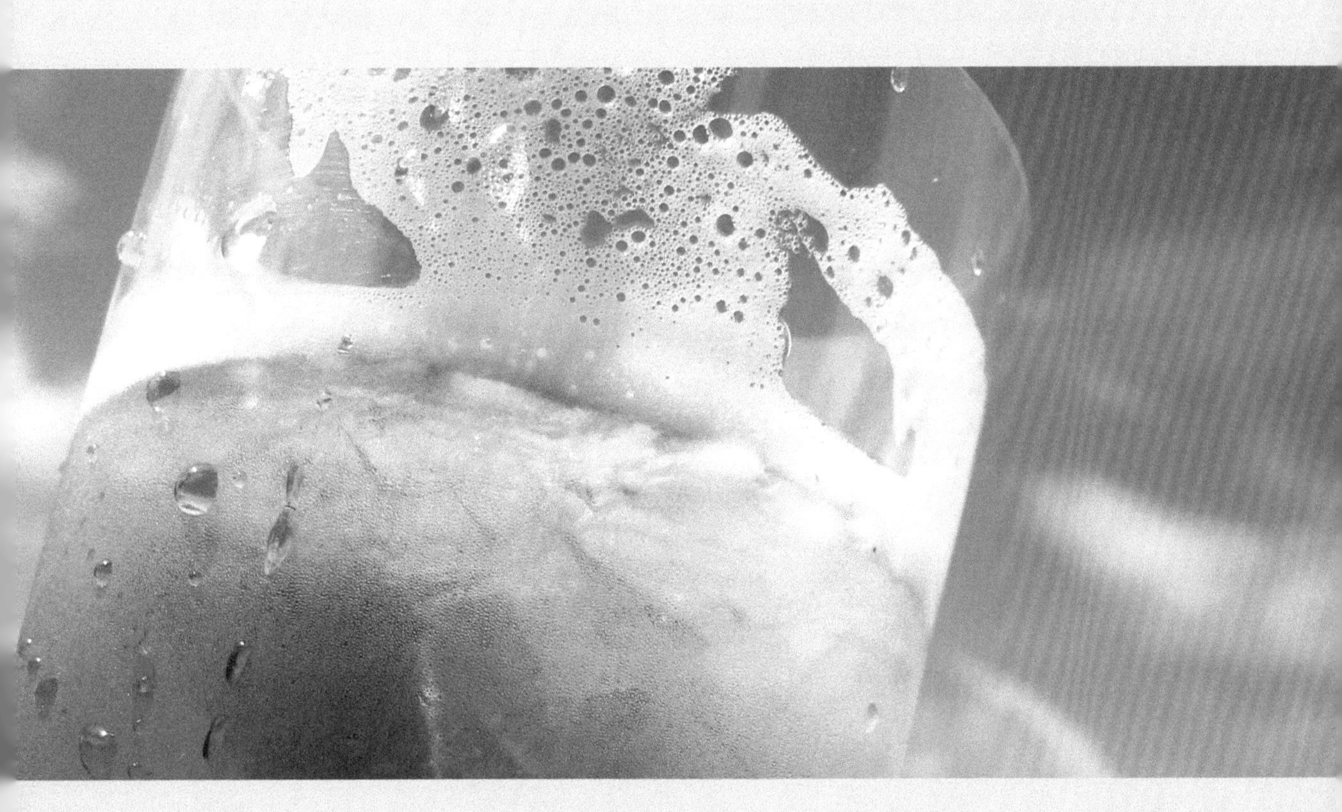

제6장 비알코올성 음료

제 1 절 청량음료

1. 탄산음료(Carbonated Drinks)

1) 콜라(Cola)

콜라는 미국을 대표할 정도로 미국으로부터 세계 각지의 대중음료로 보급되고 있다. 주원료는 서아프리카, 서인도제도, 브라질, 말레이시아 등에서 재배되고 있는 콜라 열매(Cola Bean)를 가공 처리하여 콜라 엑기스(Extract)를 만들어 여기에 물을 섞고 각종 향료를 넣은 후 이산화탄소(CO_2)를 함유시켜 만든다. 향료로는 레몬, 오렌지, 육두구(Nutmeg), 시나몬(Cinnamon), 바닐라 등이 쓰인다. 콜라 엑기스에는 커피의 2배 정도의 카페인이 함유되어 있다.

2) 소다수(Soda Water)

탄산가스와 무기염류를 포함한 천연광천수와 인공제품이 있다. 소화제로 마시기도 하나 주로 위스키와 배합하여 조주된다.

3) 토닉 워터(Tonic Water)

영국에서 처음 개발된 무색 투명의 음료로 레몬, 라임, 오렌지, 키니네 껍질 등으로 엑기스를 만들어 당분을 배합한 것이다. 열대지방 사람들의 식욕증진과 원기를 회복시키는 강장제 음료로서 진과 같이 혼합하여 즐겨 마신다.

4) 사이다(Cider)

구미에서의 사이다는 사과를 발효해서 제조한 일종의 과실주로 알코올 성분이 1~6% 정도 함유되어 있는 청량음료를 말한다. 우리나라에서는 주로 구연산과 감미료 및 탄산가스를 함유시켜 만든다.

5) 진저 엘(Ginger Ale)

생강(Ginger)의 향을 함유한 소다수로 식욕증진이나 소화제로 많이 마시고 있으나, 주로 진이나 브랜디와 혼합하여 마신다.

6) 카린스 믹스(Collins Mixer)

Fizz나 Collins류를 만들 때 쓰이며 소다수에 레몬주스와 당분을 섞어 만든 음료이다.

2. 무탄산음료(Non-Carbonated Drinks)

1) 미네랄 워터(Mineral Water)

광천수에는 천연수와 인공수가 있는데 보통 말하는 미네랄 워터란 칼슘, 인, 칼륨, 라듐, 염소, 마그네슘, 철 등의 무기질이 함유되어 있는 인공 광천수를 말한다. 유럽 등지에서는 수질이 나빠서 이러한 광천수(Mineral Water)를 만들어 일상음료로 마시고 있다.

2) 기타

그 밖에 무탄산 음료로 천연광천수로서 유명한 비시수(Vichy Water), 에비앙수(Evian Water), 젤쩌수(Seltzer Water) 등이 있다.

3. 과즙음료(Fruit Juices)

칵테일용 주스는 Fresh Juice, Caned Juice, Bottled Juice 등을 사용한다. 주로 사용하는 주스로는 Lemon Juice, Lime Juice, Orange Juice, Pineapple Juice, Tomato Juice, Grapefruit Juice 등 여러 가지 각종 주스류가 사용된다.

4. 유성음료

유성음료로는 지방질을 제거한 우유와 유지만을 모아 만든 스위트 크림 등이 있다.

제 2 절 비터의 원료와 종류

1. 비터의 원료

비터는 여러 나라에서 생산하며 만드는 비법도 각기 비밀에 싸여있고 재료도 매우 다양하다. 지역에 따라 자생하는 식물(약초)을 많이 사용하는데 대부분의 비터가 처음 개발될 때에는 술로 만든 것이 아니고 소화촉진제 또는 위장약, 강장제, 해열제 같은 약재로 개발된 것이다. 만드는 데 사용되는 재료로는 여러 가지 증류주에 식물의 줄기, 잎, 뿌리, 꽃, 씨, 열매 등을 원료로 많이 사용하며, 특히 약초 종류를 많이 사용하여 대부분이 쓴맛이 강하게 난다. 이렇게 만들어진 비터는 약으로도 이용되지만 칵테일을 만들 때 부재료로 많이 사용되며 요리를 만들 때 향신료로도 많이 사용된다.

2. 비터의 종류

1) 앙고스트라 비터(Angostura Bitter)

서인도제도에 있는 트리니다드(Trinidad)에서 생산하며 알코올 도수는 45도이다. 1824년 독일인 의사 Johann Gottieb Benjmin Siegert가 앙고스트라 나무 껍질을 주원료로 하여 여러 가지 약초와 열매, 씨, 뿌리 등을 이용하여 처음 만들 때에는 소화촉진 위장약으로 개발하였던 것이지만 오늘에 와서는 칵테일을 만들 때 향신료로 더 많이 쓰인다.

2) 캄파리 비터(Campari Bitter)

붉은색의 이탈리아에서 생산하며 오렌지 껍질과 키니네 약초 등을 원료로 하여 만든 식욕증진을 위해 식전에 마시는 술(Aperitif)로 많이 마시며 식사후 소화작용에도 좋은 비터이다.

▲ 컴파리 비터

3) 오렌지 비터(Orange Bitter)

영국에서 생산하며 제1차세계대전 당시 칵테일을 만들어마시는 데 이용되어 많은 호평을 받았다. 현재도 유럽에서는 칵테일을 만들 때 많이 사용한다.

4) 언더비그(Underberg)

독일과 스위스에서 생산하며 알코올 도수가 44도나 되는 독한 비터이다. 세계 43개 나라에서 채집한 수십 종의 약초를 원료로 하여 만들었다. 20mL의 작은 병에 담겨져 있으며 쓴맛이 매우 강하며 숙취를 풀어주고 소화촉진에 효력이 있다.

아페리티프(Aperitif)

아페리티프는 식욕증진제라는 의미의 프랑스어이며 영어로는 에피타이저(Appetizer)이다. 스트레이트와 칵테일로서 식욕을 증진시키는 것으로서 두 가지 방법이 있다. 아페리티프의 종류에는 다음과 같은 것이 있다.

1. 포도주를 기주로 한 것

위장병이나 식욕증진에 효과가 있으며 빈혈증에도 좋다. Vermouth, Sherry, Dubonnet 등이 이에 속한다.

2. 증류주를 기주로 하는 것

대표적인 것이 압상트이나 프랑스 정부가 판금하고 있어 유사품으로는 아니세트나 페르노 등이 있다.

3. 그 외의 아페리티프

Amer Picon, Amer Combret, Bitter Cecresta, Boonekamp, Fernet-branca 등이 있다.

Chapter 7 칵테일

제7장 칵테일

제 1 절 칵테일의 어원과 역사

1. 칵테일의 어원

칵테일(Cocktail)에 관한 어원은 전 세계에 걸쳐 수많은 설이 있다. 그러나 현재에 와서는 어느 것이 정설인지는 정해져 있지 않다. 이에 그들 설의 몇 가지를 소개해 보기로 한다.

첫째, 미국 독립전쟁 당시 버지니아(verginia) 기병대 '패트릭후래나건'이라는 한 아일랜드인이 입대하게 되었다. 그러나 그 사람은 입대한 지 얼마 되지 않아서 전사하고 말았다. 따라서 그 사람과 신혼여행을 하고 있던 '베치이'라는 여자는 갑자기 과부가 되고 말았다. 그리하여 그녀는 죽은 남편의 부대에 종군할 것을 희망하여 왔다.

부대에서는 하는 수 없이 그녀에게 부대주보의 경영을 담당하게 하였다. 그녀는 특히 브레이서(Bracer)라고 부르는 혼합주를 만드는데 소질이 있어 군인들의 호평을 받았다. 그러던 어느 날 그녀는 한 반미 영국인 지주의 정원에 숨어 들어가 아름다운 꼬리를 지닌 수탉을 훔쳐와서 그 고기를 병사들에게 먹였던 것이다. 그리고 그녀는 그 수탉의 꼬리털을 주장의 브레이서 병에 꽂아 장식하여 두었다 한다. 병사들은 그녀의 용기있는 행위를 찬양하여 주보에는 연회 기분이 가득했다. 장교들은 닭의 꼬리와 브레이서로 밤을 새워 춤을 추면서 즐겼다. 그런데 장교들이 모두 술에 만취되어 있는 가운데, 어느 한 장교가 병에 꽂힌 Cock's tail을 보고 "야! 그 Cock's tail 멋있군!"하고 감탄을 하니 역시 술취한 한 다른 장교가(자기들이 지금 마신 혼합주의 이름이 Cock's tail인 줄 알고) 그 말을 받아서 말하기를 "응, 정말 멋있는 술이야!"하고 응수했다 한다.

그 이후부터 이 혼합주인 브레이서를 칵테일이라 부르게 되었다는 것이다.

둘째, 칵테일(Cocktail)이라는 말은 Cock+Tail, 즉 수탉이라는 말에 꼬리라는 말이 배합되어 생겨난 것이다. 어떻게 음료에 수탉의 꼬리라는 이름이 지어진 것일까? 여러 설이 분분하지만 여기서는 국제 바텐더협회의 교재에 실려 있는 어원설을 소개하겠다.

IBA(International Bartender Association)의 Official Text Book에 소개되어 있는 유일한 설이다. 옛날 멕시코의 유카탄(Yucatan)반도의 캄페체란 항구에 영국 상선이 입항했을 때의 일이다. 상륙한 선원들이 어떤 술집에 들어가자 카운터 안에서 한 소년이 깨끗이 벗긴 나뭇가지 껍질을 사용하여 맛있어 보이는 Mixed Drink를 만들어서 그 지방 사람들에게 마시게 하고 있었다. 당시 영국인들은 술을 스트레이트로만 마시고 있었기 때문에 그것은 매우 진귀한 풍경으로 보였다. 그래서 한 선원이 "그건 뭐지?" 하고 소년에게 물어 보았다. 선원은 음료의 이름을 물어보았는데 소년은 그때 쓰고 있던 나뭇가지를 묻는 것으로 잘못 알고 '이건 Cora de gallo입니다'라고 대답했다. 코라 데 가죠(Cora de gallo)란 스페인어로 "수탉의 꼬리"란 뜻이다.

소년은 나뭇가지의 모양이 흡사 수탉의 꼬리를 닮았기 때문에 그렇게 재치있는 별명을 붙여 대답했던 것이다. 이 스페인어를 영어로 직역하면 Tail of Cock이 된다. 그 이래로 선언들 사이에서 Mixed Drink를 Tail of Cock이라고 부르게 되었고 이윽고 간단하게 칵테일이라고 부르게 되었다고 한다.

이 외에도 칵테일의 어원에 대한 유래는 여러 가지가 있으나 어느 것 하나 그 사실성을 확인 할 수 없다. 그러나 칵테일이라는 말은 18C중엽부터 사용되어져 왔다는 것은 확실하다. 당시의 신문이나 소설에 그 문자가 사용된 흔적으로 입증할 수 있다.

셋째, 18세기 초 미국 남부의 군대와 아소로틀 8세가 이끄는 멕시코 군과의 사이에 끊임없이 작은 충돌이 계속되었는데, 이윽고 휴전협정이 맺어지게 되어 그 조인식장으로 선정된 멕시코 왕의 궁전에서 미군을 대표하는 장군과 왕이 회견, 부드러운 분위기 속에서 주연이 시작되었다. 연회가 무르익을 즈음에 조용한 발걸음으로 그곳에 왕의 딸이 나타났다. 그녀는 자신이 솜씨껏 섞은 술을 장군 앞으로 들고가서 권했다. 한 모금 마신 장군은 그 맛이 좋은데 놀랐지만 그 보다도 눈앞에 선 딸의 미모에 더욱 넋을 잃고 저도 모르게 그녀의 이름을 물었다. 공주는 수줍어 하면서 "칵틸"하고 대답했다. 장군은 즉석에서 "지금 마시는 이 술을 이제부터 칵틸이라 부르자"하고 큰 소리로 모두에게 외쳤다. 훗날 칵틸이 칵테일로 변해서 현대에 이르렀다. 그 진부는 고사하고 칵테일이라고 부르는 음료의 발상이 18세기 중엽이란 것은 당시의 신문이나 소설에 그 문자가 있는 것으로 미루어 믿을 만하며 또 전자나 후자 모두가 그 발상지로 하고 있음도 흥미로운 일이라 하겠다.

2. 칵테일의 역사

술을 여러 가지의 재료를 섞어 마신다고 하는 생각은 벌써 오래 전부터 전해왔는데 술 중에서도 가장 오래된 맥주는 기원전부터 벌써 꿀을 섞기도 하고 대추나 야자열매를 넣어 마시는 습관이 있었다고 한다.

또한, 포도주도 역사가 오래된 술로서 그 실마리를 찾아보면 문고 '크세즈'의 제1권 R.J 크르티이느 저서인 '맛의 미학'에 의하면 고대 로마시대 사람들은 포도주에 해수나 수지를 섞어 농도를 엷게 하여 마셨다고 하며, 그대로 마시는 사람을 Abnormal(병적)으로 보아 왔다고 한다. 생각해 보면 이것은 훌륭한 칵테일 조제행위인 것이다. 즉, 음료를 혼합하여 즐긴다는 습관은 옛날부터 있었던 것이며 그것은 거의 인간에 구비된 Apriori(선천적)인 습성이라 할 수 있다. 더욱이 호메로스의 '일리아드'에도 포도주에 산양의 우유로 만든 치즈와 보릿가루를 섞어 마시게 하였다는 기록이 있다.

A.D. 640년경에 중국의 당나라에서는 이미 포도주에 말의 젖을 첨가한 유산균 음료가 애음되었다는 전설이 있고 1180년에는 이슬람교인들 사이에

꽃과 식물을 물과 약한 알코올에 섞어 마시는 음료가 고안되었다고 한다.

그렇지만 인류가 중세까지 향수해 온 술은 와인과 맥주 정도의 것이었다. 그런 관계로 겨우 와인이나 맥주에 맛의 변화를 시킨 것에 지나지 않아 그 종류는 극히 제한될 수밖에 없었다. 그러나 중세 이후 브랜디나 위스키 또는 진, 럼, 리큐르 등의 출현에 의해 Mixed Drink의 종류는 일거에 확대되었다. 1700년경으로 추정되는 헨드릭판 스트렉의 그림 '정물'(루우블 미술관 소장)에는 레몬 껍질의 나선형이 걸쳐 있는 'Horse's Neck'스타일의 칵테일이 그려져 있는 것으로 보아 당시 이미 서구에서 이와 같은 음료를 마시고 있었다는 것을 알 수 있다.

1750년경 서인도제도에서는 Rum Punch를 마시게 되었다는 기록이 있다. 또한 1855년에 출판된 영국의 작가 샷카레의 소설 'New Comes'에 "대위, 당신은 Brandy Cocktail을 마신 적이 있습니까?"라는 구절이 나와 있기도 하다.

그러나 현재 우리들이 마시고 있는 칵테일은 그 대부분이 제조과정에서 얼음을 사용하여 반드시 차가운 상태로 나온다. 이처럼 차가운 칵테일은 1870년대 이후의 산물인 것이다. 전 세계의 애주가들로부터 칵테일의 걸작이라고 구가되는 마티니(Martini)나 맨하탄(Manhattan)도 이 시대에 만들어졌다.

이후 제1차 세계대전 당시 미국 군대에 의해 유럽에 전파되었고 미국의 금주법이 1933년 해제되자 칵테일의 전성기를 맞이하였으며 제2차 세계대전을 계기로 세계적인 음료가 되었던 것이다. 이처럼 역사는 깊고 모습은 새로운 것이 현재의 칵테일인 것이다.

제 2 절 칵테일 조주용 기구와 부재료

1. 칵테일 조주용 기구

바에서 사용되는 집기 외에 여러 가지의 비품이 바의 운영에 필요한 만큼 구비하지 않으면 안 된다. 또한 소모품은 적정 재고를 유지시켜야 한다.

⊙ 쉐이커(Shaker)

혼합하기 힘든 재료를 잘 섞는 동시에 냉각시키는 도구이며 쉐이커의 재질은 양은, 크롬도금, 스테인리스, 유리 등이 있으나, 다루기 쉽고 관리하기 쉬운 점에서는 스테인리스가 가장 좋다. 크기는 대, 중, 소가 있는데 1인용인 것은 얼음이 별로 들어가지 않으므로 3, 4인용인 중간 것이 좋다.

⊙ 믹싱 글라스(Mixing Glass)

비중이 가벼운 것 등 비교적 혼합하기 쉬운 재료를 섞거나, 칵테일을 투명하게 만들 때 사용한다. 바 글라스(Bar Glass)라고도 한다. 두꺼운 유리로 만들며 종류는 1종뿐이다. 큼직한 텀블러 글라스나 맥주 조끼로 대용할 수도 있다.

⊙ 바 스푼(Bar Spoon)

재료를 혼합시키기 위해 사용하는 자루가 긴 스푼으로 믹싱 스푼(Mixing Spoon)이라고도 한다. 재질은 양은, 크롬도금, 스테인리스 등이 있는데 스테인리스가 사용하기 가장 좋다.

⊙ 스트레이너(Strainer)

믹싱 글라스로 만든 칵테일을 글라스에 옮길 때 믹싱 글라스 가장자리에

대고 안에 든 얼음을 막는 역할을 한다.

⊙ 믹서(Mixer)

혼합하기 어려운 재료를 섞거나 프로즌 스타일의 칵테일을 만들 때 사용한다. 미국에서는 브렌더(Blender)라 부르며, 믹서라고 하면 전동식 쉐이커, 스핀들 믹서(Spindle Mixer)를 지칭한다.

⊙ 계량 컵(Measure Cup)

술이나 주스의 양을 잴 때 사용하는 금속성 컵을 말한다.

⊙ 코르크 스크류(Corkscrew)

와인 등의 코르크 마개를 따는 도구이다.

와인 오프너(Wine Opener)라고도 한다. 여러 가지 형식이 있으나, 접었다 폈다 할 수 있는 바, 나이프와 버틀 오프너가 세트되어 있는 바텐더스 나이프(Bartender's Knife) 또는 솜리에 나이프(Somrie's Knife)라 불리는 것이 사용하기 좋다.

⊙ 스퀴저(Squeezer)

레몬이나 오렌지 등의 감귤류의 과즙을 짜기 위한 용기이다. 소재는 유리, 도기, 플라스틱 등이 있으나, 취급하기 쉬운 점에서는 플라스틱제가 가장 좋다.

⊙ 오프너(Opener)

병마개를 따는 도구로서 캔 오프너와 같이 붙어 있는 것도 있으나 병마개를 딸 때 통조림 따개의 칼날에 손을 다치는 경우가 있으므로 따로 있는 것이 좋다.

⊙ 아이스 픽(Ice Pick)

얼음을 잘게 부술 때 사용한다. 끝이 송곳처럼 뾰족하다.

⊙ 아이스 페일(Ice Pail)

얼음을 넣어 두는 용기로 일명 얼음통 또는 아이스 바게트(Ice Basket)라고도 한다. 모양 재질에는 여러 가지가 있으나 기호와 용도에 따라 선택하면 된다.

⊙ 아이스 텅(Ice Tongs)

얼음을 집기 쉽도록 끝이 톱니 모양으로 된 집게이다. 아이스 페일과 세트로 파는 것이 많으나 가능하면 별도로 사는 것이 좋다.

⊙ Muddler(머들러)

Long Drinks 종류를 휘젓는 막대로 설탕이나 과일의 과육을 으깨는 데 사용하기도 한다. 재질은 나무, 플라스틱, 유리, 스테인리스 등 다양하며 모양도 가지각색이다. 차가운 음료에는 아무것이나 사용해도 좋으나 Hot Drinks에는 나무제나 플라스틱제는 적합하지 않다.

⊙ 스트로(Straw)

정식으로는 드링킹 스트로(Drinking Straw)라고 하며, 짧고 가느다란 것은 칵테일을 혼합시키기 위한 것으로서 스터링 스트로(Stirring Straw)라고 부른다. 크래쉬드 아이스를 사용한 칵테일이나 열대산의 드링크 등 마시기 힘든 칵테일에 곁들이는데 장식의 효과도 있으므로 색깔이나 모양 및 길이 등은 칵테일의 분위기에 맞게 선택하면 된다.

⊙ 칵테일 픽(Cocktail Pick)

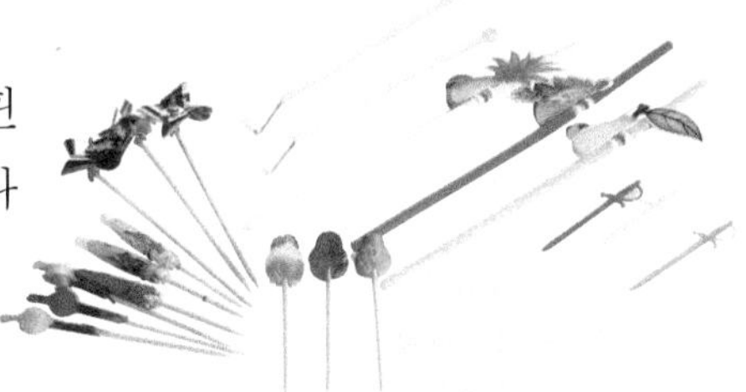

장식할 때에 올리브나 체리 등을 꽂는 핀이다. 칵테일 핀(Cocktail Pin)이라고도 한다. 칵테일의 분위기에 맞는 모양이나 색깔, 재질의 것을 택하면 된다.

⊙ 글라스 홀더(Glass Holder)

핫(Hot) 타입의 칵테일을 마실 때 글라스를 넣을 수 있는 그릇이다.

⊙ 비터 바틀(Bitters Bottle)

칵테일 조주시 각종 Bitter를 소량으로 Dropping, Dashing할 때 사용하는 것으로 유리제의 용기나 주둥이는 스테인리스제로 가운데 구멍이 있다.

⊙ 푸어러(Pourer)(Pouring Lip)

술병의 주둥이에 끼워 술을 따르는데 있어서 커팅을 용이하게 하고 술의 손실(Loss)을 없게 하기 위해 사용한다. 가당이 된 리큐르 등에 사용시는 설탕의 결정이 응집되어 더러워지기 쉬우므로 더운물에 자주 씻어 사용하는 것이 좋다. 플라스틱, 스테인리스 등 모양도 다양하다.

⊙ 와인쿨러 엔 스탠드(Wine Cooler & Stand)

화이트 와인이나 샴페인 등을 서브할 때 차갑게 Chilling시키는 기구로 스테인리스제나 은제가 있다. 테이블 서브시 테이블 옆에 와인스텐드(Wine Stand)를 놓고 그 위에 와인 쿨러(Wine Cooler)를 올려 놓아서 사용한다.

⊙ 코스타(Coaster/Glass Mat, Tumbler Mat)

글라스 밑에 깔아서 사용하는 것으로 둥글거나 네모진 두꺼운 종이 제품이 많고 금속제, 섬유제, 가죽제품까지 있으나 되도록 수분을 잘 흡수하

는 것이라야 한다. 코스타에 상호나 호텔명이 표시되어 있을 때는 손님이 읽을 수 있도록 바르게 놓아야 한다.

⊙ 기타 구비해야 할 비품

기타 구비해야 할 비품으로는 칵테일 냅킨(Paper제, Cloths제), Decanter, Glass Towel, Portable Bar(Wagon Bar), Spoon Rest, Funnel, Wine Basket, Wine Cradle, Champagne Stopper, Cocktail Umbrella와 Flower(장식용), Petiy Knife, Punch Bowl, 도마 등이 있다.

2. 글라스류(Glassware)

1) 글라스의 종류

바에서 통상 사용되는 글라스는 크게 두 가지로 분류되는데, 그 하나는 원통형의 Tumbler와 다리가 짧고 발이 달린 Footed Glass, 손으로 잡기 편하게 긴 다리가 있는 Stemmed Glass가 있다. 여기에서 또 각종 글라스의 종류가 나누어진다. 그리고 그 유형이나 모양은 일정치 않고 약간씩 변형되어 여러 가지 형태로 만들어진다.

칵테일을 마실 때 분위기(Mood) 조성에 일익을 담당하는 것이 여러 가지 모양의 글라스이다. 이러한 칵테일을 마시는 데 있어서 5감을 이용하여 음미하면 좀더 품위가 있다. 즉 시각(Color), 후각(Flavor), 미각(Taste), 청각(Music, shaker 흔드는 소리 등), 촉각(손, 입술)인 것이다.

글라스는 이러한 5감 중 시각을 느끼게 하는 역할을 하고 있으며 양질의 크리스탈(Crystal)제로 훌륭한 조각이 새겨진 글라스는 그 자체가 이미 뛰어난 예술품으로서 하나의 분위기를 자아낸다.

글라스의 형태의 따라 칵테일의 시각적인 맛이 좌우되므로 지정된 글라스를 올바르게 선택하여 사용해야 한다.

⊙ 위스키 글라스(Whisky Glass/Short Glass, Straight Glass)

주로 위스키를 스트레이트로 마시는 데 사용된다. 싱글은 30mL, 더블은 60mL 용량이다. 그러나 120mL정도의 크기인 글라스에 30mL을 따르고 글라스를 조금 흔들어 마실 수 있게 하는 것이 위스키의 향을 잘 발산시키므로 바람직하다.

⊙ 하이볼 글라스(Highball Glass)

Highball, Fizz 등 Long Drinks와 청량음료 등을 제공하는 글라스로서, 180mL(8oz)~300mL(12oz) 용량의 글라스들이 있다.

⊙ 올드패션드(Old Fashioned Glass/On the Rocks Glass)

올드 패션드 칵테일을 비롯한 각종 양주를 On the Rocks로 마실 때 사용된다. 짧은 스템(Short Stem)이 달린 것도 사용되며 용량은 180mL~300mL이다.

⊙ 카린스 글라스(Collins Glass/Tom Collins Glass, Zombie Glass, Tall Glass, Chimney Glass)

Tom Collins를 비롯한 각종 롱 드링크를 마시는데 사용되며 용량은 360mL(12oz)가 표준이며 소프트 드링크(Soft Drinks)를 마실 때도 있다.

⊙ 비어 글라스(Beer Glass)

맥주 서브용 글라스로써 여러 가지 형태가 있다. 가장 널리 사용되는 형태는 Pilsner Glass, Tumbler, Goblet 등과 생맥주용으로 비어 머그(Beer Mug)가 있다.

⊙ 리큐르 글라스(Liqueur Glass/Cordial Glass)

주로 컬러풀한 리큐르를 스트레이트로 서브할 때 사용되며 용량은 주로 30mL(1oz)이다. Posse Café, Angel's Kiss, Garden of Eden 등의 Posse Café Glass보다는 Bowl이 짧고 Stem이 조금 긴 것으로 대별된다.

⊙ 쉐리 글라스(Sherry Glass)

쉐리와인 등을 서브할 때 사용되는 것으로 용량은 60mL~90mL이다.

▲ 쉐리 글라스

⊙ 칵테일 글라스(Cocktail Glass)

소프트 드링크인 칵테일을 제공할 때 사용되며 역삼각형으로 되어 있는 것이 표준이나 여러 가지 형태로 변형된 것이 많이 있다. 용량은 60mL~120mL(2~4oz)이다.

⊙ 샤워 글라스(Sour Glass)

위스키 샤워(Whisky Sour) 등의 칵테일을 제공할 때 사용되며 용량은 120mL~150mL이다.

▲ 샤워 글라스

⊙ 와인 글라스(Wine Glass)

와인 서브시 사용되는 글라스이며 용량은 120~240mL(4~8oz)이다. 레드와인 글라스가 화이트 와인 글라스에 비해 용량이 크며 Stem도 길고 Bowl은 짧으나 너비가 넓으며 Bowl의 끝이 안쪽으로 더 오므라져 있다. 이는 Red Wine의 방순한 향기를 글라스 안에 좀더 머물러 있게 하기 위해서이다. 와인을 따를 때에는 글라스의 2/3쯤 따르는 것이 상례이다. 최근에는 대형의 Tulip Shaped Glass로 많이 사용한다.

⊙ 샴페인 글라스(Champagne Glass)

주로 축하주인 샴페인을 제공할 때 사용되며 또한 Million Dollar, 각종 Frozen Style의 Cocktail, Punch 등에도 사용된다.

① Saucer Champagne Glass - 주로 축하하는 자리에서 건배용으로 사용된다.

② Fluted Champagne Glass - 정찬코스 메뉴에서 발포성 와인을 마실 때 사용하는 Glass이다.

③ Hall Stemmed Champagne Glass - 기포가 오래 피어오르도록 만든 Flute형이다.

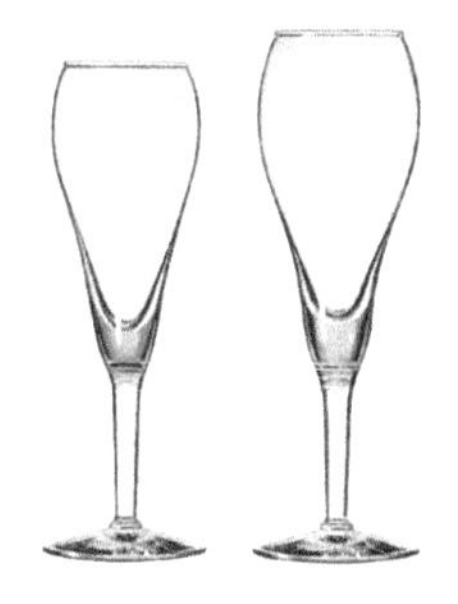

▲샴페인 글라스

⊙ 고블렛(Goblet)

Stem이 달린 Tumble라고 생각하면 된다. 용량은 다양하며 240mL~360mL(8~12oz)이다. 물, 맥주, 소프트 드링크나 Crushed Ice를 듬뿍 사용하는 칵테일 등에 사용된다. 최근에는 튜립(Tulip)형 등 대형의 것도 출현하고 있다.

⊙ 브랜디 글라스(Brandy Glass/Brandy Snifter 혹은 Snifter)

브랜디의 섬세한 향기를 즐기기 위한 Tulip Shaped의 Short Stem이 있는 글라스로 표준용량은 240mL(8oz)이나 대형의 것도 있다. 글라스의 Rim이 안으로 오므라든 특수한 형을 하고 있는 것은 브랜디의 향기가 도망가지 못하게 하기 위함이고 얇게 만들어져 있는 것은 손바닥의 온기가 자연히 글라스 안의 브랜디에 전해져 끓는점이 낮은 술의 섬세한 향기를 즐기기 위해서이다.

식후의 한때 Snifter에 약 1oz 정도를 따라서 두 손으로 감싸듯이 하여 손의 온기로 데우면서 은은한 향기와 섬세한 맛을 즐기

는 것이다. 불을 붙여서 데우는 사람도 있으나 강한 열을 받으면 향기가 순간에 날아가 버리고 방향 성분이 없어지므로 불을 붙이는 일은 하지 않는 편이 바람직하다.

2) 글라스웨어 취급법

글라스를 손으로 취급할 때는 어떠한 일이 있어도 손가락이 글라스의 안쪽으로 들어가서는 안 된다. 손잡이가 없는 글라스는 항상 밑부분을 잡고 손잡이가 있는 글라스는 반드시 손잡이를 잡도록 한다. 소량의 손잡이가 있는 글라스를 운반 할 때에는 글라스를 거꾸로 하여 각 손가락 사이에 손잡이를 끼워서 운반하는 것이 안정감이 있다. 많은 양의 글라스를 운반할 때에는 Glass Rack를 사용하는 것이 좋다. 글라스를 닦을 때에는 글라스에 뜨거운 수증기를 쏘여서 깨끗하고 마른 글라스 타올을 감싸서 닦고 글라스에 손의 지문이나 오물이 묻지 않게 청결하게 닦는다.

3. 부재료의 종류

1) 시럽류(Syrups)

(1) 플레인 시럽(Plain Syrup/Simple Syrup or Can Sugar Syrup)

과거에는 가루 설탕을 사용하던 칵테일에 플레인 시럽을 사용해서 조주작업시간을 단축시키고 있다. 만드는 방법은 설탕과 물을 1 : 1로 넣고 끓여서 만든다. 더욱 투명하게 하려면 계란 흰자위 1개를 풀어서 시럽에 넣은 뒤 앙금을 걷어내면 된다.

(2) 검 시럽(Gum Syrup)

프레인 시럽을 오래 방치해 두면 사탕이 밑으로 처져 결정체를 이루게 된다. 이것을 방지하기 위해 프레인 시럽에 Arabia의 Gum분말을 가해 접착기가 있도록 한 것이다.

(3) 그레나딘 시럽(Grenadine Syrup)

원래는 석류를 원료로 하는 진홍색 시럽이지만 에센스와 인공 착색에 의한 것이 많다. 칵테일의 착색료로서 가장 많이 사용된다.

(4) 기타

그 밖에 나무딸기 시럽(Raspberry Syrup), 메이플 시럽(Maple Syrup) 등이 있다.

2) 장식용 과실류 및 향신료

(1) 장식용 과실류

장식용 과일(Garnish Fruits)로는 레몬, 라임, 오렌지, 파인애플, 멜론, 바나나, 딸기, 사과 등이 쓰이고, 올리브, 체리, 오니온 등의 열매도 사용하며, 칵테일 색채의 변화와 향기를 내기 위해서 장식할 때 사용한다.

올리브(Olive)는 주로 드라이한 맛이 나는 칵테일에 사용되고 체리(Cherry)는 스위트한 맛이 나는 칵테일에 장식하는 것을 기본원칙으로 하고 있다. 칵테일용 올리브는 Stuffed Olive라 하여 올리브의 씨를 빼낸 뒤 그 자리에 Pimento(서양고추)를 끼워 넣은 것을 사용한다. 체리는 레드와 그린이 있으며, 칵테일 오니온(Cocktail Onion)은 소금과 식초에 절인 것으로 흰색이며 깁슨(Gibson)과 같은 드라이한 칵테일에 사용된다.

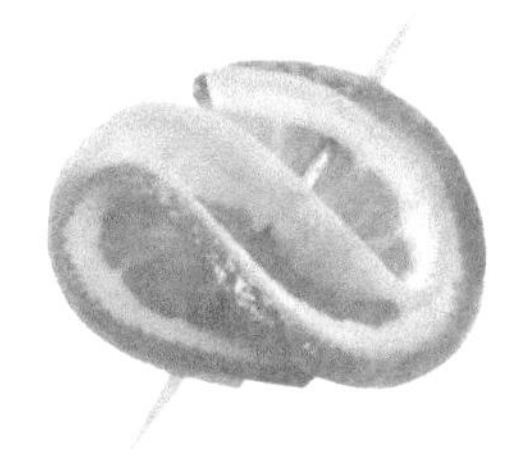

♣ 장식용 레몬, 라임, 오렌지를 자르는 방법

- 레몬, 라임, 오렌지를 자르는 방법

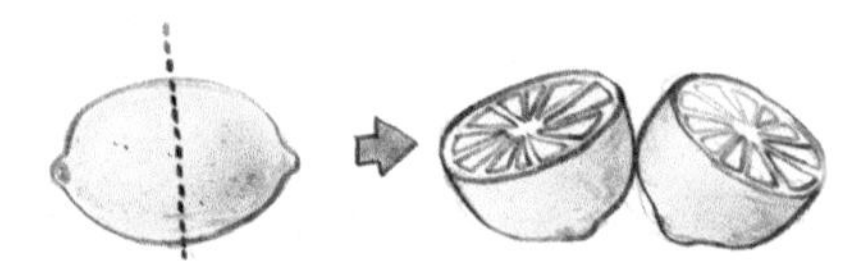

- 레몬, 라임, 오렌지 조각을 자르는 방법

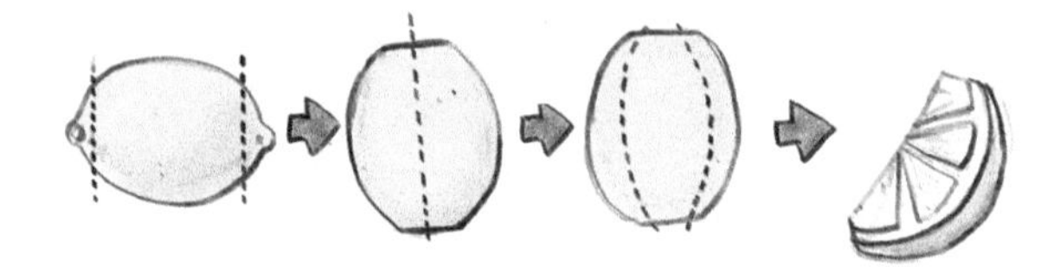

- 레몬, 라임, 오렌지의 얇은 조각을 자르는 방법

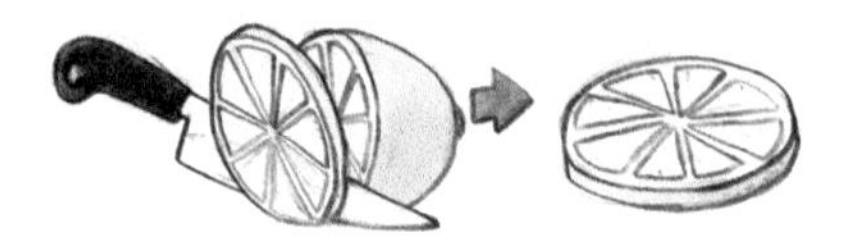

- 레몬, 라임, 오렌지의 1/4조각을 자르는 방법

- 파인애플을 자르는 방법

(2) 향신료(Spice) 류

시나몬(Cinnamon), 넛맥(Nutmeg), 민트(Mint), 솔트(salt), 페이퍼(Pepper), 정향(Clove), 워스트시아 소스(Worcestshire Sauce), 타바스코 소스(Tobasco Sauce), 설탕(sugar) 등 양념류와 향신료도 부재료로 사용된다.

3) Ice(얼음) 종류

(1) 블럭 아이스(Block Ice)

덩어리 얼음으로 파티용 펀치(Party Punch)를 만들 때 큰 보울(Bowl) 안에 넣어서 만든다.

(2) 큐브 아이스(Cube Ice)

보통 칵테일을 만들 때 사용하는 사각얼음으로 Cocktail Ice라고도 한다.

(3) 크러시드 아이스(Crushed Ice)

큐브 아이스(Cube Ice)를 얼음 분쇄기(Ice Crusher)로 잘게 으깬 얼음으로 전기 브렌더(Blender)로 칵테일을 만들 때 주로 사용한다.

(4) 세이브드 아이스(Shaved Ice)

눈처럼 고운가루 얼음으로 마치 빙수를 만드는 얼음과 같으며 프라페이(Frappe)종류의 칵테일을 만들 때 많이 사용한다.

(5) 다이스 아이스(Dice Ice)

얼음의 크기가 주사위 만하다 하여 다이스 아이스라 하며 주로 큰 컵에 청량음료를 따라줄 때 함께 사용한다.

머들러(Muddler) : 머들러는 2가지가 있다.

① 과일 또는 허브 종류(특히 생박하잎)의 생즙을 내는 절구로 크기와 모양이 약방에서 약을 조제할 때나 정제를 분말로 만들 때 사용하는 기구와 같으며 재질은 플라스틱과 나무로 되어 있다.

② 하이볼 종류를 만들 때 휘젓는 대로 Stirring Rod라고도 한다

제 3 절 칵테일의 분류와 조주방법

1. 용량에 의한 Mixed Drinks의 분류

(1) 쇼트 드링크(Short Drinks)

120mL(4oz) 미만의 용량이 적은 글라스로 내는 음료이며 주로 술과 술을 섞어서 만든다. 이것은 좁은 의미의 칵테일에 해당하며 이름 뒤에 칵테일을 붙여서 표기하기도 하고 부르기도 한다(예: Manhattan Cocktail).

칵테일은 잘 냉각된 음료이므로 온도가 올라가지 않은 때에 가급적 빨리 마시는 것이 좋다. 만든 후 10분 정도 경과하면 섞어 놓은 재료가 분리되어 칵테일의 본질이 없어지고 만다.

(2) 롱 드링크(Long Drinks)

120mL(4oz)이상의 용량 글라스로 내는 음료이며 얼음을 2~3개 넣는 것이 상식이다. 얼음이 녹기 전에 마시면 되는데, 소다수를 사용한 것은 탄산가스가 빠지면 청량감이 없어지므로 되도록 빨리 마시는 것이 좋다. 넓은 의미의 칵테일이란 이 롱 드링크와 쇼트 드링크를 통틀어 혼합음료 전부를 가리키는 Mixed Drinks를 말한다. 이러한 롱 드링크에는 여러 가지 유형(Type)이 있으며 그 이름 뒤에 그 유형의 명칭을 붙여서 사용한다(예: Sloe Gin Fizz, Tom Collins 등).

(3) 소프트 드링크(Soft Drinks, Non Alcoholic Drinks)

청량음료를 나타내는 소프트 드링크와는 다른 의미이며 소량의 리큐르 등을 사용하는 수도 있으나 알코올 성분은 거의 없다. 주로 여성이나 어린이가 마시기에 적합하다.

2. 형태에 의한 Mixed Drinks 분류

(1) 하이볼(High Ball)

1800년대 후반 St. Louis의 철로에 사용되었던 장치에서 유래된 말로 기관사에게 속도를 내라는 신호를 보내기 위해 철로 변의 높은 전주 위에 큰 볼을 올려 놓았으며 이 신호를 'High Ball'이라 불렀다. 이때 기관사들 사이에서 Whisky and Water를 주문하면서 바쁠 때에는 속도를 내라는 신호로 'High Ball'이라는 신호를 사용해서 그 후 Whisky Water나 Whisky Soda같은 음료를 하이 볼로 통용하게 되었으며, 요즘에는 증류주나 각종 양주를 탄산음료와 섞어 High ball Glass에 나오는 일반적인 롱 드링크를 일컫는 의미로 사용되고 있다(예: Whisky Soda, Whisky Coke, Gin Tonic 등).

(2) 피즈(Fizz)

피즈란 탄산가스가 공기 중에 유입할 때 '피식'하는 소리를 나타내는 의성어로서 피즈를 만들 때도 마지막 소다수를 더했을 때 피식하는 소리가 나니까 그렇게 명명된 것이다(예: Gin Fizz, Cacao Fizz, Sloe Gin Fizz, Golden Fizz, Silver Fizz 등).

- 기본제법은 1/2 oz Lemon Juice
  1tsp Powdered sugar
  1 oz(Base)
  - Shake - High Ball Glass에 따른 후 + Soda Water

(3) 칼린스(Collins)

피즈의 일종으로 제법도 비슷하다. 칼린스 글라스에 권하는 피즈라고 할 수 있다(예: Tom collins, John Collins).

(4) 샤워(Sour)

레몬주스를 다량으로 사용한 음료로 샤워(Sour)란 '시큼한'이란 뜻이다.

기본제법은	1 oz Lemon Juice
	1 tsp Powdered Sugar
	1 oz(Base)
	- Shake - Sour Glass

세계적으로 매우 인기 있는 음료로 나라에 따라서 만드는 법에 다소 차이가 있다. 미국은 상기 방법으로 널리 행해지고 있으며, 영국은 상기 방법으로 만든 다음 탄산수의 소다를 약간만 겉면에 뿌려 섞지 않고, 탄산가스의 자극으로 신맛이 보다 드러나도록 완성시켜서 낸다. 일본이나 우리나라의 일반적 제조는 레몬주스의 양을 줄여서 상기 방법으로 만든 다음 소다를 듬뿍 넣어서 스푼으로 잘 섞어서 내놓는다. 이것은 신맛을 싫어하는 동양인의 구미에 따라 맞춘 제조법이다(예: Whisky Sour(Bourbon Sour, Scotch Sour), Gin Sour, Barndy Sour 등).

(5) 리키(Rickey)

신선한 라임(Lime)을 다량으로 사용한 시큼한 음료로써 설탕이 안 들어가며 다이어트(Diet)하는 사람이나 당뇨병 환자가 마시면 좋다.

기본제법은	1/2 oz Lime Juice
	1 oz(Base)
	- High Ball Glass + Soda Water - Lime Wedge

상기의 제법은 현재 보통 사용하는 방법이나 초기에는 병들이 라임(Lime)주스를 사용하지 않고 후레쉬 라임(Fresh Lime)을 손가락으로 눌러 뭉갠 후 주스를 글라스에 떨어뜨린 다음 건더기도 글라스에 넣어서 만들었다(예: Gin Rickey, Scotch Rickey, Rum Rickey 등).

(6) 플립(Flip)

신선한 계란과 주로 와인을 사용하는 음료로 Egg Nog과 마찬가지로 자양분이 대단히 많다. 피곤할 때나 병후의 회복기에 마시면 좋다(예: Port Flip, Sherry Flip, Brandy Flip 등).

기본제법은	1 Whole Egg
	1 tsp Powdered Sugar
	1 oz(Base)
	2 tsp Light Cream.(if desived)
	- Shake - Flip Glass - Sprinkle Nutmeg on top

(7) 쿨러(Cooler)

차갑고 청량감이 있는 음료로서 갈증 해소에 좋다.

기본제법은	1/2 tsp Powdered Sugar
	적량 Soda Water(or Ginger ale)
	1 oz(Base)

먼저 칼린스 글라스(Collins Glass)에 설탕과 소다수(Soda Water) 2 oz를 넣고 저은 다음 얼음을 넣고 기본주를 따른다. 다시 소다수나 Ginger Ale로 잔을 채운 다음 저어 준다. 다음 오렌지나 레몬의 나선형의 껍질을 글라스 안에 넣어서 끝을 글라스의 림(Rim)에 걸쳐 놓는다. 대표적인 것으로 Horse 's Neck이 있다(예: Gin Cooler, Rum Cooler, Wine Cooler, Remsen Cooler 등).

(8) 코블러(Cobbler)

사전적 의미로는 '구두 수선공'이란 뜻이 있다(지금은 Shoemaker로 보통 쓰인다) 열심히 일하던 구두 수선공이 한 여름 낮 목마름을 달래기 위해 잠시 손은 놓고 서늘한 나무 그늘에서 마신 데서 이 이름이 붙었다는 말이 있다.

기본제법은	1 tsp Powdered Sugar
	2 oz Soda Water
	1 oz(Base)

Goblet 또는 Old Fashioned Glass에 설탕을 넣고 소다수를 넣어 용해시킨 다음 Shaved Ice로 글라스를 채워 넣은 후 기본주를 넣어 스터(Stir) 한다. 계절 과일(Season Fruits)을 장식하고 스트로(Straw)(or with Muddler)를 꽂아 낸다(예: Whisky Cobbler, Brandy Cobbler, Gin Cobbler 등).

(9) 에그 넉(Egg Nog)

미국 남부 여러 주의 전설에서 온 크리스마스 음료로서 전해진 것이며, 계란이나 우유가 함유된 영양가 높은 음료이다(예: Brandy Egg Nog, Whisky Egg Nog, Rum Egg Nog 등).

기본제법은	1 Whole Egg
	1 tsp Powdered Sugar
	1 oz(Base)
	- Shake - Collins Glass(or High ball) + Milk - Sprinkle Nutmeg on top

(10) 쥴립(Julep)

이 명칭은 페르시아(Persia)에서 왔으며 원래의 의미는 '쓴 약을 마실 때 입가심을 위해 마신 달콤한 음료'를 말한다. 그것이 19C에 미국 남부에서 기분을 상쾌하게 하고 기운을 나게 하는 음료를 의미하는 말로 전용되었다.

기본제법은 5~6매의 Leaves of Fresh Mint
1 tsp Powdered Sugar
2 tsp Water
1 oz(Base)
4~5매의 Springs Mint

Silver Mug나 Collins Glass에 민트 잎, 물, 설탕을 넣고 저으면서 섞는다. 다음 Shaved Ice를 넣고 기본주를 넣어 민트 잎에 상처가 나지 않게 조심해서 글라스 표면에 성애가 낄 때까지 잘 섞는다(이 때 손으로 글라스를 잡지 않고 젓는다).

레몬, 오렌지, 파인애플 등의 슬라이스와 체리, 민트의 가지로 장식하고 Straw를 곁들인다(예: Mint Julep(Bourbon Whisky Base), Brandy Julep 등).

(11) 프라페(Frappe)

칵테일 글라스나 Saucer Champagne Glass에 Crushed Ice를 넣고 원하는 술을 부어 준다. 프라페란 프랑스어로서 "얼음으로 차게 한, 살짝 얼린 과일즙"이란 뜻이 있다. 이 프라페는 20C 초 미국의 Kansas City의 피터 슬로보디 씨에 의해 고안되었다. 글라스에 부숴 놓은 얼음을 넣고 중앙에 세로로 Muddler로 구멍을 뚫고 거기에 리큐르를 따르고 Straw를 세우는 것이 원형이었다(예: Mint Frappe, Cacao Frappe, Blue Curacao Frappe 등).

(12) 펀치(Punch)

몇 가지를 제외하고는 일정한 제조법이 없으며 주로 큰 파티 장소에서 많이 이용된다. 큰 펀치볼(Punch Bowl)에 덩어리 얼음을 넣고 두 가지 이상의 주스나 청량음료와 두 가지 이상의 술을 넣고 만드는 것이며 지역이나 계절의 특성을 최대한 살릴 수 있는 것이다. 지역에 따라 특성있는 과일 등을 작게 썰어서 띄운 후 국자를 펀치 볼에 넣어 두고 손님들이 직접 덜어서 마시게 하는 것이 보통이다(예: Strawberry Punch, Sherry Punch, Champagne Punch, Brandy Champangne Punch, Planter's Punch 등).

(13) 기타

이 외에 Fix, Pousse, Cafe, Sangree, Sling, Toddy, Smash, Swizzle, Daisy 등 많은 종류가 있다.

조주 표준 계량

1대시(dash)--1/6tsp(1/32온스)
1티스푼(tsp, tea spoon)--1/8 온스
1테이블 스푼(tbsp, table spoon)-- 3/8 온스
1포니(pony)-- 1온스
1지거(zigger)-- 1 1/2온스
1와인(Glass)-- 4온스
1스플리트(Split)-- 6온스
1컵(Cup)-- 8온스
1파인트(Pint)-- 16온스
4/5쿼트(Quart)-- 25.6온스
1쿼트(Quart)-- 32온스
1/2갤런(Gallon)-- 64온스
50ml-- 1.7oz
110ml-- 3.4oz
375ml-- 12.7oz
750ml-- 25.4oz
1 liter-- 33.8oz
29.6ml-- 1oz
0.95 liter-- 33.8oz
29.6ml-- 1oz
0.95 liter-- 1 quart
3.9 liter-- 1 gallon
1 deciliter-- 3.38oz

〈포장명과 계량〉

스플리트	187mL	6.3 oz
텐즈(thnth)	375mL	12.7 oz
피프즈(fifth)	750 mL	25.4 oz
쿼트(quart)	1 liter	33.8 oz
마그넘(magnum)	1.5 liter	50.7 oz
제러보움(jeroboam)	3 liter	101.4 oz

3. 칵테일의 조주방법

(1) 셰이킹(Shaking)

셰이커(Shaker)에 필요한 재료와 얼음을 함께 넣고 손으로 잘 흔들어서 글라스에 따라주는 방법이다.

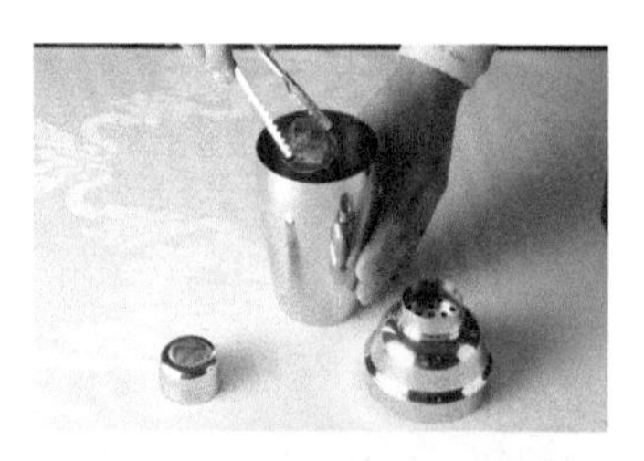

(2) 스터링(Stirring)

믹싱 글라스(Mixing Glass)에 필요한 재료와 얼음을 함께 넣고 바 스푼(Bar Spoon)으로 잘 저어서 글라스에 따라주는 방법과 하이볼 글라스에 필요한 재료와 얼음을 함께 넣고 잘 저어서 만드는 하이볼 종류 같은 것이다.

(3) 브렌딩(Blending)

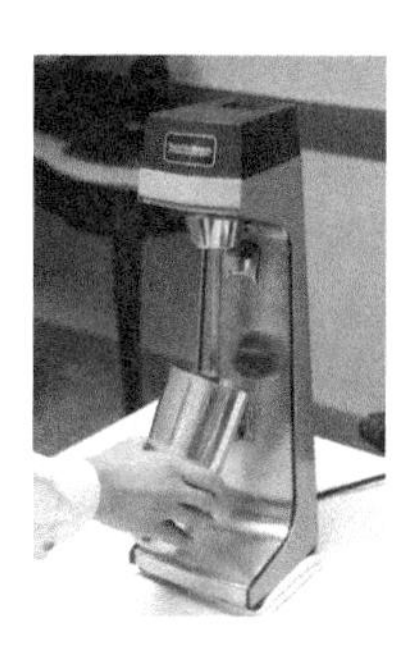

전기 브렌더에 필요한 재료와 Crushed Ice를 함께 넣고 전동으로 돌려서 만드는 방법으로 Tropical Drinks 종류를 주로 만들며 Frozen 종류의 일부도 이러한 방법으로 만든다.

(4) 플로팅(Floating)

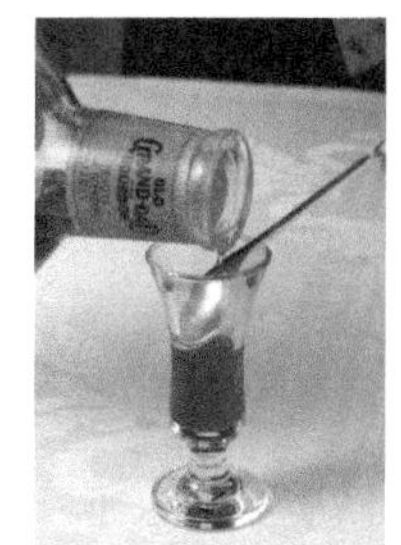

2가지가 있는데 첫째는 얼음을 사용하지 않고 글라스에 바로 따라주는 것으로 Pousse Cafe 종류로 Angel's Kiss와 Rainbow 같은 것을 만드는 것이며 또 한가지는 칵테일을 만들 때 마지막으로 위에 뿌려서 독특한 색과 맛을 내는 것으로 데킬라 선라이즈(Tequila Sunrise)와 같은 것을 만드는 것이다.

(5) 푸어링(Pouring)

글라스에 필요한 재료를 직접 따라서 만드는 칵테일로 Kir 종류와 Mimosa 등이며 On the Rock으로 만드는 칵테일도 이에 해당된다.

제 4 절 칵테일의 유래

▣ 알렉산더(Alexander)

알렉산더는 상당히 오랜 역사를 지닌 칵테일로 영국 황실에서 축제 때 많이 애용된 것으로 Alexander Big Brother, Alexander Brandy, Alexander Sister 이외에 몇 가지가 더 있으나 가장 많이 마시는 것은 Alexander Brandy이다.

▣ 아메리카노(Americano)

식욕을 돋우는 식전주로 Negroni와 더프랑스어 많이 알려져 있고 만드는 재료로 사용되는 Campari는 이탈리아산으로 키니네와 오렌지 껍질과 여러 종의 약초를 원료로 하여 만든 강장제이며 또 한가지 Sweet Vermouth 역시 강화주로 여러 가지 허브(Herbs)를 사용하여 만든 것으로 소화를 돕기도 한다.

▣ 엔젤스 키스(Angel's Kiss)

이름이 매력적이어서 여성들이 즐겨 찾는 칵테일로 Pousse Cafe 종류이다. 4가지의 선명한 색깔과 맛을 음미할 수 있는 젊은 남녀가 데이트할 때, 은은한 분위기에서 천사의 입맞춤처럼 별미를 느낄 수 있다. 그래서 유사한 칵테일도 여러 가지가 있다. 특히 Rainbow는 6~7가지 색을 만드는 것으로 고도의 기술이 필요하다.

▣ 비엔비(B & B)

Brandy와 Benedictine의 독특한 맛 2가지를 음미할 수 있는 식후에 입가심으로 적합한 칵테일로 유명하며, 전통적으로 만드는 방법은 2oz Pousse Cafe 글라스에 Benedictine을 먼저 절반 따른 다음 섞이지 않게 위에 브랜디를 따라서 잔을 채워 주는 것이였으나, 이 칵테일이 널리 알려지자 많은 애주가들로 하여금 호평을 받게 되었고 지금은 Benedictine을 만드는 회사에서 직접 만들어져 나온다.

▣ 바카디 칵테일(Bacardi Cocktail)

스페인에 알폰소 13세가 감기에 걸렸을 때 Bacardi Rum에 Lemon 주스를 타서 마시고 심한 독감으로부터 회복되어 왕가에서만 사용하는 기장을 Bacardi Rum Label에 사용할 수 있게 허락하여 주었다는 일화가 있는 칵테일이다.

▣ 블러디 메리(Bloody Mary)

2가지의 유래가 있는데 첫째는 미국에 금주법이 시행되던 1920년대에 비밀 주점에서 당국의 눈을 피하기 위해서 처음에는 드라이진에 토마토 주스를 타서 마치 토마토 주스를 마시는 것처럼 위장을 하였으나 드라이 진은 술 냄새가 나기 때문에 경찰 단속에서 자주 적발되었다. 그래서 술 냄새가 나지 않는 보드카를 넣어서 마시게 된 것이고, 두 번째는 스코틀랜드의 여왕 Mary Stuart(1542~87)의 별칭이기도 하다.

맵고 짜고 신맛이 나며 한 잔만 마셔도 속이 화끈거리는 것이 마치 많은 신교도들을 학살한 잔인한 피의 여왕 메리와 같다고 하여 붙여진 이름이다. 유사한 칵테일로는 Bloody Maria와 Bloody Cessar가 있다.

▣ 블랙 러시안(Black Russian)

러시아가 공산주의의 종주국이던 시설, 암흑의 세계, 장막의 나라 K.G.B.의 횡포에 항거하는 의미가 담긴 칵테일로 지금의 러시아 사람들은 Black Russian이라는 말을 싫어한다. 유사한 칵테일로는 Beauty Russian, Golden Russian, White Russian이 있다.

▣ 블루 하와이(Blue Hawaii)

열대성 음료인 Tropical Drink의 일종으로 럼주와 코코넛 크림과 파인애

플 주스와 Blue Curacao는 조화를 잘 이루어 Polynesia의 정취가 물씬 풍기는 음료로 여성들이 즐겨 마시는 칵테일이다.

▣ 카카오 피즈와 슬로우 진 피즈(Cacao Fizz & Sloe Gin Fizz)

이 칵테일은 1963년 4월 8일 워커힐이 동양최대의 종합 휴양소로 주한 미군을 위해 개관하였을 때 내국인은 출입이 금지되고 미군들만이 워커힐을 이용할 당시 미군과 동반하여 오는 여성들을 위해 순하고 맛이 좋은 칵테일로 만든 것이 시초이다.

유사한 칵테일로는 Melon Fizz, Apricot Fizz, Amaretto Fizz 등이 있다.

▣ 캄파리 오렌지와 캄파리 소다(Campari Orange & Campari Soda)

Campari는 붉은색의 쓴맛이 나는 Bitter 종류로 식전 음료로 입맛을 돋우는데 가장 적합한 음료로 많이 마시는 칵테일이다.

▣ 치 치(Chi Chi)

성적 매력을 느끼게 하는 풍만한 앞가슴의 여성을 의미하는 것으로서 코코넛맛이 강하게 나며 맛이 좋아 여성들이 즐겨 마시는 칵테일이다

▣ 싱 싱(Cin Cin)

이탈리아에서 생산하는 Vermoth Cinzano Bianco(Dry)와 Rosso(Sweet) 두 가지를 혼합하여 만든 칵테일로 식전 음료로 유럽 사람들이 즐겨 마시는 것으로 Vermouth는 여러 가지 종류의 약초를 원료로 첨가하여 건강에도 좋은 술이다.

▣ 쿠바 리버(Cuda Libre)

1902년 스페인의 식민지로부터 독립을 맞은 쿠바에서 당시 민족 투쟁의

구호 '자유 쿠바만세!'(Viva Cuba Liber)를 외치며 환호하던 감격을 축복하며 마시던 칵테일로 쿠바산 럼주와 약간의 라임 주스와 콜라를 넣어서 만드는 것으로 만들기가 간단한 칵테일이다.

▣ 데퀴리(Daiquiri)

스페인으로부터 독립을 한 쿠바는 미국으로부터 여러 가지 기술원조를 받던 1922년 쿠바의 데퀴리 광산에서 근무하던 미국인 기술자 제니스 콕스가 쿠바산 럼주에 라임 주스와 설탕을 넣고 만들어 마신 것이 시초이다. 럼을 기본주로 하여 만드는 데퀴리는 부재료로 사용하는 품종에 따라 다양하게 만들 수 있는 칵테일이다.

▣ 어쓰 퀘이크(Earth Quake)

이 칵테일은 알코올 농도가 강한 칵테일로, 마시고 취하면 땅이 움직이는 것이 마치 지진이 일어난 것 같다 하여 지진이라는 이름이 붙여진 것으로 술에 약한 사람은 조심하여야 하며 유사한 칵테일로는 Vocano(화산)가 있다.

▣ 에그넉(Eggnog)

이 칵테일은 1850년 12월 영국 Norfolk지방에서 생산하는 알코올 도수가 높은 맥주에다 생계란을 풀어서 마신 것이 시초이며 이 때가 계절적으로 크리스마스 때여서 Christmas Yule Drink 라 하여 현재 만드는 재료와 방법은 바뀌었으나 매년 연말연시 때면 멀리 헤어져 있던 가족이 한데 모여 Brunch Hour(아침과 점심의 중간)에 에그넉(Eggnog)을 즐겨 마시는 관습이 있다.

▣ 프렌치 75(French 75)

고급스런 칵테일이다. 1950년대까지만 하더라도 고급 사교장에서나 맛볼 수 있었다. 샴페인을 사용하여 만들기 때문에 사용하는 샴페인의 품질에

따라 가격 차이가 많이 나며 샴페인은 한 번 열면 모두 사용하여야 하기 때문에 한두 잔만 만들기도 곤란한다.

French 75라는 것은 제2차 세계대전 당시 프랑스군이 사용하던 대포의 구경을 말하며 이와 똑같은 칵테일로는 Champagne Fizz가 있고 유사한 칵테일로는 Champagne Cocktail, Champagne Cooler, Champagne Cup, Champagne Dream 등이 있다.

▣ 프렌치 코넥션(French Connection)

프랑스 Marseilles에 근거를 두고 마약을 밀매하던 조직으로 주로 미국으로 밀매하던 조직 밀수꾼들이다. French Connection은 Brandy에 Amaretto 2가지만을 사용하여 만든 것으로 중년신사들이 즐겨마시는 Classic Cocktail 종류이다.

▣ 가미가제(Gamigaje)

가미가제는 제2차 세계대전 당시의 일본군의 자살특공대를 말한다.

전쟁이 막바지이던 1945년 일본항공대는 폭탄을 싣고 적진으로 떠나는 조종사들에게 술을 한 잔씩 먹여 비행기에 연료를 적진에 도착할 수 있는 분량만 넣어서 출발시켰다. 조종사들은 미국 함대를 발견하는 즉시 타고 간 비행기와 함께 충돌하여 적함을 파괴하였다. 이러한 특공대는 미국 해군에 가장 위협적인 특공대였으며 당시 하와이에 주둔하고 있던 미 해군 기지에서 일본 특공대의 이름을 붙여 만든 칵테일이다.

▣ 김렛(Gimlet)

김렛은 만드는 재료로 드라이 진과 라임 주스의 두 가지의 맛을 뚜렷하게 나타나는 칵테일로 식전주로 많이 마시며 유사한 칵테일로는 Gin & Lime이 있다. Shaker를 사용하지 않고 Old Fashioned Glass에 얼음과 함께 넣고 저어 주기만 하면 된다.

▣ 진 피즈(Gin Fizz)

오랜 전통을 지닌 클래식 스타일로 우리 한국에서도 50년대의 많은 신사들이 명동 뒷골목의 스탠드 바에서 즐겨 마시던 때가 있었다. 유사한 칵테일로는 Golden Fizz, Siver Fizz, Royal Fizz 등이 있다.

▣ 진 리키(Gin Rickey)

이 칵테일은 당분이 첨가 되지 않은 것으로 당뇨 증세가 있는 사람들이 마시기에 적합한 칵테일이다.

▣ 갓 파더(God Father)

마피아의 두목을 칭하는 것이 아니고 가톨릭교에서 영세를 받을 때의 남자 후견인을 뜻하며, 스카치에 아몬드의 맛과 향이 풍부한 아마렛도를 첨가한 칵테일로 오랜 전통을 지닌 맛이 좋은 칵테일이다. 유사한 칵테일로는 God Mother, God Child가 있다.

▣ 골든 캐딜락(Golden Cadillac)

이탈리아에서 갈리아노를 생산하는 회사에서 Galliano를 판매하기 위한 판촉의 일환으로 만든 칵테일로 여성들이 즐겨 마신다.

▣ 굼바붐바(Goomba Boonmba)

호주의 원주민들의 토속 춤으로 알려져 있으며, 최근에 젊은 층들이 많이 즐겨 마시는 Tropical Drink로 딸기와 코코넛 크림과 망고의 맛이 조화를 잘 이룬 환상적인 칵테일이다.

▣ 그레스하퍼(Grasshopper)

메뚜기라는 이름의 이 칵테일은 박하 맛이 나는 페퍼민트(Peppermint)

와 초콜릿맛이 나는 카카오(Cacao)의 맛이 조화를 이루어 마치 가을 하늘을 연상케 하며, 여성들이 즐겨 마시기도 하지만 목을 많이 사용하는 가수와 아나운서들의 목을 부드럽게 하는 데 가장 적합한 칵테일이다.

▣ 그레이 하운드(Grey Hound)

사냥개의 일종이기도 하지만 미국에서 장거리를 운행하는 버스 회사이다. 미국 플로리다 주에서 많이 생산되는 자몽주스(Grapefruit Juice)를 판촉의 일환으로 여행객들에게 무료로 제공하였는데 여행객들이 장거리 여행의 지루함을 덜기 위해 보드카를 타서 마신 것이 시초이며 유사한 칵테일로는 Salty Dog과 소금을 바르지 않는 Grey Hound 가 있다.

▣ 하베이 웰뱅거(Harvey Wallbanger)

1948년 미국 뉴욕에서 Galliano 외판원인 할비 왈벵거씨는 판매실적이 부진하자 매일 저녁 여러 곳의 바를 다니며 자신의 이름인 '할비 왈벵거'를 주문했다. 바텐더가 조주법을 모르자 스크류 드라이버에 Galliano 1/2 oz를 뿌려주면 된다고 하여 Galliano 판매에 많은 실적을 올리게 되었다.

▣ 하이볼(Highball)

20세기 초 미국의 역무원들이 만들어 마신 것이 시초이며 만들기도 간단하다.

한 가지 증류주에 물 또는 한 가지 청량음료만을 8 oz 하이볼 글라스에 얼음과 함께 넣고 저어서 마신다. 여러 사람이 같은 시간에 즐기는 칵테일 파티 장소에서는 하이볼 종류를 주로 서브하게 되는데 다른 종류의 칵테일을 주문하는 것은 큰 실례가 된다.

▣ 허니문(Honey Moon)

신혼의 단꿈을 영원히 간직할 수 있는 칵테일로 가장 품질이 우수한 프랑스산 Calvados는 사과의 맛과 향이 뛰어나며 함께 사용하는 Benedictine 또한 프랑스가 자랑하는 혼성주로 만들어져 맛이 좋은 칵테일로 많이 알려져 있다.

▣ 홀스 넥(Horse's Neck)

1947년 전 미국 바텐더 경연대회에서 특선으로 입상한 칵테일로서 레몬의 장식이 말의 목 같다고 하여서 붙여진 이름이며 하이볼 종류로 누구나 부담없이 즐겨 마실수 있는 칵테일이다.

▣ 핫 버터 럼(Hot Butter Rum)

이 칵테일은 서양 사람들이 겨울철에 별미로 즐겨 마시는 것으로 계피(Cinnamon Stick)를 더 첨가하여 만들어 마시기도 하는데 추위에 몸을 보호한다고 한다.

▣ 핫 타디(Hot Toddy)

영국의 빅토리아 여왕 시대(1819~1901)에 즐겨 마시던 칵테일로 겨울철 감기 몸살에 걸렸을때 신경 안정제 또는 원기를 회복시켜 주는 약재로 마셨다.

처음에는 계피와 정향(Clove), 레몬, 육두구를 끓여서 냉각 시킨 다음 술을 타서 마셨는데 최근에 와서는 끓는 물을 사용하여 즉석에서 뜨겁게 만들어 마시는 겨울철 음료이다.

▣ 준 벅(June Buck)

최근에 유행된 칵테일로 머스크 멜론과 바나나와 코코넛의 맛이 조화를 잘 이룬 연하고 맛이 좋은 Tropical 음료로 젊은 층이 많이 마시는 칵테일이다.

▣ 키르(Kir)

프랑스 부르고뉴 지방에 있는 디죵시 시장을 역임한 카논 훼릭스 키프의 이름이다. 제2차 세계대전 이후 이 지방에서 생산하는 백포도주에 Creme de Cassis를 배합하여 만든 향토애를 살린 칵테일이다. 디죵시에서 열리는 모든 만찬에서는 식전주로 반드시 Kir를 마시게 하여 그 이름을 붙여진 칵테일이며 유사한 것으로 Kir Royal과 Kir Imperial이 있다.

▣ 키스 오브 화이어(Kiss of Fire)

1953년 일본 바텐더 경연대회에서 1위에 입상한 칵테일이며 처음 만든 사람은 이시오가 켄지이다. 젊은 연인간의 달콤한 사랑을 연상케 하는 칵테일로 젊은 여성들이 즐겨 마신다.

▣ 레이디 80(Lady 80)

1980년 일본 바텐더 경연대회에서 우승한 칵테일로 80년에 여성용 칵테일로 만들었다고 하여 80이라는 숫자가 붙은 것으로 부재료로 사용되는 Apricot Brandy와 파인애플 주스 그레나딘이 배합되어 달콤한 맛이 나는 여성들에게 적합한 것이다.

▣ 레이디스 드림(Ladies Dream)

세라톤 워커힐에서 술에 약한 여성들을 위하여 만든 칵테일로서 알코올 도수가 약하며 연하고 맛이 좋은 Tropical 음료로서 여성들에게 권할만한 칵테일이다.

▣ 레이디스 킬러(Ladies Killer)

이름 그대로 남성들이 여성들을 사로잡기 위한 칵테일이다. 브랜디를 베이스로 하여 복숭아 브랜디, 체리 브랜디 그레나딘과 레몬주스가 맛과 향의 조화를 잘 이루었으며 맛은 좋으나 비교적 강한 칵테일이므로 여성들은 주의할 필요가 있다.

▣ 롱 아일랜드 아이스 티(Long Island iced Tea)

롱 아일랜드는 미국 뉴욕주 동남부에 있는 섬으로 고급 주택지이다.

독한 칵테일의 하나로 처음 만들어졌을때에는 4가지의 무색투명한 데킬라, 드라이 진, 럼, 보드카 등으로 만들었으나 최근에 와서 Triple Sec 또는 Crème de Menthe White를 첨가하여 5가지의 무색투명한 술로 만들어 독한 술 맛보다 Ice Tea맛이 나기 때문에 술에 약한 사람은 조심해야 한다.

▣ 마이타이(Mai Tai)

마이타이는 타히티(Tihiti)어로 '최고의 환상 같다(Mai Tai Roa Ae)'는 뜻으로 1944년 미국 캘리포니아에 있는 오클랜드 레스토랑에서 무역업을 하는 미국인이 타이티인 친구를 초대하여 칵테일을 특별히 주문하여 대접 한 것이 시초이며 새콤한 맛이 나는 Tropical 칵테일로 여성들이 즐겨 찾는 음료이다.

▣ 맨하탄(Manhattan)

칵테일의 여왕이라 불리우는 맨하탄은 마티니와 더불어 프랑스 칵테일의 대표적인 것으로 유명하다. 인디안 알콘 퀸족 말로 '고주망태' 또는 '주정뱅이'라는 뜻을 지니고 있으며 1876년에 전 영국 수상 처칠경의 어머니 제니 젤롬 여사가 맨하탄 클럽에서 만들었다는 학설과 맨하탄시가 매트로 폴리탄으로 승격한 것을 축하하는 뜻으로 1890년 맨하탄의 한 Bar에서 만들었다는 2가지 학설이 있다.

▣ 마가리타(Margarita)

1949년 전 미국 바텐더 경연대회에서 특선한 작품이다. 1936년 미국 L.A의 한 식당에서 바텐더로 일하던 죤 듀렛사는 멕시코 태생인 첫사랑의 연인

마가리타와 사냥을 갔다가 마가리타가 오발탄에 맞아 숨지자 마가리타를 잊지 못하여 죽은 애인의 이름을 붙여서 만든 칵테일로 유명하다.

▣ 마티니(Martini)

마티니는 칵테일의 왕자라고 애주가들로부터 애칭되는 식전주로 유명한 칵테일이다.

1860년 뉴욕에서 Matinez라는 바텐더가 진의 원조인 네덜란드산 Genever Gin에 이탈리아산 Martini Sweet Vermouth를 1 : 1로 배합하여 만들었으며 1차 대전 이후 2 : 1로 배합하여 많은 호평을 받다가 1940년대부터 드라이 진에 Martini Dry Vermouth를 3 : 1로 만들고 올리브를 곁들여 넣어 주게 된 것이 지금의 마티니다. 마티니는 배합하는 비율과 재료에 따라 수십 종류가 있다.

▣ 메론 콜라다(Melon Colada)

1994년 5월 15일 KBS2 TV에서 시행한 '도전 내가 최고'에 출전하기 위하여 대생 기업 63빌딩 스카이라운지에서 처음 만들었으며 Musk 멜론과 코코넛 크림의 두 가지 맛을 즐길 수 있는 부드럽고 맛이 좋은 Tropical 음료로 술에 약한 여성들이 많이 마시는 칵테일이다.

▣ 밀리온 달라(Million Dollar)

이 세상에서 가장 비싼 칵테일로 이름 붙여진 백만불의 칵테일이다. 1922년 일본 요코하마에 있는 그랜드 호텔에서 바텐더로 근무하던 미국인 루이스 에빙거씨가 처음 만들었으며 후일 일본인 마사오 씨가 동경 긴자에 있는 라이온 클럽에서 유행시켰다.

▣ 미모사(Mimosa)

함수초 또는 감응초(Sensitive Plant)로 알려진 미모사 꽃과 같은 색에 사용하는 재료인 샴페인과 오렌지 주스의 맛을 예민하게 느낄 수 있다고 하여 붙여진 이름이고 프랑스 상류층이 고급 사교장에서 즐겨 마시는 칵테일이다.

▣ 모스코 뮬(Moscow Mule)

러시아에서 미국으로 이주하여 간 러시아 사람들이 만들어 내는 Smirnoff 보드카를 생산하는 휴브라인 피에레 회사가 보드카를 선전하기 위해 러시아의 야생마를 이용한데서 이름이 붙여진 칵테일이다.

보드카에 Ginger Beer를 부재료로 사용하는데 한국에서는 Ginger Beer를 구하기 어려워 Ginger Ale를 이용한다.

▣ 네그로니(Negroni)

이탈리아 피렌체에 카소니라는 오래된 레스토랑이 있는데 이곳의 단골 손님인 카마로 네그로니 백작은 Americano 칵테일에 드라이 진을 더 첨가하여 마시는 것을 좋아하여 바텐더 포스코 스칼세리씨가 칵테일을 만들어 주면서 백작의 허락을 받아 칵테일의 이름을 네그로니라 하였고 1960년대 초에 널리 알려지게 되었다. 유사한 칵테일로는 Americano가 있다.

▣ 올드 패션드(Old Fashioned)

1880년 미국 켄터키주 루이스 빌(louisville)에 있는 Pendennis Bar에 서 장년의 단골 고객이 바텐더에게 고전미가 풍기는 칵테일을 만들어 달라고 부탁하였을 때 바텐더가 즉석에서 Bourbon과 Angostura 비터와 설탕을 넣고 만든 것이 시초이며 고객은 맛을 보고 기분이 좋아 이 칵테일을 마시는 다른 손님의 술값을 자기가 모두 지불하였다는 일화가 있다.

▣ 피나 콜라다(Pina Colada)

피나는 파인애플이라는 뜻이며 카리브해 주변에서 처음 만들어졌으며 럼주에 코코넛 크림과 파인애플로 만들어진 남국의 정취가 물씬 풍겨주는

Tropical 칵테일로 주로 여성들이 즐겨 마시며 매년 2월 중순 브라질에서 열리는 리오 카니발 때에 주로 많이 마신다.

▣ 핑크 레이디(Pink Lady)

1912년 런던의 한 극장에서 핑크 레이디라는 연극이 공연되었는데 대성황을 이루었다고 한다. 주연 여배우 헤이즐 돈 양에게 바쳐진 칵테일로 주로 여성들이 즐겨 마신다. 핑크 레이디가 처음 만들어졌을 때는 드라이 진에 계란 흰자위와 그레나딘 시럽만 넣고 만들었으나 지금은 미국식으로 라이트 크림을 더 첨가하여 만든다.

▣ 레드아이(Red Eye)

밤새 술을 마신 다음날 아침 눈이 벌겋게 출혈된 것이 마치 토끼눈 같다고 하여 붙여진 이름이며 술을 마신 다음날 아침에 해장술로 많이 마신다.이 칵테일은 Tom Boy라고도 한다.

▣ 러스티 네일(Rusty Mail)

이름(녹슨 못)과는 달리 영국 신사들이 즐겨 마시는 고급스러운 칵테일이다. Scotch에 영국 왕실에서만 마셨던 Drambuie에 Heath 꿀의 맛과 향이 조화를 잘 이루어 중년층의 남성들이 즐겨 마시는 칵테일이다.

▣ 솔티 독(Salty Dog)

솔티 독은 보드카에 자몽주스(Grapefruit juice)를 넣어서 만든 Grey Hound와 같은 것이며 다른 점은 잔 테두리에 소금을 바른 것이다.

선원들을 가리키는 속어로 '짠 녀석들'이라는 표현으로 결코 좋은 의미는 아니라고 보며 일본 사람들이 즐겨 마신다.

▣ 오렌지 블로섬(Orange Blossom)

미국에서는 오렌지 꽃과 체리는 여성들의 순결을 의미하는 뜻이 담겨있다. 1892년 미국 뉴올리언스의 한 부호집에서 행한 결혼식 피로연회에서 하객들을 접대하기 위해 큰 Bowl에 드라이 진과 오렌지 주스 등을 넣어서 만든 Punch에 오렌지 꽃을 띄워서 하객들이 마음대로 떠서 마시게 한 것이 오렌지 블로섬의 시초이다

▣ 스칼렛 레이디(Scarlet Lady)

이 칵테일은 일본에서 만든 것과 아일랜드에서 만든 것 두 가지가 있는데, 일본에서 만든 것은 1976년 일본 바텐더 경연대회에서 우승한 작품이며 바람기가 많은 여인을 의미하며 일본식보다 아일랜드식이 맛이 더 좋다.

▣ 스크류드라이버(Screwdriver)

금주의 나라 아랍 지역에서 근무하던 미국인 유전 기술자들이 오렌지 주스에 무미, 무색, 무취의 술 보드카를 혼합하여 갖고 다니는 드라이버로 휘저어서 마시며 금기를 극복하였다는 칵테일로 남성들이 여성들을 사로잡기 위하여 권하는 칵테일이다.

▣ 씨 브리즈(Sea Breeze)

바닷바람이라는 뜻으로 미국식과 유럽식 두 가지가 있는데 유럽식은 Old Fashioned 글라스에 청색이 나며 미국식은 연한 자색에 Tropical음료로 널리 알려져 있다.

▣ 섹스 온 더 비치(Sex on the Beach)

언제 어디에서 누가 처음 만들었는지는 알 수 없으나 이름이 야하여 젊은 층들이 많이 찾는 칵테일로 보드카에 Peach Schnapps와 오렌지 주스,

Cranberry 주스로 만들어서 약간 시고 떫은 맛이 나지만 뒷맛이 개운하여 식전주로도 좋은 Tropical 음료이다.

▣ 샌디 개프(Sandy Gaff)

상당히 오랜 전통을 지닌 속풀이 해장술이다. 19세기 중엽에 영국 사람들이 숙취를 풀기 위하여 Stout Beer에 Ginger Beer를 절반씩 섞어서 마시기 시작한 것이며 최근에 와서 맥주에 Ginger Ale를 타서 마시며 Bloody Mary와 레드 아이는 화끈하게 속을 풀어주며 Shandy Gaff는 부드럽게 속을 풀어주는 해장술이다.

▣ 셀리 템플(Sharley Temple)

셀리는 착한 선행을 많이 한 한 소녀의 이름으로 19세기 말기에 영국의 한 시골 공회당에서 착한 일을 많이 한 소녀에게 포상하는 자리에 여러 가지 과자와 케이크에 음료수로 석류의 즙과 레몬주스와 설탕을 물에 타서 어린이들을 먹이게 한 것이 시초가 되어 비알코올 음료로 현재도 많이 마신다.

▣ 사이드카(Sidecar)

제1차 세계대전 당시 독일군 정찰대 장교가 적지인 프랑스 점령지에 진격하여 자신을 태우고 간 사이드카 기사에게 승전의 기쁨을 즐기기 위하여 술을 구하여 오라고 하였더니 사이드카 기사는 한 민가에서 프랑스 코냑(Cognac)과 Cointreau를 가지고 와 여기에 레몬 주스를 첨가하여 만들어 마신 것이 시초이다.

▣ 싱가폴 슬링(Singapore Sling)

동양의 진주라고 불리우는 싱가폴의 한 호텔에서 1910년대에 아름다운 석양에 너울을 연상시키는 Tropical 칵테일로서 새콤한 맛이나 남, 녀가 구별 없이 즐길 수 있는 칵테일이다.

▣ 슬로우 진 피즈(Slow Gin Fizz)

이 칵테일은 1963년 4월 8일 워커힐이 개관하고 나서 술에 약한 여성들을 위하여 만든 칵테일이다.

▣ 스팅거(Stinger)

사이드카처럼 브랜디로 만든 칵테일로서 오랜 전통을 지닌 클래식 칵테일로 마시면 화끈한 기분을 느끼게 하여 스팅거라는 이름이 붙여진 것이다. 스팅거는 만들 때 사용하는 기본주(Base)에 따라 여러 가지로 만들 수 있으며 유사한 칵테일로는 White Spider와 White Way가 있다.

▣ 스트로우베리 데퀴리(Strawberry Daiquiri)

데퀴리는 사용하는 재료에 따라 여러 가지로 다양하게 만들어 마실 수 있으며 Strawberry Daiquiri는 frozen으로 만들어 Tropical 음료로 시원한 딸기 맛이 풍부하여 술에 약한 여성들이 즐겨 마신다.

▣ 위스키 샤워(Whiskey Sour)

1860년 프랑스에서 브랜디에 레몬주스와 설탕을 넣고 만들어 마신 것이 시초이며 1891년 미국에서 미국산 Bourbon Whiskey을 기본주(Base)로 만들어 마시면서부터 널리 알려지기 시작했다. 새콤한 맛이 미각을 돋구어 주는 칵테일로 여러 가지 술로 만들 수 있으며 위스키가 아닌 다른 술로 만들 때에는 위스키 대신 사용하는 술의 이름을 붙인다.

▣ 화이트 레이디(White Lady)

이 칵테일은 1919년 런던의 한 고급 사교장에서 하얀 빛깔에 드레스를 입은 귀부인을 본 바텐더가 황홀한 나머지 귀부인을 연상하며 만들었다는 칵테일이며 같은 이름의 칵테일이 몇 가지 더 있다.

▣ 엑스 와이 젯(XYZ)

술 좌석에서 마지막으로 마시는 칵테일로 전해진다 술에 만취된 사람이 급하게 화장실 용무를 보고 나오면서 미처 바지에 지퍼를 올리지 않고 있다가 다른 사람들로부터 조롱을 받는 것을 XYZ이라고 놀린다.

XYZ는 라이트 럼을 Base로 하여 Triple Sec과 레몬주스를 혼합하여 만드는데 유사한 칵테일로 Gamigaje는 Base를 보드카로 만들며, Margarita는 데킬라로 만들고 사이드카는 브랜디로 만든다.

▣ 좀비(Zombie)

서인도제도의 원주민이 믿는 미신, 부두교에서 죽은 시체를 다시 살린 것을 좀비라고 한다. 좀비는 정신이 없는 사람이 되는데 이 칵테일은 독한 럼주를 많이 사용하여 독한 칵테일로 마시면 빨리 취하여 흥분하게 된다.

▣ 브롱스(Bronx)

브롱스는 뉴욕 북부지역에 위치하고 있는 곳이다. 브롱스는 1920년대 미국의 금주법 시대에 이곳에서 만들어진 것으로 오랜 전통을 지닌 칵테일이며 Perfect 마티니에 오렌지 주스를 더 넣어서 만든 것으로 마시기에 무난한 음료이다.

칵테일로는 Bronx에 계란 흰자위를 넣으면 Bronx Silver이며, 계란 노른자위를 넣어서 만들면 Bronx Golden이 되고, 계란 한 개를 다 넣어서 만들면 Bronx Royal이 된다.

▣ 뉴욕(New York)

뉴욕의 상징인 자유의 여신상을 연상하여 만들어진 것이며 역사가 오래된 클래식 칵테일로, 식사 전에 마시기 적합한 음료이다.

▣ 아일리쉬 커피(Irish Coffee)

뜨거운 커피에 술을 타서 마시는 칵테일은 여러 가지가 있으나 가장 많이 알려져 있는 것은 아일리쉬 커피이다.

추운 겨울철에 유럽 사람들이 즐겨 마시는 Hot Coffee 종류이다.

▣ 진 토닉(Gin & Tonic)

진 토닉은 가장 많이 마시는 음료의 하나로 여름철에 건강음료로 알려져 있다. 신장병 치료제로 만들어진 Gin에 학질 예방과 치료제를 만드는 원료인 키니네가 첨가된 Tonic Water를 넣어서 만들어 뒷맛이 깔끔하다.

진 토닉에 체리를 넣어서 마시는 경우가 있는데 이것은 잘못된 것이며 슬라이스 레몬만을 넣어서 마실 때에 제 맛을 느낄 수 있다.

▣ 어라운드 더 월드(Around The World)

박하 맛이 강하게 나는 Menthe 와 파인애플 주스의 달콤한 맛이 드라이 진과 조화를 잘 이루어 마시면 시원한 맛이 마치 여행을 하는 기분을 느끼게 한다 하여 붙여진 이름으로 목을 부드럽게 하는 데 효과적이다.

▣ 오르가즘(Orgasm)

외설스러운 면은 있으나 달콤한 Bailey's Irish Creme과 커피 맛의 Kahlua와 아몬드 맛의 Ameretto로 만들어진 이 칵테일은 언제 어디에서 만들어진 것인지는 알 수 없으나 연하고 맛이 좋아 젊은 여성들이 많이 마신다.

▣ 로브로이(Rob Roy)

로브로이는 18세기 스코틀랜드에서 명성이 높은 Rovert Roy Gregor 씨가자신의 명예와 영광을 다 버리고 평민의 한 여인을 일평생 사랑하였다는 애환이 담긴 칵테일로 맨하탄은 Bourbon Whiskey으로 만드는 반면, 로브

로이는 Scotch Whisky로 만든다.

▣ 맨즈 프라페(Menthe Frappe)

사랑하는 연인끼리 은밀한 대화를 남몰래 속삭이며 스트로를 통하여 사랑을 주고 받으며 그윽한 박하의 맛과 향을 음미하는 환상적인 초록색 칵테일이다.

▣ 가가린(Gagarin)

옛 소련의 세계최초의 우주비행사 Yuri Aleseyvich Gagarin(1934~68)의 인류 최초의 우주비행 성공을 축하하는 뜻에서 만들어진 칵테일이며, 이 칵테일을 처음 만든 곳은 옛 소련이 아닌 Austria에서 만들었다.

▣ 아마레또 샤워(Amaretto Sour)

이탈리아에서 만든 혼성주 Amaretto로 아몬드의 맛과 향이 풍부한 가장 로맨틱한 칵테일이다.

1525년 젊고 아름다운 미망인이 화가 Bernadino Luini(레오나르도 다빈치 화원으로 산타마리 성전의 벽화작업을 하였음.)와의 사랑을 잊지 못하여 살구와 아몬드 이외에 여러 종의 재료로 만들어 화가에게 바친 술로 유명하며 젊은 여성들이 즐겨 마신다.

▣ 갈리아노 미스트(Galliano Mist)

1896년 Abyssinia(지금의 에티오피아)와의 전쟁에서 무공을 많이 세운 이탈리아의 영웅 Galliano 소령의 이름을 따서 붙인 이 술은 맛과 향이 독특하고 식후에 입가심으로 매우 적합하며 이탈리아가 자랑하는 Liqueur Galliano이다.

▣ 코작(Kojak)

코작은 러시아의 용맹한 기병 전사인 코사크에서 나온 말로 미국 드라마 중에서 코작 형사가 나온 유명 산 시리즈도 있었다. 이런 악당들과의 무자비한 혈육전을 벌이는 용맹성을 상징하는 칵테일로 강한 맛이 난다.

▣ 하비비(Habeebee)

아랍어로 남성이 여성에게 사랑을 고백하는 말이다. 1994년 봄에 KBS2 TV에서 시행한 '도전 내가 최고'에 출전하기 위해 대생 기업 63빌딩 스카이 라운지에 멋있는 이름을 공모하였는데 이곳에 자주 오시는 손님 한 분이 넌지시 알려준 이름으로 여성들이 즐겨 마시는 Tropical 음료이다.

KILKENNY

Chapter 8
맥주

제8장 맥 주

제 1 절 맥주의 역사 및 제조법

1. 맥주의 역사

맥주(Beer)의 역사는 인류의 역사와 같이 동행하였다 해도 과언은 아니다. 맥주의 역사를 연구한다는 것은 맥주가 액체이기에 그 유물이 남아 전해질 수 없는 관계로 고고학자에 의해 그림이나 기록에 대한 연구로 그 역사를 추정할 수 밖에 없을 것이다.

고고학자들의 연구에 의하면 B.C 5,000~4,000년 전부터 맥주에 관한 유적이 나타나고 있다. B.C 4,200년 경에 바빌론(Babylon, 지금의 이라크)에 살던 슈멜인들은 빵조각을 물에 담궈 빵의 이스트(Yeast)로 발효시킨 맥주를 마셨다 한다. 당시의 맥주는 통화로서 사용될 정도로 귀중한 존재였다.

B.C 3,000년경의 것으로 추정되는 이집트 왕의 분묘에는 맥주 양조장을 그린 벽화가 발견되었다. 맥주라고 하면 독일이 본고장이라고 생각될 정도로 고대 게르만(German) 민족은 B.C 1C 쯤부터 맥주를 마시고 있었다는 증거가 있다. 그리고 중세에 와서 13C 경에는 북 독일의 아인베크 거리에서 홉(Hop)을 사용한 흑맥주(Bock Beer)라고 하는 독하고 농후한 맥주가 만들어져서 현재의 병맥주(Lager Beer)의 기초가 되었다.

19C(1876)에 이르러 인공 냉각법의 개발과 발효의 아버지로 불리우는 파스퇴르(Louis Pasteur: 1822~1895)가 맥주의 양조와 발효현상을 해명한 업적에 의해 오늘날 우량 맥주의 대량 생산을 가능케 한 것이다.

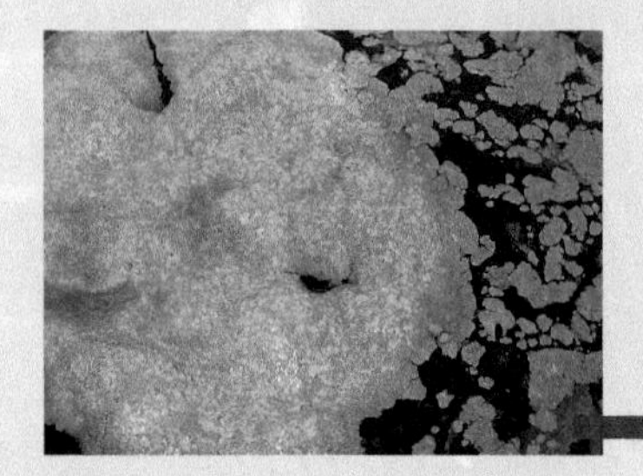

이스트와 단백질로 표면을 덮은 발효중인 맥주

2. 맥주의 원료

1) 보리(Barley)

전통의 보크 맛을 잘 살린 Berliner Kindl Bock Dunkel

맥주에 있어서의 보리는 보리술이라고 쓰는 것으로 보아도 보리가 차지하는 중요도가 대단히 크다는 것을 알 수 있다. 또한 영어의 'Beer'라는 어원은 색슨(Saxon)어의 'Baere(보리)'에서 유래한 것이라 한다. 맥주 양조용 보리 품종은 주로 유럽에서 육성되었고 영국의 Archer, 스칸디나비아의 Gold, 독일의 Hanna가 대표적이다.

양조용 보리로는 다음과 같은 것이 좋다.

① 껍질이 얇고, 담황색을 띄고 윤택이 있는 것
② 알맹이가 고르고 95% 이상의 발아율이 있는 것
③ 수분 함유량은 10% 내외로 잘 건조된 것
④ 전분 함유량이 많은 것
⑤ 단백질이 적은 것(많으면 맥주가 탁하고 맛이 나쁘다)

2) 호프(Hop)

유1럽과 아시아 온대산이며 길이 6~12m로 자라고 줄기의 단면은 속이 빈 육각형이다. 잎은 마주달리고 큰 잎은 3~5개, 때로는 7개까지 갈라진다. 작은잎은 심장형으로 모두 톱니가 있고 덩굴과 더불어 잔 가시가 있으며 뒷면에 향기가 있는 황색 점이 있다.

꽃은 2가화 또는 1가화이며 수꽃은 황색이며 암꽃은 둥글거나 난형이며 솔방울같이 생겼다. 중축 마디에 4개의 소포와 1쌍의 포엽이 있고 소포와 포는 황색이다. 각 소포의 안쪽 기부에 1쌍의 암꽃이 있다.

암꽃이 성숙하면 씨방과 포엽 밑부분 가까운 곳에 황색선이 생긴다. 이것을 루풀린

(lupulin)이라고 하며 향기와 쓴맛이 있어 맥주에 독특한 향료로 쓰인다. 쓴맛의 주성분은 후물론(humulon)과 루풀론이고 향기의 주성분은 후물렌과 미르센(myrcene)이다.

호프는 온대 중부지방에서 잘 자라고 뿌리가 깊게 들어간다. 번식은 꽃꼬리로 하며 땅속줄기가 가장 잘 자란다. 수나무는 암나무 100~300그루에 대하여 1그루 정도 심는다.

맥주의 원료로서 심기 시작한 것은 8세기 후반부터이며 14세기 후반에는 독일에서 널리 재배되었다. 호프를 수확하는 부인들이 작업 중 잠이 오는 데서 착안하여 부작용이 없는 최면작용이 있음이 밝혀졌다. 유럽의 민간에서는 진정 · 진경 · 진통 및 건위제로 사용하고 있다.

한국에서는 맥주 제조회사들이 설립되면서 1934년 함남 혜산 지방에서 처음으로 재배되었다. 당시의 재배법은 지금처럼 철지주의 마스트를 설치한 방법이 아니라, 단지주 방식이라 하여 낙엽송 · 대나무 등을 땅에 꽂고 호프의 덩굴이 직접 지주를 감고 올라가도록 하는 방식이었다. 지금은 대관령 일대의 고지대에서 재배하고 있다.

3) 물(Water)

맥주는 90%가 물이다. 그 때문에 수질이 좋은 것을 사용하지 않으면 맥주의 품질에 영향이 크다. 보통 산성의 양조용수를 사용한다. 최근에는 이온 수지의 발달로 이상적인 수질을 얻을 수 있기 때문에 좋은 맥주를 양조할 수 있다.

4) 효모(yeast)

맥주에 사용되는 효모는 맥아즙 속의 당분을 분해하고 알코올과 탄산가스(CO_2)를 만드는 작용을 하는 미생물로 발효 후기에 표면에 떠오르는 상면발효 효모와 일정기간을 경과하고 밑으로 가라앉는 하면 발효 효모가 있다.

따라서 맥주를 양조할 때에는 어떤 효모를 사용하느냐에 따라 맥주의 질도 달라진다. 전자는 영국, 미국의 일부, 캐나다, 벨기에 등지에서 많이 사용되고, 후자는 독일, 덴마크, 체코슬로바키아 등지와 우리나라에서 사용되고 있다.

3. 맥주의 제조법

1) 맥아의 제조법

보리는 제진기를 거쳐 먼지를 제거한 뒤 선립기에서 알맹이를 고른다. 다음은 침맥조라는 탱크(Tank)에 2일 전후로 담가 수분을 흡수시킨다. 이것을 발아조에 넣어 약 8일간 통기와 온도를 조절하면서 발아시킨다. 이것을 그린몰트(Green Malt)라 한다. 그린몰트는 45% 정도의 수분을 함유하고 있으므로 건조실에 보내 열풍으로 건조시킨다. 이후 맥아의 뿌리를 제거하고 약 20℃의 맥아 저장실에서 6~8주간 잠재운다. 이렇게 건조한 맥아를 드라이 몰트라 한다.

2) 당화

드라이 몰트를 분쇄기에 넣어 잘게 부순 후 통에 담고 여기에 5~6배 무게의 온수를 넣어 죽과 같은 상태로 만든다. 이것을 매쉬(Mash)라 한다. 이 매쉬를 자비부로 옮겨 끓이며 이 때 호프가 가해진다. 호프를 가함으로써 맥아속의 단백질은 응고, 침전하고 액을 맑고 깨끗하게 만든다. 동시에 맥주의 독특한 쓴맛도 생긴다. 그 뒤 호프 제거기에 넣어 호프를 제거하고 냉각기에서 발효에 적당한 온도까지 얼린(0℃) 다음 여과기와 원심분리기로 고형물이나 침전물을 제거하면 투명한 액체가 되고 그것이 발효조로 옮겨진다.

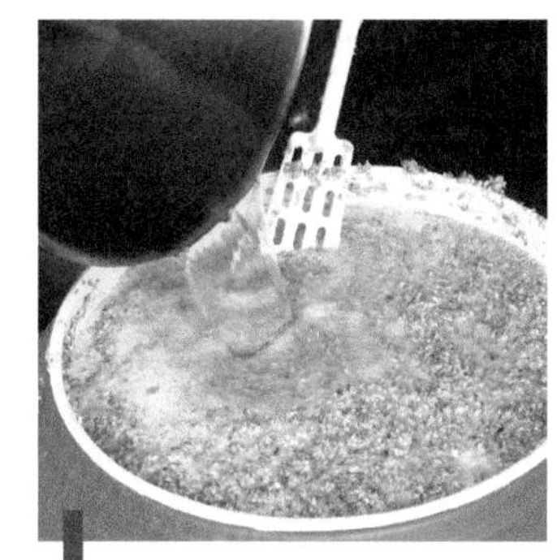

드라이 몰트에 물을 부어 매시를 만든다.

3) 발효

발효조의 맥아액은 상면 발효 효모이나 하면 발효 효모를 첨가해서 발효가 시작한다. 효모는 발아액의 당분을 분해하여 알코올과 탄산가스를 만드는 것이다. 발효는 약 1주일에서 10일 정도 걸리는데 이렇게 만들어진 맥주는 아직 쓴맛도 강하고 탄산가스도 불충분하여 '어린맥주'라고 한다. 이를 주발효 혹은 전발효라 한다.

4) 저장

이 어린 맥주는 저장 탱크에서 약 60~90일간 0℃에서 숙성을 계속한다. 이를 후발효라고 한다. 이 기간 중에 발생하는 탄산가스가 밀폐된 탱크 속에서 맥주에 녹아 들어가 효모나 기타 응고물은 침전하여 원숙한 맥주로 성장하는 것이다. 이것을 규조토 여과기로 여과하여 술통에 따라 두는 것이 생맥주(Draught or Draft)이다. 이는 후레쉬하나 보존성이 없다. 보존성을 유지하기 위해 저온 살균한 것이 보통 말하는 병맥주(Lager Beer)이다.

대량생산되는 맥주는 이 모든 과정이
대형 탱크에서 이루어진다.

5) 기타

맥아의 전분을 보충하기 위해 쌀, 옥수수, 기타 잡곡 등이 사용된다.

제 2 절 맥주의 종류와 서비스

Flensburger Pilsener

1. 하면 발효 맥주(Bottom Fermentation Beer)

세계 맥주 생산량의 약 3/4 정도를 차지하며 비교적 저온에서 발효시킨 맥주로서 주정도는 3~4 %이다.

① **Lager Beer** : 흔히 우리가 마시는 병맥주로 저온 살균과정을 거쳐 병입된 것이며 주정도는 4%이다.

② **Draft(Draught) Beer** : 보통 말하는 생맥주를 의미하며 발효균이 살균되지 않은 맥주(Unpasteurized Beer)이다.

③ **Pilsner Beer** : 체코산으로 담색 맥아를 사용한 것이며 맥아의 향취가 약하고 고미가 강한 호프성 맥주이다.

④ **Dortmunder Beer** : 필젠(Pilsner)보다 발효도가 높고 색은 담색이고 고미가 적은 맥주이다.

⑤ **흑맥주** : 색이 진하고 단맛이 있어 특유의 향기가 있는 맥주로 독일에서 많이 생산하며 Munchener Bier, Kulmbach Bier, Nurnberg Bier 종류가 있다.

⑥ **Bock Beer** : 독일산의 독한 흑맥주로 겨울 동안의 오랜 숙성을 거치고 5월에 출시되는 높은 알코올 함량이 특징인 7.2% 맥주

Fuller's London Porter

2. 상면 발효 맥주(Top Fermentation)

주로 영국에서 많이 생산하며, 비교적 고온에서 발효시킨다.

① **Porter** : 영국의 독자적인 것으로 맥아즙 농도, 발효도, 호프 사용량이 높고 캐러멜로 착색한 것이다. 주정도는 5이며 영국의 하물운반인(Porter)들이 즐겨 마셨던 맥주로 Stout의 인기에 가리어 1973년 5월 North Ireland의 벨퍼어스트시 근교

Guinness는 대표적인 Stout 맥주이다.

의 한 Pub에서 차분하고 구슬프게 마지막 건배를 끝으로 모습을 감추었다고 한다.

② Ale : 보통 맥주보다 고온에서 발효시킨 것으로 라거맥주보다는 호프향이 강하게 나타나고 고미가 더한 맥주이다. Bitter Ale, Mild Ale, Light Ale, Brown Ale, Strong Ale, Old Ale 등의 타입이 있다.

Amstel Bock

소주는 어떻게 만들어지는가?

소주는 증류 방법에 따라 증류식과 희석식으로 구분하며, 브렌딩으로 맛이 달라진다. 증류방법으로는 단식증류기를 사용한다.

원료로는 전분이 많이 들어 있는 쌀, 보리, 옥수수 등 곡류와 감자, 고구마 등을 쓴다.

위의 원료를 삶거나 쪄서 소화시킨 후 효모를 첨가해서 발효시킨다.

이렇게 만든 술덧을 단식증류기에 넣고 1~2회 증류해 받아낸 것이다.

희석식은 연속식 증류기로 주정을 만들어 물을 타서 25%의 농도를 맞춘다.

단식증류기는 알콜 도수 60%, 연속증류기는 알콜 도수 95%까지 올릴 수 있다.

구 분	증류식 소주	희석식 소주
원 료	곡물(쌀, 보리, 밀)	곡물, 고구마, 당밀
알코올 도수	25~45%	20.1~30%
향	강 함	약 함
증류방법	재래식 증류방법인 단식증류	현대식 증류방법인 연속식 증류
불 순 물	약 간	없 음

③ **Stout Beer** : 알코올 도수가 강한(8~11내) 맥주로서 흑맥주와 같은 거무스레한 색깔이지만 맛은 흑맥주와는 다르고 검은 빛깔은 볶은 캐러멜 맥아 때문이다."Stout하면 Guiness다"라고 할 정도로 Guiness가 유명하다. Ireland의 수도 Dublin에 본사와 공장이 있으며 또한 'Guiness Book of Word Records'(기네스북 세계 기록집)로 더 유명하다.

④ **Port Beer** : Ale과 마찬가지로 영국의 맥주 타입으로서 홉 사용량이 높아서 색깔이 짙은 흑맥주이다. 알코올 도수는 일반 홉 맥주보다 약간 높은 5~7° 정도이다.

맥주의 유명상표

독 일	Loewenbraeu, Ulnion, Hansa, dab, Astra
덴 마 크	Carlsberg, Tuborg
네델란드	Heineken
스 웨 덴	Three Crown
체코슬로바키아	Pilsner(Pilsen 산)
영 국	Guiness Stout
미 국	Budweiser, Miller
일 본	기린 맥주 등

3. 맥주 서비스

병맥주(Lager Beer)나 캔맥주(Can Beer)는 살균되어 있는 상태이므로 실제 저장온도에 따라 성질이 유지된다. 너무 장기간의 저장과 단기간일지라도 직사광선이나 고온에 노출시키는 것은 맛의 변화를 가져온다. 가장 좋은 저장 방법은 5~20°C의 실내온도에서 통풍이 잘되고 직사광선을 피하는 어두운 지하실의 건조한 장소가 가장 적합하다.

또 한 가지 주의할 것은 영하의 온도에 노출되어 맥주가 얼지 않도록 주

의해야 하며 계절이나 지방, 기후에 따라 약간씩 다르나(영국의 Pub에서는 한여름에도 미지근한 맥주가 나오기는 한다.) Beer Cooler에서 약 3.5~4°C로 보관하였다가 여름에는 7°C, 겨울에는 10°C 정도의 온도로 서브하는 것이 이상적이고 마개를 땄을 때 맥주가 넘쳐 나올 경우는 너무 차게 하였거나 아니면 너무 오래 되었다고 보아야 한다.

맥주를 따를 때에는 병을 글라스에서 약 4~5cm 정도 들고 부어서 7부 정도로 잔을 채우고 거품이 일도록 붓는 것이 신선한 향취를 맛보는 데 가장 이상적이다.

또한 첨잔은 금물이다. 처음 따른 맥주의 맛이 가장 좋고 그 후엔 공기가 닿아서 산화되어 맛이 줄어든다. 맛이 줄어든 맥주에 새로 딴 맥주를 부으면 맛이 좋아지기보다는 다시 부을 때 공기가 스며들어 더욱 산화를 재촉하게 된다.

맥주는 단숨에 마시는 것이 이상적이다. 생맥주는 양조장에서 출고될 때가 가장 잘 완숙된 상태이다. 부풀어오르는 거품이 대단히 아름답고 먹음직스러워 만족스러운 감을 주기 때문에 전 세계적으로 많은 팬(Fan)을 가지고 있다. 그러나 생맥주는 예민한 음료이므로 취급에 있어서 주의를 기울이지 않으면 안 된다.

생맥주를 맛있고 거품이 오래 지속되도록 따르는 일은 오랜 경험으로 완성되고 온도와 압력 그리고 글라스의 청결상태가 크게 좌우한다.

Chapter 9

와 인

제9장 와 인

제 1 절 와인의 이해

1. 와인의 기원

와인은 인류가 야산에 있는 포도를 따서 보관하여 오던 중, 그것이 자연히 발효된 상태가 되어 이것을 마시게 됨으로서 시작된 것으로 추측된다.

고고학자들의 주장에 의하면 와인은 약 1만년 전부터 만들어졌다고 하며, 구약성서에 의하면 노아(Noah)가 포도를 재배하고 와인을 만든 최초의 사람으로 되어 있다.

기원전 3000년경에는 이집트와 페니키아에서 재배되었으며, 기원전 1700년경에는 바빌로니아의 함무라비 법전에 포도주를 만드는 데 관한 규정이 성문화되어 있다. 기원전 1300년경에는 이집트 왕의 분묘 벽면에 와인 만드는 것이 그려져 있는 것을 보아 그 당시에 와인 양조의 역사를 짐작할 수가 있다.

▲ 포도재배농장 전경

근대에 와서는 미국의 캘리포니아와 오스트레일리아에서도 천혜의 기후와 토질을 이용하여 양질의 와인을 생산하고 있으며, 우리나라도 마주앙 등의 와인을 생산하고 있는데 세계와인과 비교해 보면 중급정도의 수준이다.

▲ 와인 셀라에서 숙성중인 오크통 전경

2. 와인의 제조과정

와인을 만드는 첫 번째 단계는 포도나무의 재배에서 시작된다. 포도나무는 심고 나서 5년이 지나야 상업용으로 쓰일 수 있는 포도가 생산되기 시작하여 85년 정도 계속해서 포도를 수확할 수 있다. 포도나무의 평균 수명은 30~35년 정도이며 150년 이상 되는 것도 있기도 하다. 또한 좋은 와인을 만들기 위해서는 완전한 숙성을 줄 수 있는 좋은 포도품종을 선택해야 하는 것은 기본이다.

다음은 와인의 종류에 따른 제조과정을 도표로 나타내면 다음과 같다.

와인의 제조 과정

레드와인	화이트와인	로제와인	발포성와인	주정강화와인
수확	수확	수확	수확	수확
파쇄	파쇄&압착	파쇄	파쇄	파쇄
발효	발효&앙금 제거	발효 중 껍질 제거	압착 (1차 발효)	압착
압착	-	압착	숙성	발효
숙성	숙성	숙성	병입 (효모/당분 첨가)	통숙성 (브랜디 첨가)
앙금제거	-	앙금제거	2차발효	저장
여과	여과	저장	저장	여과
병입	병입	병입	가침	저장
병숙성	병숙성	병숙성	숙성	병입
출하	출하	출하	출하	출하

3. 와인의 주요 포도품종

1) 레드와인 포도 품종

(1) 까베르네 소비뇽(Cabernet Sauvignon)

레드와인의 원료가 되는 포도 품종 중 가장 유명한 품종이다. 이 포도의 4대 특성은 포도알이 작고 색깔이 진하다. 껍질은 두텁고, 씨 대 과육의 비율이 높다. 주요 생산지는 프랑스 보르도의 메독(Medoc) 지역이지만, 요즘은 기온이 낮은 독일을 제외하고는 세계 전 지역에서 생산되고 있다.

(2) 까베르네 프랑(Cabernet Franc)

주로 까베르네 소비뇽과 혼합되어 사용되는 품종이다. 이 품종은 까베르네 소비뇽보다 색과 탄닌이 엷고 결과적으로 빨리 숙성이 된다. 이 포도로 만들어진 유명한 와인으로는 슈발 블랑(Cheval Blanc)이 있다.

(3) 삐노 누아(Pinot Noir)

프랑스 부르고뉴(Bourgogne/Burgundy)지방의 대표적 포도품종이다. 이 품종을 사용하는 부르고뉴산 레드와인은 보르도산 와인보다 색이 엷다.

(4) 멜로(Merlot)

까베르네 소비뇽과 비슷한 성격을 가지나, 탄닌이 적고 블랙커런트 맛이 덜하다. 멜로는 프랑스 보르도 지방에서 주로 사용되며 특히 뽀므롤(Pomerol) 지역의 대표적 포도 품종이다.

(5) 가메이(Gamay)

부르고뉴 지역 남쪽에 위치한 보졸레(Beaujolais)지방의 대표적 포도 품종이다. 보졸레 노보와 보졸레 빌라지에 들어가는 포도다. 색이 아주 연하고 핑크색에 가까우며 시큼한 맛이 강한 것이 특징이다.

2) 화이트와인 포도 품종

(1) 샤르도네(Chardonnay)

프랑스의 가장 잘 알려진 화이트와인용 포도 품종이다. 프랑스 부르고뉴 지방에서 화이트와인을 만드는데 주로 사용하는 품종이며 '샹파뉴(Champagne)' 지방에서도 이 포도가 사용된다.

(2) 슈냉 블랑(Chenin Blanc)

프랑스 남부 르와르(Loire)지방에서 재배되는 품종으로 높은 산도(Acidity)가 특징인 포도이다. 프랑스 이외에는 남아프리카, 캘리포니아, 호주 그리고 뉴질랜드에서 재배되고 있다.

(3) 리슬링(Riesling)

독일 화이트와인의 최상급 포도 품종으로 단맛과 신맛이 강한 포도이다. 이 포도는 기온이 낮은 기후에서 잘 자라서 독일과 프랑스의 알자스 그리고 호주에서 재배되고 있다

(4) 실바너(Sylvaner)

예전에는 독일에서 가장 많이 재배되었던 포도였지만, 자생력이 더 강한 뮐러 투루가우 종으로 대체되고 있다.

(5) 소비뇽 블랑(Sauvignon Blanc)

프랑스 보르도 지역에서 화이트와인에 사용되는 대표적 포도 품종이다. 프랑스 르와르 지역과 뉴질랜드에서도 이 포도로 와인을 만들고 있다. 아주 드라이하며 향기가 독특하며 스모키한 냄새가 특징이다.

4. 와인의 대명사, 프랑스 와인

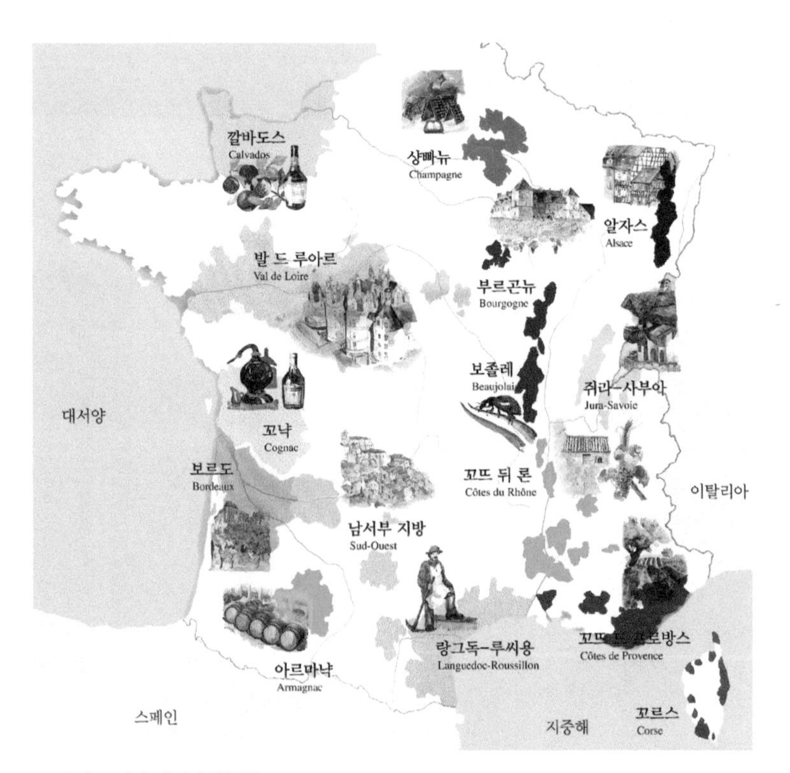

▲ 프랑스 와인 생산지 분류표

전 세계적으로 유명한 와인들을 대량으로 생산하는 국가들이 있다면 프랑스, 이탈리아, 독일, 스페인, 미국, 호주, 칠레 등이 있을 것이다. 모든 나라의 와인들이 저마다 독특한 특성과 맛을 지니고 있지만 본서에서는 그중에서도 가장 대표적이라 할 수 있는 프랑스 와인에 대해서만 살펴보기로 한다.

프랑스는 어느 곳이든 포도재배가 잘 되지만, 그 중에서도 세계적으로 유명한 와인 생산지는 보르도(Bordeaux), 부르고뉴(Bourgogne), 샹파뉴(Champagne) 등의 지역이 대표적이며, 살펴보면 다음과 같다.

1) 보르도(Bordeaux)

보르도 지방은 세계 최고의 와인 생산지로 유명한 곳이다. 특히 기후와 토양이 포도재배에 완벽하고 와인의 질과 양에서 프랑스를 대표하는 곳이라 할 수 있다. 이곳에서 생산되는 레드와인을 '와인의 여왕'이라고 칭하며, 프랑스 A.O.C. 와인의 25%를 이곳에서 생산하고 있다.

보르도 와인의 병은 병목이 짧고 몸통이 길며, 와인 명에는 성(城)이란 뜻의 샤또(Chateau)가 항상 앞에 붙는 것이 특징이다. 보르도 지방에서 유명한 생산지역을 살펴보면 다음과 같다.

(1) 메독(Medoc)

세계 최고의 레드와인의 명산지로서, 와인 상표에 '메독'이라는 표시가 있으면 좋은 와인이라고 생각해도 좋을 정도이다. 토양의 성질과 재배하는 포도품종의 조화가 가장 잘된 곳으로 알려져 있으며, 대표적인 와인으로는 샤

또 라피트 로스칠드(Ch. Lafite-Rothschild), 샤또 라뚜르(Ch. Latour), 샤또 마고(Ch. Margaux), 샤또 무통 로스칠드(Ch. Mouton-Rothschild) 등이 있다.

(2) 포므롤(Pomerol)

이곳은 규모가 작고 생산량이 적지만, 희소가치로서 이름이 나 있기 때문에 유명 샤또의 와인은 구하기가 힘들 정도이며, 특히 샤또 페투르스의 와인은 값이 비싼 것으로 유명하다. 와인의 맛도 부드럽고 온화하며 향 또한 신선하고 풍부한 것으로 유명하다.

(3) 셍떼밀리옹(Saint-Emilion)

아름답고 고풍스러운 풍경이 유명한 곳으로, 경사진 백악질 토양과 자갈밭에서 온화하고 부드러운 와인을 만들며, 레드와인의 명산지로 알려져 있다. 유명와인으로는 샤또 슈발 블랑(Ch. Cheval Blanc), 샤또 피지악(Ch. Figeac) 등이 유명하다.

(4) 그라브(Grave)

자갈이란 뜻을 가진 그라브는 화이트, 레드 모두 명품으로 알려져 있으며, 메독의 와인보다 부드럽고 숙성된 맛을 풍기며, 부케 또한 풍부한 것이 특징이다.

(5) 소떼른느(Sauternes)

세계적으로 유명한 스위트 화이트와인을 생산하는 곳으로, 포도를 늦게까지 수확하지 않고 과숙시킨 후 곰팡이가 낀 다음에 수확하여 와인을 만들어 유명해진 곳이다. 유명한 와인으로는 샤또 뒤켐(Ch. dYquem)은 세계에서 가장 비싼 화이트와인이라고 할 수 있다.

▲ 뽀약
샤또 라피트 로스칠드

▲ 뽀약
샤또라뚜르

▲ 마고
샤또마고

▲ 뽀약
샤또무똥로스칠드

● 보르도의 대표적 와인

2) 부르고뉴(Bourgogne, 또는 Burgundy)

부르고뉴 지방은 보르도 지방과 함께 프랑스 와인을 대표하는 곳으로 이곳에서 생산되는 와인을 '버건디 와인'이라고 한다. 버건디 와인은 '와인의 왕'에 비유되기도 하며, 와인의 맛이 남성적인 것으로 평가되며, 병모양은 통통한 것이 특징이다. 부르고뉴 지방의 주요 생산지역을 살펴보면 다음과 같다.

(1) 샤블리(Chablis)

샤블리는 세계 최고의 화이트와인을 생산하는 곳으로 알려져 있으며, 특등급(Grand Cru Chablis), 1등급(Premier Cru Chablis), 우수급(Chablis), 보통급(Petit Chablis) 등 크게 4개의 A.O.C 등급으로 나눈다.

▲ 꼬뜨드본의 뫼르소 ▲ 뽈린느 몽라세 ▲ 꼬똥 샤를르마뉴 ▲ 몽라세

● 부르고뉴의 대표적 와인

(2) 꼬뜨 도르(Cote d'Or)

언덕길을 따라 길게 뻗어 있는 포도밭에서 세계적인 와인의 표본이라 할 수 있는 완벽한 품질의 와인을 생산하고 있으며, 생동력과 원숙함이 잘 조화를 이루고 있는 점이 특징이다.

이곳은 와인의 생산량이 많지 않기 때문에 매년 비산 가격으로도 구하기 힘들만큼 희귀성을 지닌 것으로도 유명하다. 꼬뜨 도르는 북쪽의 꼬뜨 드 뉘(Cote de Nuit)와 남쪽의 꼬뜨 드 본(Cote de Beaune) 두 지역으로 나뉘어져 있다.

(3) 보졸레(Beaujolais)

▲ 보졸레 누보

우수한 레드와인을 생산하는 지역으로 기존 레드와인과 전혀 다른 스타일로서 맛이 가볍고 신선한 레드와인을 빨리 만들어 빨리 소비하는 와인을 생산하는 것으로 유명한 곳이다.

보졸레 누보(Beaujolais Nouveau) 와인은 보통 늦여름에 수확하여 11월에 시장에 나올 정도로 생산과 소비의 회전이 빠르기 때문에 값이 저렴하고 맛이 좋은 대중주로 국내에서도 인기가 좋다.

(4) 꼬트 샬로네(Cote Chalonnaise)와 마꼬네(Maconnais)

최근 인기가 상승하고 있는 신선한 와인을 만들고 있는 지역이다.

가장 유명한 것으로는 샤르도네 한 품종을 100% 사용하여 생산하는 뿌이-퓌세(pouilly-Fuisse)가 있다.

(5) 꼬트 드 론(Cote de Rhone)

이곳은 프랑스 남쪽으로 이탈리아와 가깝기 때문에 와인 스타일도 이탈리아와 비슷하다. 남부 지중해 연안으로 여름이 덥고 겨울이 춥지 않기 때문에 포도의 당분 함량이 높고 이것으로 만든 와인은 알코올 함량도 높아진다. 따라서 알코올 함유량이 많고 색깔이 진한 레드와인을 주로 생산하며, 유명 와인으로는 꼬트 로티에(Cote Rotie), 타벨(Tavel) 등이 있다.

3) 알사스(Alsace)

알사스에서 생산되는 와인은 독일과 가까운 국경지대에 위치하고 있어 독일 와인처럼 녹색의 병이 가늘고 긴 병 모양을 하고 있다.

거의 대부분 화이트와인만 생산을 하며 포도품종은 독일에서 재배하는 것과 같은 리슬링, 실바너, 삐노그리, 삐노블랑 와인 등이 있다.

4) 르와르(Loire)

이 지방은 대서양 연안의 낭트에서 아름다운 르와르 강을 따라 긴 계곡으로 연결된 와인의 명산지이며, 세계적인 명사의 휴양지로도 유명한 곳이다.

이곳에서 생산되는 와인은 굴과 조개 등 해산물과 어울리는 무스까데(Muscadet), 상세르(Sancerre) 그리고 앙쥬(Anjou)의 로제를 비롯해서 어느 곳 하나 유명하지 않은 것이 없다.

5) 샹파뉴(Champagne)

아주 오랜 옛날부터 "상빠뉴(샴페인, Champagne)"라 불리우는 지역에는 포도원이 존재하였다. 17세기말, 이 지역 사람들은 와인을 병입 한 후 이듬해 봄, 날씨가 더워지면 와인에 거품이 생긴다는 사실을 발견하게 되었다.

한 사원에서는 승려들이 이러한 발포 방법을 완성하는데 총력을 기울여 마침내 사원의 수도승이었던 돔 페리뇽(Dom Perignon)이 이 방법을 완성시킴으로써 샴페인, 샹파뉴가 탄생한 것이다.

샹파뉴 지역은 연중 평균 기온이 10℃ 정도로 포도의 성숙에 필요한 최

▲ 앙래오 ▲ 모엣샹동 ▲ 니꼴라스 뻬이야뜨 ▲ 모엣샹동 ▲ 니꼴라스 뻬이야뜨

● 상파뉴의 대표적 와인

저 온도인 9℃에 근사한 것이다. 바로 이 점이 이 지역 생산 포도의 독특한 맛을 결정하는 역할을 한다.

상파뉴 지역에서 생산되는 주요 와인은 모엣샹동, 니꼴라스 빼이아뜨, 뵈브 끌리꼬 퐁사르뎅, 동 루이나, 델벡 등이 있다.

5. 프랑스 와인의 등급

프랑스 와인은 법의 규정에 따라 4개의 등급으로 품질이 분류되며, 상표에 그 등급을 표기하도록 되어 있다. 또한 프랑스 와인의 상표에는 법적 등급표시 외에 포도원(샤또 : Chateau), 판매업자(네고시앙 : Negociant), 생산연도(빈티지 : Vintage) 등이 표시된다.

빈티지란 특정 해의 잘 된 포도로 담은 와인을 의미하며, 병에 그 연도를 표시한다. 빈티지는 연도별, 지역별로 나누어 품질에 따라 0점에서 100점까지 평가하는 가이드 표에 의하여 좋고 나쁨을 구분할 수 있다. 프랑스 와인의 4개 등급을 살펴보면 다음과 같다.

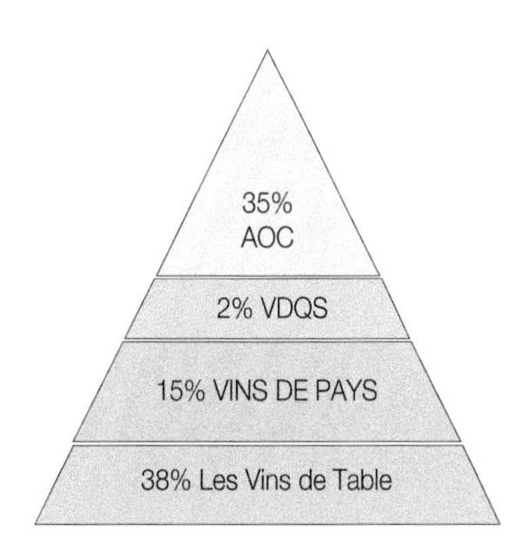

(1) 아펠라시옹 도리진 콩트롤레(Appellation d'Origine Controlee : AOC)

가장 우수한 와인으로 A.O.C.라고 불리는 이 등급의 와인은 원산지를 통제명칭한 것으로 최우수 품질의 와인임을 증명한다. 따라서 가장 까다로운 규칙을 적용하며, 이러한 까다로운 과정을 거친 AOC는 지역별 전통을 존중해 주면서 그 포도주에 품질과 특징을 보증 하게 된다.

(2) 뱅 데리미테 드 리테 슈페리어(Vin Delimite de Qualite Superieure : V.D.Q.S)

두 번째 우수한 품질의 와인으로서 상품이 지정된 와인이다.

(3) 뱅 드 페이(Vins de Pay) - 지방명 와인(V.D.P)

보통와인으로 덜 유명한 지역에서 생산되는 와인을 규제한 것으로 대부분 지역 토산 와인이다. 지방명 와인들은 원산지를 표기할 수 있다는 점에서 테이블 와인과 구별된다. 예를 들어 랑그독 지방의 와인인 경우 뱅 드 페이 독(Vins de Pays d'Oc)이라고 표기된다.

(4) 뱅 드 따블(Les Vins de Table)

일상적으로 마시는 테이블 와인으로 오래 저장하지 않고 상표에 원산지나 품질을 자세히 기록하지 않으며, 대부분 프랑스 자국 내에서 소비된다.

제 2 절 와인의 분류

가장 좋은 와인이란 그 요리에 가장 잘 맞는 와인을 말한다. 그러므로 와인은 식사의 종류와 조화를 고려하여 제공하여야 하며, 와인의 선택은 식사 전, 식사 중, 식사 후 또는 음식의 내용에 따라 다르다.

일반적으로 무겁고 달콤한 와인을 제공하기 전에 가볍고 드라이한 와인을 제공하고, 숙성이 오래 된 와인은 숙성이 짧은 와인을 제공한 다음에 제공되는 게 일반적이다. 기본적인 와인을 분류하면 다음과 같다.

1. 색에 따른 분류

1) 레드 와인(Red Wine)

적포도의 씨와 껍질을 그대로 함께 넣어 발효시킴으로써 붉은 색소 뿐만아니라 씨와 껍질에 있는 탄닌(tannin) 성분까지 함께 추출되어 떫은 맛이 나며, 껍질에서 나오는 붉은 색소로 인하여 붉은 색을 띠고 있다.

알코올 성분은 12~14℃ 정도이며, 탄닌 성분으로 인하여 17~19℃에서 마셔야 제 맛이 나며, 차가운 상태일 때는 탄닌 성분 때문에 쓴 맛이 난다.

2) 화이트 와인(White Wine)

백포도를 압착해서 만들고, 또는 적포도로 만들 때에는 포도의 껍질과 씨를 제거하고 만드는데, 포도를 으깬 뒤 바로 압착하여 나온 주스를 발효시킨다. 이렇게 만든 화이트와인은 탄닌 성분이 적어 맛이 순하고, 포도 알맹이에 있는 산(acid)으로 인해 상큼하며, 포도 알맹이에서 우러나오는 색깔로 인해 노란색을 띤다. 화이트와인은 8~10℃에서 마셔야 제 맛이 난다.

3) 로제 와인(Rose Wine)

핑크색을 띄는 로제와인은 레드와인과 같이 포도의 껍질까지 함께 발효

시키다 일정 기간이 지나면 껍질을 제거하므로 핑크색을 띠게 되며, 맛은 화이트와인과 유사하다.

2. 맛에 따른 분류

1) 드라이 와인(Dry Wine)

완전히 발효되어서 당분이 없는 와인으로, 단맛이 없고 약간 쓴맛이 나는 와인으로 육류요리에 적합한 와인이다.

2) 스위트 와인(Sweet Wine)

완전히 발효되지 못하고 당분이 남아 있는 상태에서 발효를 정지시킨 것과 설탕을 첨가한 것이 있으며, 약간 단맛이 나는 와인으로 식후에 적합한 와인이다.

3) 미디엄 드라이 와인(Medium Dry Wine)

스위트와 드라이 중간 타입의 것을 말한다.

3. 식사용도에 따른 분류

1) 아페리티프 와인(Aperitif Wine)

본격적인 식사에 들어가기 전에 식욕촉진을 위하여 마시는 와인으로는 일반적으로 주정강화 와인 중에서 달지 않은 것(dry)을 마시는데, 버머스나 셰리가 적당하다.

▲ 식사 중에 마시는 테이블 와인

애피타이저(Appetizer), 수프, 샐러드와 함께 마실 때에는 가볍고 드라이한 리슬링(Riesling), 샤블리(Chablies), 무스카데(Muscadet) 등이 좋고, 짙은 맛의 고기와 닭고기 수프에는 드라이 셰리(Dry Sherry)가 좋다.

2) 식사 중의 테이블 와인(Table Wine)

식사 중에 요리를 먹으면서 마시는 것으로, 특히 주 요리와 함께 마시는 와인을 의미하며, 기본적으로는 생선요리에는 화이트와인, 육류요리에는 레드 와인이 적합하다.

① 생선요리

생선요리에는 거의 대부분이 화이트와인이 어울리는데, 샤블리, 무스카데, 쇼비농블랑 같은 드라이하거나 신 맛이 나는 화이트와인이 어울린다. 바다가재 요리나 가리비 종류에도 화이트와인이 어울린다.

② 스테이크, 로스트비프와 양고기

붉은색 쇠고기와 양고기는 드라이한 레드와인이 잘 어울리며, 스테이크에는 전통적으로 레드와인이 제공된다 라는 것이 당연하다. 이탈리아 토스카나와 피에몬테 지역에서 생산되는 바롤로(Barolo), 브르넬로(Brunello), 키안티(Chianti) 등도 붉은 육류고기와 맛이 잘 어울린다.

3) 디저트 와인(Dessert Wine)

식사 후에 제공되는 와인으로 케이크와 같은 달콤한 디저트와 함께 제공되는 와인을 말한다. 그래서 '식후주라고도 하며 달콤한 와인을 한 잔 마셔 줌으로서 식사가 끝난 후 입안을 개운하게 해주는 역할을 한다. 식후주에는 꼬냑이나 리큐르가 적당하다.

치즈와 와인의 찰떡궁합

치즈와 와인은 매우 잘 어울리는 흔히 찰떡궁합이라 할 수 있다. 치즈와 와인은 역사적으로나 만드는 방법으로나 너무 유사해서 가장 좋은 음식의 동반자라고도 한다.

전 세계적으로 가장 선호하는 방법으로는 자신이 가장 좋아하는 와인과 치즈를 함께 먹는 것이고, 같은 지역에서 나오는 와인과 치즈를 같이 먹는 것이다. 오래전부터 레드와인은 치즈의 가장 좋은 파트너라고 여겨왔으나, 화이트와인이나 디저트 와인들이 훨씬 더 좋은 조화를 이룬다.

4. 숙성기간에 따른 분류

1) 영 와인(Young Wine)

발효과정이 끝나면 1~2년 정도 단기간의 숙성기간을 거쳐 생산된 와인을 말한다.

2) 올드 와인(Age Wine or Old Wine)

발효가 끝난 후 지하 창고에서 3년 이상의 숙성기간을 거친 것으로 품질이 우수한 와인이다.

3) 그레이트 와인(Great Wine)

5년 정도 이상의 숙성기간을 거친 와인으로, 품질이 최상급의 것으로 15년 이상을 숙성시키기도 한다.

5. 제조법에 따른 분류

1) 비발포성 와인(Still Wine)

와인이 발효되는 도중에 생긴 탄산가스가 완전히 발산된 와인을 숙성해서 병입한 와인이다.

2) 발포성 와인(Sparkling Wine)

일반적으로 샴페인이라 불리는 발포성 와인은 스틸 와인을 병입한 후 당분과 효모를 첨가하여 병 내에서 2차 발효가 일어나 탄산가스를 갖게 되는 와인을 말한다.

3) 주정강화 와인(Fortified Wine)

주정강화 와인은 스틸 와인을 만드는 도중 또는 만든 후에 40도 이상의 브랜디를 첨가하여 알코올 도수를 높인 와인이다.

4) 가향 와인(Aromatized Wine)

혼성 와인이라고도 하며, 스틸 와인에 약초, 향초, 봉밀 등을 첨가해 풍미에 변화를 준 것으로 벌무스(Vermouth)와인이 대표적이다.

제 3 절 와인 테이스팅

와인 테이스팅은 본격적으로 와인의 맛을 평가하는 단계이다. 지금까지의 모든 이론들이 사실은 테이스팅을 위한 서곡이라고 말할 수 있을 정도이다. 와인은 다른 음료와 달라서 시각, 후각, 미각 3가지 감각을 모두 충족시켜 준다. 수천가지의 와인 중에서 하나를 골라 특색을 살펴보는 것은 꽤 재미있는 일이다. 테이스팅에 있어서 무엇보다 중요한 것은 자신의 느낌, 평가 후 느낌을 노트에 기록하는 것이 좋다. 다음 번 와인을 선택할 때 또는 와인에 대한 지식을 늘리고자 할 때 많은 도움이 된다. 여기에서는 와인 테이스팅을 위한 기본적인 몇 가지 사항에 대해 설명하고자 한다.

1. 시 각

1) 색상과 투명도

와인을 글라스에 따랐을 때 가장 먼저 체크해야 할 것은 와인의 색상과 투명도이다. 뒷 배경을 하얀색(흰색 종이나 테이블 보)으로 두고 글라스를 비쳐본다. 와인에 따라 각기 다른 색과 투명도를 나타낼 것이다. 화이트와인의 경우 색깔이 옅은 볏짚 색에서부터 연초록을 띠는 황금색에 이르기까지 와인마다 다른 색을 관찰할 수 있다. 레드와인이라면 짙은 루비 색에서부터 어두운 체리, 보라빛 등을 볼 수 있다. 또한 시간이 지날수록 레드와인은 색깔이 엷어지고 화이트는 반대로 진해진다.

2) 숙성정도에 따른 색상 변화

레드 와인: 짙은 자주색(유년기) → 루비색 → 붉은색 → 붉은 벽돌색 → 적갈색 → 갈색

화이트 와인: 엷은 노란색 → 연초록빛을 띤 노란색 → 볏짚색 → 짙은 노란색 → 황금색 → 호박색 → 갈색

2. 후 각

와인을 마시는 것은 곧 향기를 음미하는 것이라는 표현이 있을 정도로 향기는 와인의 생명과도 같다. 와인의 향기는 정확히 그 와인의 질을 나타낸다.

곰팡이가 핀 오래된 통에 저장되었던 와인은 썩은 버섯 냄새가 나고, 코르크가 완전하게 막혀 있지 않은 와인은 젖은 톱밥 냄새가 난다.

썩은 양배추 냄새가 나는 것은 와인 제조업자가 아황산 가스를 방부제로 너무 많이 썼기 때문이다. 반대로 은은하고 좋은 냄새가 나는 것은 좋은 와인임을 보장한다. 와인의 향은 수천 가지가 존재하지만 크게 두 가지로 나뉠 수 있다. 원료 포도 자체에서 느껴지는 향을 아로마(aoma)라고 하고 Fruity 과일향, Flower 꽃향, Grassy 풀잎향 등이 이에 속한다. 또 제조 과정 즉, 발효나 숙성 등의 와인 제조자의 처리 방법에 따라 생겨지는 향을 부케(Bouquet)라고 한다.

부케는 아로마보다 미묘해서 파악하기 힘들지만 와인 전체의 품질을 결

정하는 중요한 향이다. 오크통에서 오랫동안 숙성 기간을 거쳐 오크향이 배어 나는 것을 부케의 좋은 예로 들 수 있다. 부케는 일반적으로 화이트와인보다 레드와인에서 더 꼼꼼히 따지는 향으로, 아로마가 천연의 향이라면 부케는 인공적인 향이라고 할 수 있다.

와인의 눈물

색과 투명도를 관찰했다면 이번엔 와인 글라스를 돌려본다. 글라스 돌리기를 멈춘 후에 글라스의 내벽에 흘러내리는 물질을 볼 수 있다. 이것을 와인의 눈물 혹은 와인의 다리라고 표현한다. 이는 와인 속에 함유된 알코올, 글리세롤,설탕 등으로 분석된다. 따라서 눈물이 많은 와인일수록 알코올이 높거나 당분이 많은 스위트한 와인이라고 보면 된다.

향의 분류표

<table>
<tr><td rowspan="7">과일향</td><td>감귤류</td><td>레몬, 자몽, 오렌지</td></tr>
<tr><td>열대류</td><td>파인애플, 바나나, 리치, 멜론</td></tr>
<tr><td>인과</td><td>머스캣, 사과, 서양배, 마르멜로(quince)</td></tr>
<tr><td>적색류</td><td>딸기, 래즈베리, 레드커렌트</td></tr>
<tr><td>흑색류</td><td>블랙커렌트(cassis), 월귤(bilbery), 블랙베리</td></tr>
<tr><td>핵과</td><td>체리, 살구, 복숭아</td></tr>
<tr><td>건과(dried)</td><td>아몬드, 말린자두, 호도</td></tr>
<tr><td rowspan="5">식물향</td><td>채소</td><td>피망</td></tr>
<tr><td>군류(fungus)</td><td>버섯, 송로버섯, 이스트</td></tr>
<tr><td>나무류</td><td>삼나무, 소나무, 감초</td></tr>
<tr><td>엽류</td><td>블랙커렌트 싹, 건초, 타임(thyme)</td></tr>
<tr><td>향신료</td><td>바닐라, 계피, 정향, 후추, 사프란</td></tr>
<tr><td>꽃향</td><td colspan="2">산사나무꽃(hawthorn), 아카시아, 렌덴(보리수), 꿀, 장미꽃, 제비꽃</td></tr>
<tr><td>동물향</td><td colspan="2">가죽, 사향, 버터</td></tr>
<tr><td>훈연향</td><td colspan="2">구은빵, 볶은 아몬드, 볶은 헤즐넛, 카라멜, 커피, 진한 초컬릿, 연기</td></tr>
</table>

3. 미 각

향을 맡았다면 이제 본격적으로 와인을 마셔보자. 먼저 와인을 한 모금 마시고 입안에서 굴린다. 그리고 와인을 입안에 둔 상태에서 외부 공기를 들이마신다. 이 때에 '추으읍'하고 들이키는 소리가 나도 예의에 어긋나는 것이 아니니 신경 쓰지 않아도 된다. 이런 방법을 통해서 와인의 맛과 향을 좀더 자세히 느낄 수 있다. 그런 다음 완전히 와인을 삼키면서 마신다. 고급 와인일수록 더 다양한 맛을 지니고 있기 때문에 맛과 향의 미묘한 변화를 감지할 수 있다.

1) 바디(Body)

와인의 무게라고 하며 입안에 머금었을 때 느껴지는 무게감을 의미한다. 예를 들어 저지방 우유인 경우 산뜻한 느낌인 반면 일반 우유는 약간 입안에서 꽉 찬 느낌이 든다. 와인의 바디는 와인에 함유되어 있는 성분의 농도에 의해 정해진다.

① 풀 바디 와인(Full Bodied Wine) : 입 안에서 무겁게 채워주는 듯한 진한 맛으로 오래 숙성시켜 특유의 우아한 향과 부드러운 탄닌의 맛을 제대로 즐길 수 있는 타입의 와인이다.

② 미디엄 바디 와인(Midium Bodied Wine) : 입 안에서 무겁지는 않지만 적절한 무게감을 느낄 수 있는 일반적인 와인이다.

③ 라이트 바디 와인(Light Bodied Wine) : 가볍고 경쾌한 맛을 느낄 수 있는 와인으로 프랑스 보졸레 지역의 와인, 특히 보졸레 누보가 대표적인 라이트 바디 와인이다.

2) 균형(Blance)

이상적 와인은 조화와 균형이 이루어진 와인이라고 하는데 이 말은 탄닌, 산, 단맛, 과일향과 다른 성분의 적절한 배합을 의미한다. 유럽의 북부 한랭지대의 와인은 산이 너무 많아 당분이 부족하기 쉽다. 거꾸로 남부의 극히 더운 지역의 와인은 알코올과 탄닌이 너무 많아 산이 부족한 경향이 있다.

3) 당분(Sweetness)

와인의 당분은 특히 화이트와인의 경우 중요하다. 당분은 일조량, 포도 품종에 따라서도 결정되지만 재배 기술, 발효 기술에 따라서도 달라진다. 주정 강화 와인(포트, 쉐리)의 경우 당을 일부러 첨가하기도 하지만 발효를 중단시켜 당분이 자연스럽게 남게 한다.

4) 산도(Acidity)

산도가 너무 많으면 와인이 날카롭게 느껴진다. 그러나 산도가 부족하면 너무 밋밋하고 향이 오래 지속되지 못하는 단점이 있다. 와인의 신맛을 주도하는 것은 사과산, 젖산(유산), 구연산이다.

5) 탄닌(Tannin)

간혹 산도와 혼동하는 사람도 있지만 탄닌과 산도는 엄연히 다르다. 탄닌은 떫은 맛으로 포도 품종과 일조량, 양조기술, 숙성정도에 따라 달라지며 와인을 숙성, 보호하는데 중요한 역할을 하는 성분이다.

6) 알코올(Alcohol)

알코올은 당분이 이스트의 작용에 의해 생성되는 것으로 와인의 향과 바디를 결정하는 중요한 요소이다.

7) 여운(Finish)

와인을 삼키고 난 후에도 맛이 얼마동안 입 속에 남아 있는데, 이것을 롱 피니쉬(Long finish)라고 한다. 모젤처럼 라이트한 와인은 향기가 좋은데 이것은 빨리 없어져 버린다. 보통 와인은 여운이 오래될수록 고급와인에 가깝다.

4. 와인 테이스팅할 때 주의할 점

① 와인을 테스트할 때는 드라이한 와인으로부터 스위트한 와인을 또한 영(Young)와인에서부터 오래 숙성된 와인을 마셔야 한다.
② 시음자는 공기를 들이마시면서 입안에서 와인을 혀와 점막 위에서 돌리면서 가글하게 되면 입안의 감각 수신체들이 충분히 배어들 수 있게 된다.

5. 테이스팅 용어

와인이 어렵게 느껴지는 가장 큰 원인은 복잡한 테이스팅 용어 때문일 수도 있다. 도저히 와인을 평가한 것이라고는 믿기 어려울 정도로 시적인 언어와 많은 표현들이 존재한다. 역으로 생각하면 그만큼 와인이 섬세하고 복잡한 음료라는 이야기도 된다.

현재 와인에 관한 용어는 이미 200여 개에 달한다. 이 모든 용어를 일반인이 익힌다는 것은 불가능하다. 단지 정해진 몇 가지 기본적인 용어를 익히고 이에 맞춰 자신만의 테이스팅 노트를 작성하면 된다. 와인과 친해지면 친해질수록 노력하지 않아도 멋진 표현들이 저절로 생겨날 것이다.

(1) 색에 의한 테이스팅 용어

투명도(Limpidity), 산도, 탁도	채도(Depth of Color), 양조, 묽기	점성도(Viscosity), 당도, 알코올	색상(Color), 숙성도
cloudy(탁한) bitty(조금 탁한) dull(흐린) clear(맑은) crystal-clear(아주 맑은)	Watery(묽은) Pale(엷은) Medium(중간) Deep(진한) Dark(아주 진한)	Slight Sparkle(약발포성) Watery(묽음) Normal(보통) Heavy(진한) Oily(유질)	WHITE Green Tinge(초록색을띤) Pale Yellow(담황색) Gold Brown(황금색) RED Purple(자줏빛) Purple Red(자줏빛 적색) Red(적색) Red Brown(진한적색)
선명한(star bright), 짚색(straw), 호박색(amber), 황갈색(tawny), 진홍색(ruby), 검붉은색(garnet), 흐릿한(hazy), 불투명한(opaque)			

(2) 맛에 의한 용어

당도(Sweetness)	탄닌(Tannin)	산도(Acidit)	밀도(Body)	뒷맛(Length)	균형(Balance)
Bone Dry (매우 드라이) Dry(드라이) Medium Dry (미디엄드라이) Medium Sweet (미디엄스위트) Very Sweet (매우 스위트)	Astringent (떫은) Hard (하드) Dry (드라이) Soft (소프트)	Flat (산도없음) Refreshing (상쾌한) Marked (꽤나는) Tart (시큼한)	Very Light & Thin (가볍고 엷은) Light (가벼운) Medium (미디엄) Full Bodied (진한) Heavy(아주진한)	Short (짧은) Acceptable (괜찮은) Extended (오래 가는) Lingering (아주 오래남는)	Unbalanced (불균형) Good (좋은) Very well Balanced (균형이 잘 잡힌) Perfect (완전한)
능금 맛(apple), 강렬한 맛(burning), 까막까치밥나무 열매(blackcurrants), 캐러멜 맛(caramel), 밋밋함(dumb), 싱싱한(green), 달콤한 맛(mellow), 금속성 맛(metallic), 곰팡이내 나는(mouldy), 나무 열매의 맛(nutty), 짠 맛(salty), 매끄러운 맛(silky), 향신료 맛(spicy), 싱거운 맛(watery), 쓴 맛(bitter), 흙 맛(earthy), 연약한 맛(flabby)					

(3) 총체적인 평가 용어

조악함(coarse) 열등함(poor) 괜찮음(acceptable) 좋음(fine) 뛰어남(outstanding)	유연한(supple), 정교하고 세련됨(finesse) 우아한(elegance) 조화로운(harmonious) 풍요한(rich) 섬세한(delicate)

제 4 절 와인 서비스

와인을 찾는 고객은 자신이 특별히 선호하는 와인을 요구하기도 하지만, 지배인이나 바텐더에게 도움을 요청하기도 하여 종사원은 사전에 와인 서비스에 대한 충분한 지식을 갖추어 도움을 주어야 한다.

1. 와인병 오픈방법(코르크 따기)

① 코르크 스크류를 사용한다.
코르크 스크류는 나선 모양의 마개 뽑이를 갖고 있고, 병 뚜껑을 따는 장치와 와인 병의 캡슐 제거를 위한 작은칼을 갖추고 있어야 한다.

② 칼을 이용하여 와인병목 캡슐의 볼록한 부분의 아래쪽을 깨끗하게 도려낸다. 이때 가급적이면 와인 병을 돌리지 않도록 한다.

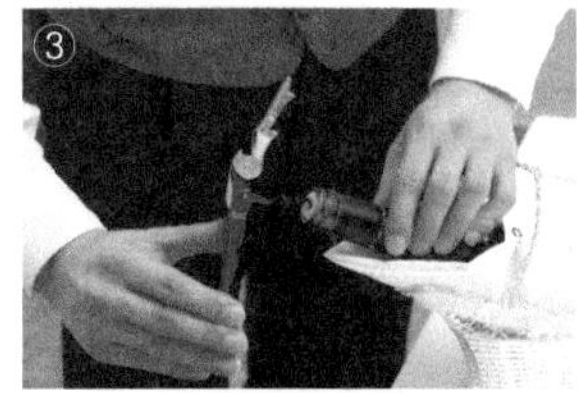

③ 코르크 스크류의 나선 끝 부분을 코르크의 정 중앙 부분에 놓고 천천히 아래 방향으로 돌린다. 이때 코르크 스크류를 너무 깊게 돌려 코르크를 통과하지 않도록 조심한다. (코르크 조각이 와인에 떨어질 수 있다.)

④ 스크류의 지레를 병목 테두리 부분에 걸친 후 반대쪽 손잡이를 천천히 위쪽으로 잡아 당긴다. 이때 코르크가 부서지는 것을 방지하기 위해 수직 방향 위쪽으로 잡아당긴다. 비스듬히 또는 억지로 당기지 않도록 조심한다.

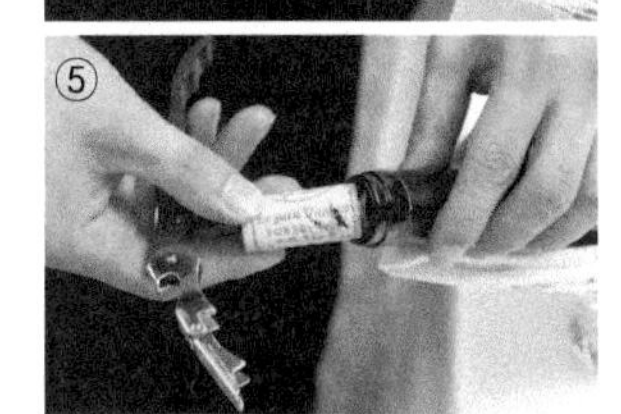

⑤ 코르크를 조심스럽게 뽑아 낸 후 코르크로 병 입구 부분을 깨끗이 닦아낸다. 경우에 따라서는 깨끗한 냅킨으로 닦기도 한다.

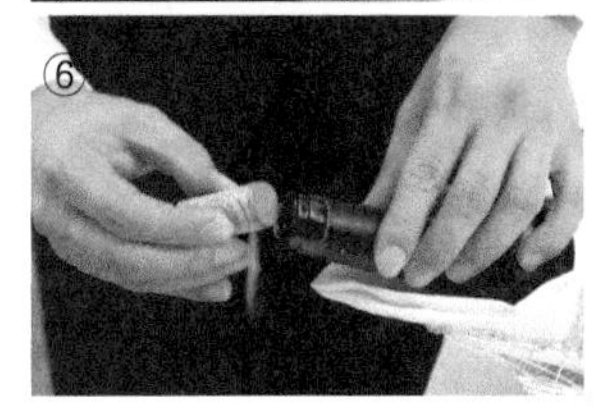

⑥ 와인을 주문한 사람의 와인 잔에 소량(약 50ml)의 와인을 따른다.
시음 후 승인을 얻은 후 다른 손님들에게 와인을 서비스한다. 와인을 글라스의 2/3이상 따르지 않도록 한다.

2. 디켄팅(Decanting)

일반적으로 와인은 전주를 하지 않고 병으로 직접 서브하지만, 연도가 오래된 와인은 침전물이 생긴 것에 대해서 디켄터(decanter)에 옮겨 담아 서브할 수도 있다.

디켄팅은 와인을 마시기 직전 침전물을 와인에서 분리시키는 작업을 의미한다. 6~7년 이상 숙성된 레드와인은 병 안에 붉은 색소와 탄닌 등 자연 침전물이 끼어있을 수 있으며, 이런 침전물이 와인 속에 섞여 있으면 좋지 않은 맛을 내므로 좋은 와인을 마실 때 디켄팅을 하는 것이 일반적이다.

1) 디켄팅 언제 할까?

와인의 숙성도에 따라 다르지만, 일반적으로 서비스하기 30분 전에 하는 것이 좋다. 30분 전에 디캔팅을 하는 것은 와인 부케가 서서히 형성되므로 도중 아주 가벼운 공기와의 접촉에도 섬세하고 날아가기 쉬운 아로마는 금방 약화될 수가 있기 때문에 향의 보존을 위해 식사 직전에 디켄팅 한다.

2) 디켄팅 순서

① 먼저 병을 흔들지 않으면서 코르크 마개를 딴다.
② 디켄터에 와인을 조금 흘려 넣은 뒤 헹구어서 술 냄새가 배이도록 한다.
③ 왼손은 디켄터를 잡고, 오른손은 와인 병을 잡은 후 와인 병의 어깨쯤에 촛불의 불꽃이 비치도록 촛불을 위치하여 놓는다.
④ 그 다음 한 손에는 병을 들고 와인을 디켄터의 내부 벽을 타고 흘러내리도록 하면서 조심스럽게 옮겨 담는다.

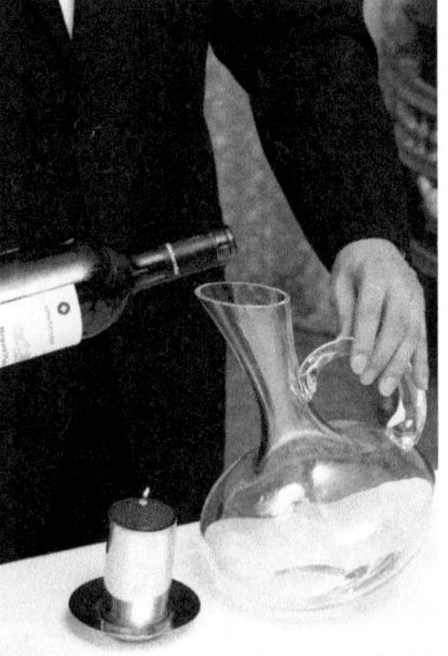

⑤ 촛불을 켜서 병목 반대편 아래쪽에 놓아두면 찌꺼기가 병목 쪽으로 흘러들어 오는 것을 쉽게 발견할 수가 있다.
⑥ 찌꺼기가 디켄터 안으로 흘러 들어가지 않도록 잘 살피다가 침전물이 발견되면 빠른 동작으로 병을 일으켜 중지한다.

3) 디켄터 종류

3. 와인 서비스

1) 와인서비스 적정온도

사람이 체형마다 옷을 달리 입는 것처럼 와인 역시 마시기 전 갖춰야 할 점이 있다. 와인의 맛과 향을 제대로 즐기기 위해서는 각 와인마다 적절한

온도에서 서브되어야 한다.

일반적으로 레드와인은 실온에 보관된 상태에서, 화이트와인은 약간 차갑게 마시는 것이 좋다고 알려져 있다. 와인에 따라 서비스 온도를 달리하는 것이 귀찮고 번거로운 일일 수도 있지만 조금만 신경 쓴다면 맛있게 와인을 즐길 수 있다.

① 16℃~18℃ : 무겁고 중후한 맛이 나는 레드와인
(보르도, 부르고뉴, 바롤로 지역 와인)

② 13℃~15℃ : 중간 정도의 무겁고 중후한 맛이 나는 레드와인
(론 와인, 보졸레, 알자스, 키안티 와인)

③ 10℃~13℃ : 가벼운 맛의 적포도주와 로제와인
(샤블리, 무스까데, 알자스 리스링, 로제와인)

④ 7℃~10℃ : 화이트와인 서빙 온도
(– 꼬뜨 뒤 프로방스, 따벨, 부르고뉴의 화이트와인)

⑤ 4℃~6℃ : 샴페인과 발포성 와인(스파클링 와인)

2) 와인 서비스 순서

① 와인 바스켓(wine basket)에 라벨이 보이도록 와인 병을 눕혀 놓고 주문한 와인의 라벨을 보여 준다.

② 스크류 나이프로 병목 주위를 돌려가면서 호일을 절단한다.

③ 병의 호일을 제거한다.

④ 병목 주위를 서비스 냅킨으로 깨끗이 닦는다.

⑤ 코르크 마개 중앙에 코르크 스크류를 꽂는다.

⑥ 왼손은 병목을 부드럽게 잡고, 오른손으로 천천히 코르크 스크류를 돌린다.

⑦ 병 입술에 코르크 스크류 받침대를 걸쳐 놓는다.

⑧ 코르크 마개가 거의 빠져 나오도록 코르크 스크류를 잡아 올린다.

⑨ 손을 이용하여 코르크 마개를 완전히 빼낸다.

⑩ 병 입술을 서비스 냅킨으로 깨끗하게 닦는다.

⑪ 와인 바스켓에 라벨이 보이도록 와인병을 놓고 호스트(host)가 시음을

할 수 있도록 서빙한다.

⑫ 호스트의 승낙이 있으면 바스켓에서 와인병을 꺼내 서빙한다.

3) 와인 서비스 기물

(1) 코르크 스크류 종류

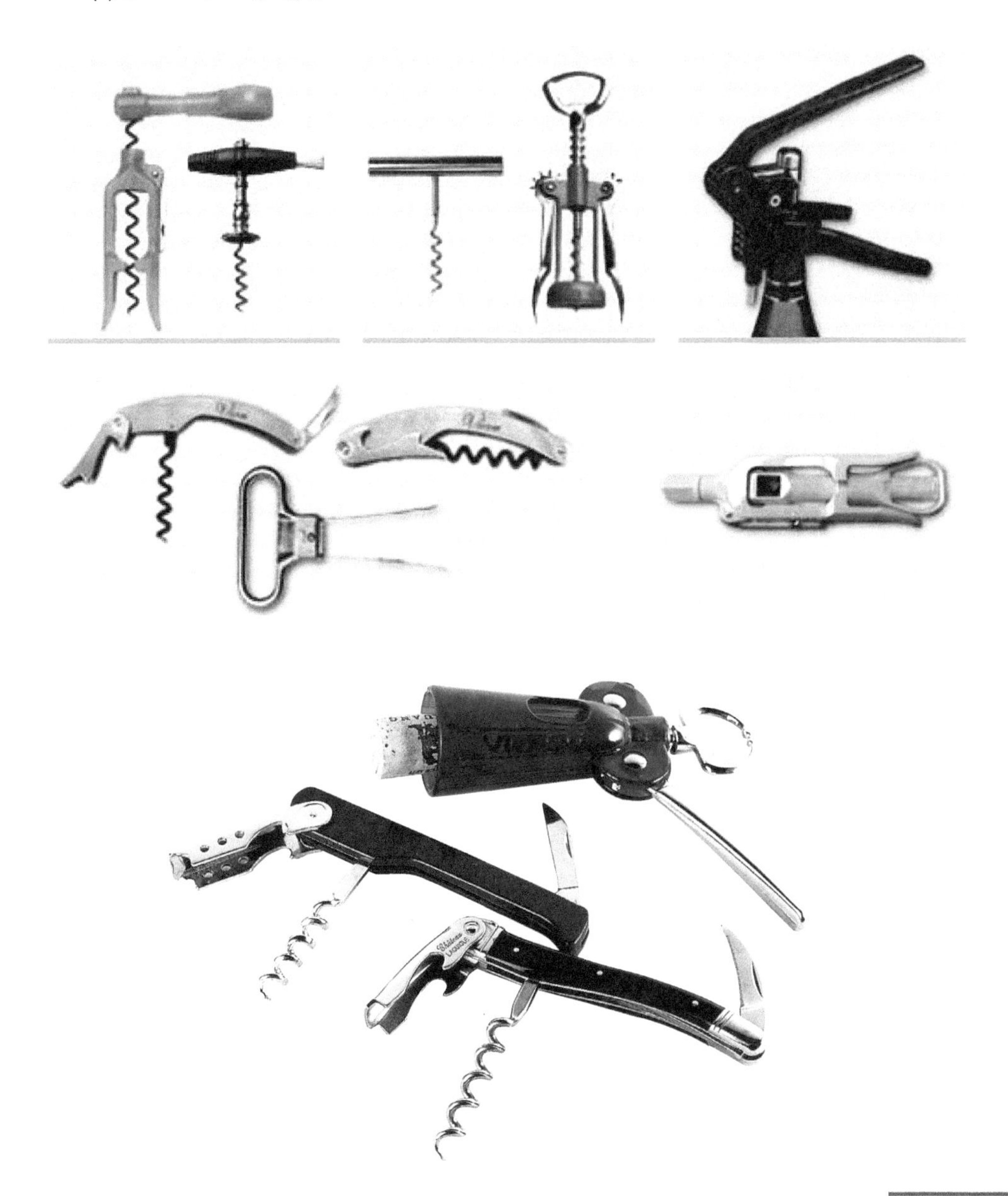

(2) 테이스뱅, 와인 쿨러, 와인 바스켓

(3) 와인 글라스

와인을 글라스에 따르면 와인의 온도가 1~3℃ 정도가 상승한다. 따라서 와인 글라스는 얇을수록 좋으며, 두꺼운 글라스는 냉장고에 미리 적당한 온도로 낮추어 두는 것이 좋다.

와인 한 잔의 기준은 4온스(120ml)이므로 와인 글라스의 용량은 6온스 이상이 좋다. 고급와인은 향을 즐기기 위해 10온스 이상의 큰 글라스를 사용하기도 한다. 일반적으로 화이트와인은 온도가 올라가지 않도록 작은 글라스에 따라 빨리 마시지만, 레드와인은 큰 글라스에 많이 따라 놓고 서서히 마시므로 용량이 더 크다. 샴페인은 폭이 좁고 기어 기포가 빨리 사라지지 않는 플루트(flute)형이 좋다.

제 5 절 와인 라벨 읽기와 보관요령

1. 와인 라벨 읽는 법

1) 프랑스 와인의 라벨 읽는 법

(1) AOC급 와인

① 원산지 명칭 : 원산지는 그 와인에 사용된 포도가 재배된 지역을 의미한다. 예시된 라벨처럼 보르도일 수도 있고 보르도의 뽀므롤처럼 세부지역으로 표기할 수도 있다. 프랑스의 AOC등급 와인의 경우 포도 품종을 따로 표기하지 않는다. 원산지에 따라 품종을 엄격하게 통제하기 때문에 원산지의 명칭만 봐도 어떤 품종인지 대략 알 수 있다.

② AOC 급 와인임을 표기 : 프랑스는 원산지를 통제하기 때문에 반드시 기입해야 한다. 와인 등급에 관한 자세한 설명은 세계 와인 산지에서 자세히 볼 수 있다.

③ 와인 병입자의 이름과 주소 : 이 와인의 경우 바롱 필립 드 로칠드사가 와인을 병입했다는 것이 표시되어 있다. 와인에 따라서는 7번에 표기된 제조업체와 와인 병입자가 다를 수도 있다.

④ 용기내의 와인 순용량 : 일반적인 Bottle은 75cl(750ml의 프랑스식 표기)이지만 375ml의 미니 와인도 있으며, 1.5리터의 경우 매그넘(Magnum), 3리터는 제로보암(Jeroboam)이라고 칭하기도 한다.

⑤ 알코올 도수

⑥ 브랜드 네임 : 상품의 이름을 나타내며 이 상품의 이름은 무똥 까데이다.

⑦ 제조업체 : 소유주의 주소 무똥 까데를 만든 바롱 필립 드 로칠드사의 주소가 기재되어 있다.

⑧ 병입장소 : 포도원에서 직접 병입한 경우도 있지만 와인에 따라 생산자의 주소와 병입장소가 다를 수 있다.

⑨ 원료 : 포도의 수확 년도 빈티지를 의미하고 와인 병입 년도와는 다르다. 기후가 좋았던 빈티지 년도에 따라 와인 가격이 달라지기도 한다.

⑩ 생산국가 : 와인을 생산한 국가를 표기한다.

(2) 지역등급 와인(Vin de pays)

• 의무기재사항

① Vin de Pays 뒤에 생산지역 명칭 표기 : 지역에 따라 다른 특징을 지니고 있기 때문에 표기한다. 이 와인은 랑그독 지역에서 생산된 포도를 원료로 사용한다.
② 와인 병입자의 이름과 주소
③ 용기내의 와인 순용량
④ 알코올 도수
⑤ 원료 포도의 수확 년도(vintage)
⑥ 원료 포도의 품종 이름 : AOC등급과 달리 뱅 드 뻬이급에는 포도 품종을 명시한다.
⑦ 생산국가

(3) 테이블 와인(Vin de table)

• 의무기재사항

① Vin de Table 뒤에 프랑스 국명 표기 : EC 내의 타국산 원료를 사용할시 이름 명기한다.
② 와인 병입자의 이름과 주소
③ 용기내의 와인 용량
④ 알코올 도수
⑤ 상표
⑥ 생산국가

프랑스 와인의 새로운 등급(2009년 8월 1일부터 발효)

AOP : Appellation d'Origine Protegee (원산지 보호 지정)
(아뻴라씨옹 도리진 프로테제)
기존의 AOC와 VDQS가 합쳐진 것
* 와이너리 랜덤 방문과 와인의 품질 무작위 심사

IGP : Indication Geographique Protegee (지리적 표시 보호)
(인디카씨옹 제오그라피크 프로테제)

기존의 VDP급을 대체
* 15%의 다른 빈티지 와인 혹은 다른 품종의 블렌딩 허용

SIG : Sans Indication Geographique (지리적 표시 없음)
(상스 인디카씨옹 제오그라피크)
기존의 VDT급을 대체합니다. 거의 규제가 없는 품계입니다.
* 수확량 제한 없음 * 품종, 재배법 제한 없음
* 오크칩을 이용한 양조법 허용

2) 독일 와인의 라벨 읽는 법

① 생산국가
② 포도 생산지역 : 독일에는 13개 와인 생산지역이 있다.
③ 빈티지
④ 등급 : 독일에서는 타펠바인(Tafelwein), 란트바인(Landwein)이 가장 대중적인 와인이며, 이보다 한 단계 높은 품질등급이 QbA. 독일 와인의 65%가 이 등급에 해당된다. QbA보다 한 단계 높은 품질 등급은 QmP급으로 최고급 와인이다.
⑤ 공식 품질 관리번호 : 타펠바인이나 란트 바인에는 붙이지 않는다.
⑥ 알코올 함량
⑦ 용량

3) 이탈리아 와인의 라벨 읽는 법

① 상표(브랜드) : 생산자 이름이나 포도원 명칭이 주로 사용된다.
② 포도 재배 지역 : 토스카나의 볼게리에서 제조되었음을 나타낸다.
③ 등급 : 이탈리아 와인 등급 중 DOC등급임을 나타낸다. 이탈리아에서는 DOCG급이 고급이지만 사시까야의 경우 DOC등급에도 불구하고 세계 100대 와인에 들 정도로 명주이다.

④ 빈티지
⑤ 병입지 : 현지에서 생산자가 직접 병입 했다는 표시
⑥ 생산회사의 이름 및 소재지
⑦ 알코올 함유량
⑧ 용량

4) 미국(캘리포니아) 와인의 라벨 읽는 법

① 상표(브랜드) : 캔달잭슨처럼 소유주의 이름을 쓰는 경우도 있으나 대개 포도원 명칭을 사용한다.
② 빈티지 : 빈티지가 표기되면 포도의 95% 이상이 명시된 해에 재배된 것을 의미한다.
③ 생산지 : 캘리포니아를 상표에 명시하기 위해서는 포도 100%가 캘리포니아에서 수확되어야 한다. 연방정부에서 지정한 포도 재배 지역(AVA : American Approved Viticultural Area)을 사용하려면 와인에 사용된 포도 품종 85%가 그 지역에서 수확되어야 한다.
④ 포도 품종 : 미국의 경우 고급 와인은 버라이어털(Varietal, '품종의'란 뜻) 와인으로 분류되는데, 포도 품종 자체를 상표에 표기하는 것이 특징이다. 다만 그 품종이 반드시 75% 이상 와인 생산에 사용되어야만 한다. 이 와인의 경우 샤르도네 품종이 75% 이상 들어간 것이다.
⑤ 알코올 함유량

5) 호주 와인의 라벨 읽는 법

① 와인 회사명
② 상표(브랜드) : 포도원 명칭, 생산자이름
③ 포도 품종
④ 빈티지
⑤ 생산 국가

2. 와인 보관 요령

좋은 와인이 완전히 숙성할 때까지 잘 보관한다는 것은 투자의 측면에서도 아주 중요하다. 와인은 살아있는 유기물이기 때문에 시간, 온도, 빛, 움직임에 따라 잘 변하는 성격을 가지고 있기 때문이다. 따라서 와인의 보관요령을 잘 파악하여 보관하는 것이 바람직하다.

1) 와인이 가장 좋아하는 환경

(1) 온도

온도가 변하지 않는 상태에서 지속적으로 15℃ 정도(적어도 5~18도 사이)가 이상적이다. 와인의 온도가 너무 낮으면 숙성이 제대로 되지 않는다. 또한 한번이라도 와인의 온도가 20℃ 이상 올라간 적이 있다면 그 와인은 오랜 기간 동안 숙성시키기에는 적절하지 못하다.

(2) 빛

완전히 어두운 상태가 최고다. 빛은 와인의 성분에 영향을 미칠 수 있다.

(3) 이동/진동

와인의 잦은 이동이나 흔들림은 좋지 않다.

(4) 습도

콜크 마개가 와인과 항상 접촉해 있는 한은 특별히 걱정할 것이 없다. 만약 그렇지 않다면 가습기를 넣어서 습도 조절을 해야 한다.

(5) 와인의 위치

와인은 콜크가 습기를 가질 수 있도록 항상 한쪽으로만 비스듬히 눕혀

두는 것이 좋다. 이런 방법은 수년간 와인을 저장하는 동안 콜크가 너무 물러지지 않도록 해준다.

2) 와인 보관 방법

와인을 보관하려는 위치와 예산에 따라 여러 가지 방법을 취할 수 있다.

(1) 단지 선반을 이용하는 방법

만약에 주변의 거주 환경이 일년 내내 일정한 온도를 유지한다면 아주 좋은 환경을 갖고 있는 것이다. 구멍을(동굴처럼) 파거나 조그만 방이나 캐비닛에 넣을 수 있는 선반을 만들거나 구매를 한다. 한 가지 유념해야 할 것은 그 장소가 어둡고 흔들리지 않는 곳이어야 한다.

▲와인을 보관하는 진열대

(2) 냉장 장치

와인을 수집하기 위해서 조그만 방이나 큰 장을 가지려면 전용 냉장고를 사는 것이 좋다. 다양한 용량과 공간을 위한 모델들이 있으며, 저장 공간을 일정한 온도와 약간의 진동이 있는 상태로 유지될 것이다.

(3) 와인 쿨러나 캐비닛

이 방법은 거창한 와인 저장고를 만들지 않고 저장할 수 있는 방법이다. 트란스템(Transtherm)과 비슷한 모델들이 많은데 이러한 것들은 한정된 공간으로 인해 일단 와인을 수집하게 되면 새로 하나 더 사는 경우가 많다.

(4) 오래된 냉장고를 개조한다.

오래된 냉장고를 와인 캐비닛으로 만드는 것은 가능하지만 이런 경우 직접 손을 보아야 할 일들이 생긴다. 먼저 냉장고의 온도를 일정하게 유지시킬 수 있어야 한다. 그래서 냉장고가 이미 정해놓은 온도에 자동으로 조절되게 해야 한다.

(5) 상업용 냉장고

상업용 냉장고는 너무 차고 진동이 심하므로 이것은 마지막 방법이다. 와인을 냉장실에 저장하지만 기본적으로 냉장고는 온도가 낮아서 숙성 속도를 늦추게 한다. 다른 말로는 완전 숙성을 기대하지 말기 바란다. 그렇기 때문에 냉장고에 넣기 전에 어느 정도 어두운 컵 보드에 보관하기 바란다(6개월을 넘기지 말 것). 그리고 나서 냉장고에 넣기 바란다. 와인을 타올에 싸서 넣으면 너무 차가워지는 것을 방지할 수 있다.

(6) 짧은 기간 보관할 때

와인 병을 따고 나서 다 마실 수 없을 경우에 와인을 그냥 두면 산화가 되어 버린다. 빨리 마셔 버리는 것이 좋다. 만약에 다 마실 수 없다면 하루 정도는 콜크 마개로 잘 막아서 냉장고에 보관을 하고 3~7일(와인에 따라 다름) 정도 보관해야 한다면 와인병 안의 공기를 빼내서 진공 상태로 보관해야 한다. 재미있는 것은 이러한 조건에 3~4일 정도 보관된 어떤 특정 와인들은(와인에 따라 다르겠지만) 훨씬 더 좋은 맛을 준다는 것이다.

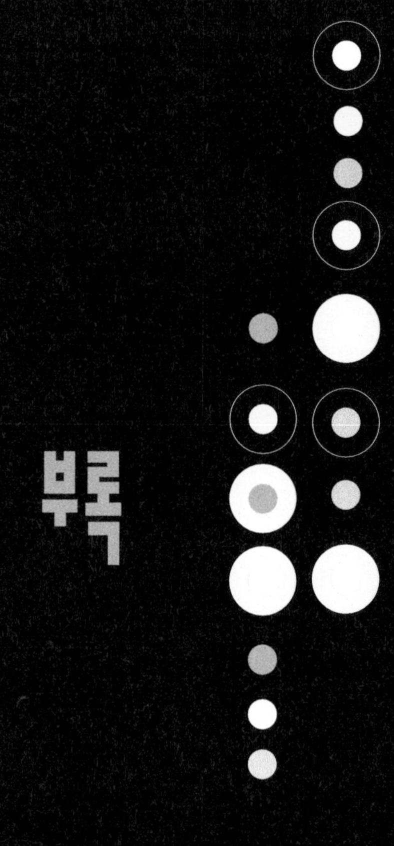

부록

Cocktail

국가기술자격 실기시험 채점기준표(조주기능사 2급)

자격종목	조주기능사
과제명	칵테일

1. 채점상 유의사항

1. 공정별 채점이며 채점기준표와 표준레시피를 준수하여 채점합니다.
2. 감독위원 2인은 사전에 협의하여 제1감독위원은 일련번호 1~5(배점52점), 제2감독위원은 일련번호 6~8(배점48점)을 채점합니다.
3. 추첨번호별 시험진행표에 의거하여 수험생이 번호 '1'을 뽑으면 추첨번호 1란의 각 기법별로 1개씩 과제를 감독위원이 임의로 선정하여 수험생 1인당 3가지 칵테일을 만들도록 합니다.(ex: Stinger, Tom Colllins, Anger's Kiss 선정)
4. 단, 재료를 감안하여 지급된 재료내에서 가능한 칵테일을 선정합니다.

2. 채점기준표

주요 항목	항목 번호	세부 항목	배점	항목별 채점방법	조주법별로 구분하여 개별 채점 (단, 개인위행 항목은 총괄)											
					Shaking			Building			Stirring			Floating		
칵테일 조주	1	개인위생	10점	– 상 : 두발 및 복장상태가 위생적이며 작업 전 손을 씻는 경우 10점 – 중 : 작업 전 손을 씻으나 두발과 복장상태 중 한 가지 요소가 다소 불량한 경우 5점 – 하 : 두발상태가 불량하고(작업에 방해가 될 정도의 긴 머리를 묶지 않는 등) 복장상태가 비위생적인 경우, 손톱에 매니큐어를 칠한 경우, 손에 과다한 악세사리를 착용하여 작업에 방해가 되는 경우, 작업 전에 손을 씻지 않는 경우 0점												
	2	글라스의 선택	6점 (3가지 작품× 각2점)	– 글라스를 작품에 맞게 선택하면 2점 – 글라스 선택이 틀리면 0점 (글라스의 냉각이 필요한 작품의 경우, 냉각을 하지 않으면 해당항목 0)	2	–	0	2	–	0	2	–	0	2	–	0
	3	주재료 (base)의 선택	15점 (3가지 작품× 각5점)	– 주재료 선택을 맞게하면 5점 – 틀리면 0점 **★ 3가지 과제의 합계가 0이면(3가지 칵테일의 주재료 선택이 모두 잘못되면) 오작(실격) ★**	5	–	0	5	–	0	5	–	0	5	–	0
	4	부재료 선택 및 준비	6점 (3가지 작품× 각2점)	– 부재료의 선택 및 준비를 숙련되게 하는 정도에 따라 2, 1, 0 (부재료 : 주재료를 제외한 음료류, 오렌지, 레몬 등의 슬라이스, 스노우 스타일 등)	2	1	0	2	1	0	2	1	0	2	1	0
	5	표준레시피 준수	15점 (3가지 작품× 각5점)	– 표준레시피와 일치하면 5점 – 표준레시피와 일치하지 않으나 작품특성에서 벗어나지 않는 정도로 틀린 경우 3점 – 재료를 지나치게 많이 사용하거나 적게 사용하는 경우, (작품특성에서 벗어날 정도로 틀린 경우 0점)	5	3	0	5	3	0	5	3	0	5	3	0

주요 항목	항목 번호	세부 항목	배점	항목별 채점방법	조주법별로 구분하여 개별 채점											
					Shaking			Building			Stirring			Floating		
칵테일 조주방법	6	조주법	30점 (3가지 작품× 각10점)	– Shaking : 세이커안에 얼음, 주재료, 부재료를 넣고 세이커 안의 내용물이 잘 섞이도록 세이킹을 10~15회 정도 한 후 글라스에 안정되고 위생적으로 따르면 10점, 세이킹 횟수가 적거나 세이킬 동작이 조금 어색하면 5점, 세이킹 동작이 미숙하면 0점 – Building : 글라스에 얼음, 주재료, 부재료를 넣고 바스푼으로 능숙하게 저으면 10점, 동작이 조금 어색하면 5점, 동작이 미숙하면 0점 – Stirring : 믹싱글라스에 얼음, 주재료, 부재료를 넣고 바스푼으로 저어 혼합한 후 스트레이너를 사용하여 글라스에 안정되고 위생적으로 따르면 10점, 세이커바디를 사용하거나 동작이 조금 어색하면 5점, 동작이 미숙하면 0점 – Floating : 글라스에 비중이 큰 재료부터 바스푼을 활용하여 넣어 층을 쌓으면 10점, 층이 약간 섞이고 동작이 조금 어색하면 5점, 층이 많이 섞이고 동작이 미숙하면 0점 ※ Shake/Build인 경우 Stir를 하지 않으면 5점	10	5	0	10	5	0	10	5	0	10	5	0
	7	기구를 다루는 숙련도	9점 (3가지 작품× 각3점)	– 세이커, 지거, 스트레이너, 바스푼 등의 각종 칵테일 기구를 숙련되게 다루며 위생적으로 관리하면 3점 – 숙련도가 다소 떨어지면 2점 – 미숙하면 0점	3	2	0	3	2	0	3	2	0	3	2	0
	8	서비스	9점 (3가지 작품× 각3점)	– 서비스를 능숙하게 하면 3점 – 글라스 림 부위를 손으로 잡을 경우, 서브할 때 글라스를 들지 않고 바닥으로 끌어 서빙하는 경우 0점 – 정리 · 정돈 상태가 양호하지 못한 경우 0점 **★ 7분내에 3가지 칵테일 중 1가지라도 제출하지 못하면 미완성(실격) ★**	3	–	0	3	–	0	3	–	0	3	–	0

조주기능사 필기문제

2013년 1회

1. 혼성주(Componded Liquor)에 대한 설명 중 틀린 것은?
   가. 칵테일 제조나 식후주로 사용된다.
   나. 발효주에 초근목피의 침출물을 혼합하여 만든다.
   다. 색채, 향기, 감미, 알코올의 조화가 잘 된 술이다.
   라. 혼성주는 고대 그리스 시대에 약용으로 사용되었다.

2. 커피의 향미를 평가하는 순서로 가장 적합한 것은?
   가. 미각(맛) → 후각(향기) → 촉각(입안의 느낌)
   나. 색 → 촉각(입안의 느낌) → 미각(맛)
   다. 촉각(입안의 느낌) → 미각(맛) → 후각(향기)
   라. 후각(향기) → 미각(맛) → 촉각(입안의 느낌)

3. 다음 중 혼성주에 해당되는 것은?
   가. Beer　　나. Drambuie
   다. Olmeca　　라. Grave

4. 블렌디드(Blended) 위스키가 아닌 것은?
   가. Chivas Regal 18년　　나. Glenfiddich 15년
   다. Royal Salute 21년　　라. Dimple 12년

5. 증류주(Distilled Liquor)에 포함되지 않는 것은?
   가. 위스키(Whisky)　　나. 맥주(Beer)
   다. 브랜디(Brandy)　　라. 럼(Rum)

6. 리큐르(liqueur)가 아닌 것은?
   가. Benedictine　　나. Anisette
   다. Augier　　라. Absinthe

7. 브랜디(Brandy)와 코냑(Cognac)에 대한 설명으로 옳은 것은?
   가. 브랜디와 코냑은 재료의 성질에 차이가 있다.
   나. 코냑은 프랑스의 코냑지방에서 만들었다.
   다. 코냑은 브랜디를 보관 연도별로 구분한 것이다.
   라. 브랜디와 코냑은 내용물의 알코올 함량에 차이가 크다.

8. American Whiskey가 아닌 것은?
   가. Jim Beam　　나. Wild Turkey
   다. Jameson　　라. Jack Daniel

9. 우리나라의 고유한 술 중 증류주에 속하는 것은?
   가. 경주법주　　나. 동동주
   다. 문배주　　라. 백세주

10. 다음 중 그 종류가 다른 하나는?
    가. Vienna coffee　　나. Cappuccino coffee
    다. Espresso coffee　　라. Irish coffee

11. 독일의 리슬링(Riesling)와인에 대한 설명으로 틀린 것은?
    가. 독일의 대표적 와인이다.
    나. 살구향, 사과향 등의 과실향이 주로 난다.
    다. 대부분 무감미 와인(Dry Wine)이다.
    라. 다른 나라 와인에 비해 비교적 알코올 도수가 낮다.

12. 와인을 막고 있는 코르크가 곰팡이에 오염되어 와인의 맛이 변하는 것으로 와인에서 종이 박스 향취, 곰팡이냄새 등이 나는 것을 의미하는 현상은?
    가. 네고시앙(negociant)
    나. 부쇼네(bouchonne)
    다. 귀부병(noble rot)
    라. 부케(bouquet)

13. 브랜디의 제조공정에서 증류한 브랜디를 열탕소독 한White Oak Barrel에 담기 전에 무엇을 채워 유해한 색소나 이물질을 제거하는가?
    가. Beer　　나. Gin
    다. Red Wine　　라. White Wine

14. 탄산음료의 CO_2에 대한 설명으로 틀린 것은?
    가. 미생물의 발육을 억제한다.
    나. 향기의 변화를 예방한다.

다. 단맛과 부드러운 맛을 부여한다.
라. 청량감과 시원한 느낌을 준다.

15. 차의 분류가 옳게 연결된 것은?
가. 발효차 - 얼그레이 나. 불발효차 - 보이차
다. 반발효차 - 녹차 라. 후발효차 - 자스민

16. 셰리의 숙성 중 솔레라(solera) 시스템에 대한 설명으로 옳은 것은?
가. 소량씩의 반자동 블렌딩 방식이다.
나. 영(young)한 와인보다 숙성된 와인을 채워주는 방식이다.
다. 빈티지 셰리를 만들 때 사용한다.
라. 주정을 채워 주는 방식이다.

17. 다음 중 상면발효 맥주에 해당하는 것은?
가. Lager Beer 나. Porter Beer
다. Pilsner Beer 라. Dortmunder Beer

18. 럼(Rum)의 주원료는?
가. 대맥(Rye)과 보리(Barley)
나. 사탕수수(sugar cane)와 당밀(molasses)
다. 꿀(Honey)
라. 쌀(Rice)과 옥수수(Corn)

19. 리큐르(Liqueur)의 제조법과 가장 거리가 먼 것은?
가. 블렌딩법(Blending)
나. 침출법(Infusion)
다. 증류법(Distillation)
라. 에센스법(Essence process)

20. 다음에서 설명하는 프랑스의 기후는?

- 연평균 기온 11~12.5℃ 사이의 온화한 기후로 걸프스트림이라는 바닷바람의 영향을 받는다.
- 보르도, 코냑, 알마냑 지방 등에 영향을 준다.

가. 대서양 기후 나. 내륙성 기후
다. 지중해성 기후 라. 대륙성 기후

21. 와인 양조 시 1%의 알콜을 만들기 위해 약 몇 그램의 당분이 필요한가?
가. 1g /L 나. 10g / L
다. 16.5g / L 라. 20.5g / L

22. 와인 테이스팅의 표현으로 가장 부적합한 것은?
가. Moldy(몰디) - 곰팡이가 낀 과일이나 나무 냄새
나. Raisiny(레이즈니) - 건포도나 과숙한 포도 냄새
다. Woody(우디) - 마른 풀이나 꽃 냄새
라. Corky(코르키) - 곰팡이 낀 코르크 냄새

23. 저온 살균되어 저장 가능한 맥주는?
가. Draught Beer 나. Unpasteurized Beer
다. Draft Beer 라. Lager Beer

24. 토닉 워터(tonic water)에 대한 설명으로 틀린 것은?
가. 무색투명한 음료이다.
나. Gin과 혼합하여 즐겨 마신다.
다. 식욕증진과 원기를 회복시키는 강장제 음료이다.
라. 주로 구연산, 감미료, 커피 향을 첨가하여 만든다.

25. 다음에서 설명하는 것은?

- 북유럽 스칸디나비아 지방의 특산주로 어원은 '생명의 물'이라는 라틴어에서 온 말이다.
- 제조과정은 먼저 감자를 익혀서 으깬 감자와 맥아를 당화, 발효시켜 증류시킨다.
- 연속증류기로 95%의 고농도 알코올을 얻은 다음 물로 희석하고 회향초 씨나, 박하, 오렌지 껍질 등 여러 가지 종류의 허브로 향기를 착향시킨 술이다.

가. 보드카(Vodka) 나. 럼(Rum)
다. 아쿠아비트(Aquavit) 라. 브랜디(Brandy)

26. 다음의 설명에 해당하는 혼성주를 옳게 연결한 것은?

① 멕시코산 커피를 주원료로 하여 Cocoa, Vanilla 향을 첨가해서 만든 혼성주이다.
② 야생오얏을 진에 첨가해서 만든 빨간색의 혼성주이다.
③ 이탈리아의 국민주로 제조법은 각종 식물의 뿌리, 씨, 향초, 껍질 등 70여 가지의 재료로 만들어지며 제조 기간은 45일이 걸리다.

가. ① 샤르뜨뢰즈(Chartreuse), ② 시나(Cynar),

③ 캄파리(Campari)
나. ① 파샤(Pasha), ② 슬로우 진(Sloe Gin), ③ 캄파리(Campari)
다. ① 깔루아(Kahlua), ② 시나(Cynar), ③ 캄파리(Campari)
라. ① 깔루아(Kahlua), ② 슬로우 진(Sloe Gin), ③ 캄파리(Campari)

27. 생강을 주원료로 만든 탄산음료는?
가. Soda Water 나. Tonic Water
다. Perrier Water 라. Ginger Ale

28. 민속주 중 모주(母酒)에 대한 설명으로 틀린 것은?
가. 조선 광해군 때 인목대비의 어머니가 빚었던 술이라고 알려져 있다.
나. 증류해서 만든 제주도의 대표적인 민속주이다.
다. 막걸리에 한약재를 넣고 끓인 해장술이다.
라. 계피가루를 넣어 먹는다.

29. 와인을 분류하는 방법의 연결이 틀린 것은?
가. 스파클링 와인 - 알코올 유무
나. 드라이 와인 - 맛
다. 아페리티프 와인 - 식사용도
라. 로제 와인 - 색깔

30. 감미 와인(Sweet Wine)을 만드는 방법이 아닌 것은?
가. 귀부포도(Noble rot Grape)를 사용하는 방법
나. 발효 도중 알코올을 강화하는 방법
다. 발효 시 설탕을 첨가하는 방법(Chaptalization)
라. 햇빛에 말린 포도를 사용하는 방법

31. 뜨거운 물 또는 차가운 물에 설탕과 술을 넣어서 만든 칵테일은?
가. toddy 나. punch
다. sour 라. sling

32. 믹싱글라스(Mixing Glass)에서 제조된 칵테일을 잔에 따를 때 사용하는 기물은?
가. Measure Cup 나. Bottle Holder
다. strainer 라. Ice Bucket

33. Portable Bar에 포함되지 않는 것은?
가. Room Service Bar 나. Banquet Bar
다. Catering Bar 라. Western Bar

34. 와인은 병에 침전물이 가라앉았을 때 이 침전물이 글라스에 같이 따라지는 것을 방지하기 위해 사용하는 도구는?
가. 와인 바스켓 나. 와인 디켄터
다. 와인 버켓 라. 코르크스크류

35. 다음 중 바텐더의 직무가 아닌 것은?
가. 글라스류 및 칵테일용 기물을 세척 정돈한다.
나. 바텐더는 여러 가지 종류의 와인에 대하여 충분한 지식을 가지고 서비스를 한다.
다. 고객이 바 카운터에 있을 때는 바텐더는 항상 서서 있어야 한다.
라. 호텔 내외에서 거행되는 파티도 돕는다.

36. 생맥주(Draft Beer) 취급요령 중 틀린 것은?
가. 2~3℃의 온도를 유지할 수 있는 저장시설을 갖추어야한다.
나. 술통 속의 압력은 12~14 pound로 일정하게 유지해야한다.
다. 신선도를 유지하기 위해 입고 순서와 관계없이 좋은 상태의 것을 먼저 사용한다.
라. 글라스에 서비스할 때 3~4℃정도의 온도가 유지 되어야 한다.

37. 바 카운터의 요건으로 가장 거리가 먼 것은?
가. 카운터의 높이는 1~1.5m 정도가 적당하며 너무 높아서는 안 된다.
나. 카운터는 넓을수록 좋다.
다. 작업대(Working board)는 카운터 뒤에 수평으로 부착시켜야 한다.
라. 카운터 표면은 잘 닦여지는 재료로 되어 있어야 한다.

38. 싱가폴 슬링(Singapore Sling) 칵테일의 재료로 적합하지 않은 것은?
가. 드라이 진(Dry Gin)
나. 체리브랜디(Cherry-Flavored Brandy)
다. 레몬쥬스(Lemon Juice)
라. 토닉워터(Tonic Water)

39. 주장(Bar)에서 기물의 취급방법으로 틀린 것은?
가. 금이 간 접시나 글라스는 규정에 따라 폐기한다.
나. 은기물은 은기물 전용 세척액에 오래 담가두어야 한다.
다. 크리스털 글라스는 가능한 손으로 세척한다.
라. 식기는 같은 종류별로 보관하며 너무 많이 쌓아두지 않는다.

40. 저장관리원칙과 가장 거리가 먼 것은?
가. 저장위치 표시 나. 분류저장
다. 품질보전 라. 매상증진

41. 와인의 빈티지(Vintage)가 의미하는 것은?
가. 포도주의 판매 유효 연도
나. 포도의 수확 년도
다. 포도의 품종
라. 포도주의 도수

42. 스파클링 와인(Sparkling Wine) 서비스 방법으로 틀린 것은?
가. 병을 천천히 돌리면서 천천히 코르크가 빠지게 한다.
나. 반드시 '뻥' 하는 소리가 나게 신경 써서 개봉한다.
다. 상표가 보이게 하여 테이블에 놓여있는 글라스에 천천히 넘치지 않게 따른다.
라. 오랫동안 거품을 간직할 수 있는 풀루트(Flute)형 잔에 따른다.

43. 주장(Bar)에서 주문받는 방법으로 옳지 않은 것은?
가. 가능한 빨리 주문을 받는다.
나. 분위기나 계절에 어울리는 음료를 추천한다.
다. 추가 주문은 잔이 비었을 때에 받는다.
라. 시간이 걸리더라도 구체적이고 명확하게 주문받는다.

44. 칵테일글라스를 잡는 부위로 옳은 것은?
가. Rim 나. Stem
다. Body 라. Bottom

45. 쿨러(cooler)의 종류에 해당되지 않는 것은?
가. Jigger cooler 나. Cup cooler
다. Beer cooler 라. Wine cooler

46. 다음 중 소믈리에(Sommelier)의 역할로 틀린 것은?
가. 손님의 취향과 음식과의 조화, 예산 등에 따라 와인을 추천한다.
나. 주문한 와인은 먼저 여성에게 우선적으로 와인 병의 상표를 보여주며 주문한 와인임을 확인시켜 준다.
다. 시음 후 여성부터 차례로 와인을 따르고 마지막에 그 날의 호스트에게 와인을 따라준다.
라. 코르크 마개를 열고 주빈에게 코르크 마개를 보여주면서 시큼하고 이상한 냄새가 나지 않는지, 코르크가 잘 젖어있는지를 확인시킨다.

47. 다음 시럽 중 나머지 셋과 특징이 다른 것은?
가. grenadine syrup 나. can sugar syrup
다. simple syrup 라. plain syrup

48. 맨하탄 칵테일(Manhattan Cocktail)의 가니시(Garnish)로 옳은 것은?
가. Cocktail Olive 나. Pearl Onion
다. Lemon 라. Cherry

49. 바(Bar) 작업대와 가터레일(Gutter Rail)의 시설 위치로 옳은 것은?
가. Bartender 정면에 시설되게 하고 높이는 술 붓는 것을 고객이 볼 수 있는 위치
나. Bartender 후면에 시설되게 하고 높이는 술 붓는 것을 고객이 볼 수 없는 위치
다. Bartender 우측에 시설되게 하고 높이는 술 붓는 것을 고객이 볼 수 있는 위치
라. Bartender 좌측에 시설되게 하고 높이는 술 붓는 것을 고객이 볼 수 없는 위치

50. 와인의 마개로 사용되는 코르크 마개의 특성으로 가장 거리가 먼 것은?
가. 온도변화에 민감하다.
나. 코르크 참나무의 외피로 만든다.
다. 신축성이 뛰어나다.
라. 밀폐성이 있다.

51. What is an alternative form of "I beg your pardon?"?
가. Excuse me 나. Wait for me
다. I'd like to know 라. Let me see

52. 다음 중 밑줄 친 change가 나머지 셋과 다른 의미로 쓰인 것은?
    가. Do you have Change for a dollar?
    나. Keep the change.
    다. I need some change for the bus.
    라. Let's try a new restaurant for a change.

53. 다음 (   ) 안에 적합한 것은?

> Are you interested in (   )?

가. make cocktail　　나. made cocktail
다. making cocktail　　라. a making cocktail

54. Which is the most famous orange flavored cognac liqueur?
    가. Grand Marnier　　나. Drambuie
    다. Cherry Heering　　라. Galliano

55. Which of the following is not fermented liquor?
    가. Aquavit　　나. Wine
    다. Sake　　라. Toddy

56. Which is the correct one as a base of bloody Mary in the following?
    가. Gin　　나. Rum
    다. Vodka　　라. Tequila

57. (   ) 안에 알맞은 것은?

> (   ) is a spirits made by distilling wines or fermented mash of fruit.

가. Liqueur　　나. Bitter
다. Brandy　　라. Champagne

58. (   ) 안에 적합한 것은?

> A Bartender must (   ) his helpers, waiters and waitress. He must also (   ) various kinds of records, such as stock control, inventory, daily sales report, purchasing report and so on.

가. take, manage　　나. supervise, handle
다. respect, deal　　라. manage, careful

59. 다음 (   ) 안에 적합한 것은?

> A bartender should be (   ) with the English names of all stores of liquors and mixed drinks.

가. familiar　　나. warm
다. use　　라. accustom

60. Which country does Campari come from?
    가. Scotland　　나. America
    다. Fran　　라. Italy

1	2	3	4	5	6	7	8	9	10
나	라	나	나	나	다	나	다	다	라
11	12	13	14	15	16	17	18	19	20
다	나	라	다	가	가	나	나	가	가
21	22	23	24	25	26	27	28	29	30
다	다	라	라	다	라	라	나	가	다
31	32	33	34	35	36	37	38	39	40
가	다	라	나	다	다	나	라	나	라
41	42	43	44	45	46	47	48	49	50
나	나	다	나	가	나	가	라	가	가
51	52	53	54	55	56	57	58	59	60
가	라	다	가	가	다	다	나	가	라

2013년 2회

1. 잭 다니엘(Jack Daniel)과 버번위스키(Bourbon Whiskey)의 차이점은?
   가. 옥수수 사용 여부
   나. 단풍나무 숯을 이용한 여과 과정의 유무
   다. 내부를 불로 그을린 오크통에서 숙성시키는지의 여부
   라. 미국에서 생산되는지의 여부

2. 하이볼 글라스에 위스키 (40도) 1온스와 맥주(4도) 7온스를 혼합하면 알코올 도수는?
   가. 약 6.5도　　나. 약 7.5도
   다. 약 8.5도　　라. 약 9.5도

3. 다음에서 설명하고 있는 것은?

키니네, 레몬, 라임 등 여러 가지 향료 식물 원료로 만들며, 열대지방 사람들의 식용증진과 원기를 회복시키는 강장제 음료이다.

   가. Cola　　나. Soda Water
   다. Ginger Ale　　라. Tonic Water

4. 다음 주류 중 주재료로 곡식(Grain)을 사용할 수 없는 것은?
   가. Whisky　　나. Gin
   다. Rum　　라. Vodka

5. 다음 중 아이리쉬 위스키(Irish Whisky)는?
   가. John Jameson　　나. Old Forester
   다. Old Parr　　라. Imperial

6. 스카치위스키를 기주로 하여 만들어진 리큐르는?
   가. 샤트루즈　　나. 드람부이
   다. 꼬앙뜨로　　라. 베네딕틴

7. 커피에 대한 설명으로 가장 거리가 먼 것은?
   가. 아라비카종의 원산지는 에티오피아이다.
   나. 초기에는 약용으로 사용되기도 했다.
   다. 발효와 숙성과정을 거쳐 만들어진다.
   라. 카페인이 중추신경을 자극하여 피로감을 없애준다.

8. 맥주(beer) 양조용 보리로 가장 거리가 먼 것은?
   가. 껍질이 얇고, 담황색을 하고 윤택이 있는 것
   나. 알맹이가 고르고 95% 이상의 발아율이 있는 것
   다. 수분 함유량은 10% 내외로 잘 건조된 것
   라. 단백질이 많은 것

9. 술과 체이서(Chaser)의 연결이 어울리지 않는 것은?
   가. 위스키 - 광천수　　나. 진 - 토닉워터
   다. 보드카 - 시드르　　라. 럼 - 오렌지 주스

10. 다음 중 호크 와인(Hock Wine)이란?
    가. 독일 라인산 화이트 와인
    나. 프랑스 버건디산 화이트 와인
    다. 스페인 호크하임엘산 레드 와인
    라. 이탈리아 피에몬테산 레드 와인

11. 버번위스키 (Bourbon Whiskey)는 Corn 재료를 약 몇 % 이상 사용하는가?
    가. Corn 0.1%　　나. Corn 12%
    다. Corn 20%　　라. Corn 51%

12. Ginger Ale에 대한 설명 중 틀린 것은?
    가. 생강의 향을 함유한 소다수이다.
    나. 알코올 성분이 포함된 영양음료이다.
    다. 식욕증진이나 소화제로 효과가 있다.
    라. Gin이나 Brandy와 조주하여 마시기도 한다.

13. 스카치위스키(Scotch Whisky)의 유명상표와 거리가 먼 것은?
    가. 발렌타인(Ballantine's)
    나. 커티 샥(Cutty Sark)
    다. 올드 파(Old Parr)
    라. 크라운 로얄(Crown Royal)

14. 포도 품종의 그린 수확(Green Harvest)에 대한 설명으로 옳은 것은?
    가. 수확량을 제한하기 위한 수확
    나. 청포도 품종 수확
    다. 완숙한 최고의 포도 수확
    라. 포도원의 잡초 제거

15. Tequia에 대한 설명으로 틀린 것은?
    가. Agave tequiliana 종으로 만든다.
    나. Tequila는 멕시코 전 지역에서 생산된다.

다. Reposado는 1년 이하 숙성시킨 것이다.
라. Anejo는 1년 이상 숙성시킨 것이다.

16. 다음 중 증류주에 속하는 것은?
가. Beer 나. Sweet Vermouth
다. Dry Sherry 라. Cognac

17. Malt Whisky 제조순서를 올바르게 나열한 것은?

1. 보리(2조 보리) 2. 침맥 3. 건조(피트) 4. 분쇄 5. 당화 6. 발효 7. 증류(단식증류) 8. 숙성 9. 병입

가. 1-2-3-4-5-6-7-8-9 나. 1-3-2-4-5-6-7-8-9
다. 1-3-2-4-6-5-7-8-9 라. 1-2-3-4-6-5-7-8-9

18. 시대별 전통주의 연결로 틀린 것은?
가. 한산소곡주 - 백제시대
나. 두견주 - 고려시대
다. 칠선주 - 신라시대
라. 백세주 - 조선시대

19. 다음 중 싱글 몰트 위스키로 옳은 것은?
가. Johnnie Walker 나. Ballantine
다. Glenfiddich 라. Bell's Special

20. 음료에 함유된 성분이 잘못 연결된 것은?
가. Tonic Water - Quinine(Kinine)
나. Kahlua - Chocolate
다. Ginger Ale - Ginger Flavor
라. Collins Mixer - Lemon Juice

21. 풀케(pulque)를 증류해서 만든 술은?
가. Rum 나. Vodka
다. Tequila 라. Aquavit

22. 다음에서 설명되는 약용주는?

충남 서북부 해안지방의 전통 민속주로 고려 개국공신 복지겸이 백약이 무효인 병을 앓고 있을 때 백일기도 끝에 터득한 비법에 따라 찹쌀, 아미산의 진달래, 안샘물로 빚은 술을 마심으로 병을 고쳤다는 신비의 전설과 함께 전해 내려온다.

가. 두견주 나. 송순주
다. 문배주 라. 백세주

23. 다음 품목 중 청량음료에 속하는 것은?
가. 탄산수(Sparkling Water)
나. 생맥주(Draft Beer)
다. 톰 칼린스(Tom Collins)
라. 진 휘즈(Gin Fizz)

24. 음료류와 주류에 대한 설명으로 틀린 것은?
가. 맥주에서는 메탄올이 전혀 검출 되어서는 안 된다.
나. 탄산음료는 탄산가스 압이 0.5kg/㎠ 인 것을 말한다.
다. 탁주는 전분질 원료와 국을 주원료로 하여 술덧을 혼탁하게 제성한 것을 말한다.
라. 과일, 채소류 음료에는 보존료로 안식향산을 사용할 수 있다.

25. Red Wine의 품종이 아닌 것은?
가. Malbec 나. Cabernet Saubignon
다. Riesling 라. Cabernet franc

26. 진(Gin)의 설명으로 틀린 것은?
가. 진의 원산지는 네덜란드다.
나. 진은 프란시크루스 실비우스에 의해 만들어 졌다.
다. 진의 원료는 과일에다 jniper berry를 혼합하여 만들었다.
라. 소나무 향이 나는 것이 특징이다.

27. 다음 중 각국 와인의 설명이 잘못된 것은?
가. 모든 와인생산 국가는 의무적으로 와인의 등급을 표기해야 한다.
나. 프랑스는 와인의 Terroir를 강조한다.
다. 스페인과 포르투갈에서는 강화와인도 생산한다.
라. 독일은 기후의 영향으로 White wine의 생산량이 Red wine보다 많다.

28. 다음 리큐르(Liqueur)중 그 용도가 다른 하나는?
가. 드람뷔이(Drambuie)
나. 갈리아노(Gllaiano)
다. 시나(Cynar)
라. 꼬앙트루(Cointreau)

29. 다음 Whiskyd의 설명 중 틀린 것은?
가. 어원은 aqua vitae가 변한 말로 생명의 물이란 뜻이다.
나. 등급은 V.O, V.S.O.P, X.O등으로 나누어 진다.
다. Canadian Whisky에는 Canadian Club, Seagram's V.O, Crown Royal 등이 있다.
라. 증류 방법은 Pot Still과 Patent Sill이다.

30. 다음 중 셰리를 숙성하기에 가장 적합한 곳은?
가. 솔레라(Solera)　나. 보데가(Bodega)
다. 꺄브(Cave)　라. 프로(Flor)

31. 조주를 하는 목적과 거리가 가장 먼 것은?
가. 술과 술을 섞어서 두 가지 향의 배합으로 색다른 맛을 얻을 수 있다.
나. 술과 소프트드링크 혼합으로 좀 더 부드럽게 마실 수 있다.
다. 술과 기타 부재료를 가미하여 좀 더 독특한 맛과 향을 창출해 낼 수 있다.
라. 원가를 줄여서 이익을 극대화 할 수 있다.

32. 다음 중 휘젓기(Stirring) 기법으로 만드는 칵테일이 아닌 것은?
가. Manhattan　나. Martini
다. Gibson　라. Gimlet

33. 바(Bar)에서 사용하는 Wine Decanter의 용도는?
가. 테이블용 얼음 용기
나. 포도주를 제공하는 유리병
다. 펀치를 만들 때 사용하는 화채 그릇
라. 포도주병 하나를 눕혀 놓을 수 있는 바구니

34. 주장(Bar)을 의미하는 것이 아닌 것은?
가. 주류를 중심으로 한 음료 판매가 가능한 일정시설을 갖추어 판매하는 공간
나. 고객과 바텐더 사이에 놓인 널판을 의미
다. 주문과 서브가 이루어지는 고객들의 이용 장소
라. 조리 가능한 시설을 갖추어 음료와 식사를 제공하는 장소

35. 위생적인 주류 취급방법 중 틀린 것은?
가. 먼지가 많은 양주는 깨끗이 닦아 Setting한다.
나. 백포도주의 적정냉각온도는 실온이다.
다. 사용한 주류는 항상 뚜껑을 닫아 둔다.
라. 창고에 보관할 때는 Bin Card를 작성한다.

36. 바텐더가 지켜야 할 규칙사항으로 가장 적합한 것은?
가. 고객이 바 카운터에 있으면 앉아서 대기해야 한다.
나. 고객이 권하는 술은 고마움을 표시하고 받아 마신다.
다. 매출을 위해서 고객에게 고가의 술을 강요한다.
라. 근무 중에는 금주와 금연을 원칙으로 한다.

37. 표준 레시피(Standard Recipes)를 설정하는 목적에 대한 설명 중 틀린 것은?
가. 품질과 맛의 계속적인 유지
나. 특정인에 대한 의존도를 높임
다. 표준 조주법 이용으로 노무비 절감에 기여
라. 원가계산을 위한 기초 제공

38. Onion 장식을 하는 칵테일은?
가. Margarita　나. Martini
다. Rob roy　라. Gibson

39. Strainer의 설명으로 가장 적합한 것은?
가. Mixing Glass와 함께 Stir기법에 사용한다.
나. 재료를 저을 때 사용한다.
다. 혼합하기 힘든 재료를 섞을 때 사용한다.
라. 재료의 용량을 측정할 때 사용한다.

40. 칵테일의 기본 5대 요소와 거리가 가장 먼 것은?
가. Decoration(장식)　나. Method(방법)
다. Glass(잔)　라. Flavor(향)

41. 다음 중 High ball glass를 사용하는 칵테일은?
가. 마가리타(Margarita)
나. 키르 로열(Kir Royal)
다. 씨 브리즈(Sea breeze)
라. 블루 하와이(Blue Hawaii)

42. (A), (B), (C)에 들어갈 말을 순서대로 나열한 것은?

> (A)는 프랑스어의 (B)에서 유래된 말로 고객과 바텐더 사이에 가로질러진 널판을 (C)라고 하던 개념이 현재에 와서는 술을 파는 식당을 총칭하는 의미로 사용되고 있다.

가. Flair, Bariere, Bar

나. Bar, Bariere, Bar
다. Bar, Bariere, Bartender
라. Flair, Bariere, Bartender

43. 칵테일 주조 시 각종 주류와 부재료를 재는 표준용량 계량기는?
가. Hand shaker 나. Mixing Glass
다. Squeezer 라. Jigger

44. 연회용 메뉴 계획 시 에피타이저 코스 주류로 알맞은 것은?
가. cordials 나. port wine
다. dry sherry 라. cream sherry

45. 바(bar)에서 하는 일과 가장 거리가 먼 것은?
가. Store에서 음료를 수령한다.
나. Appetizer를 만든다.
다. Bar Stool을 정리한다.
라. 음료 Cost 관리를 한다.

46. 주장의 캡틴 (Bar Captain)에 대한 설명으로 틀린 것은?
가. 영업을 지휘 · 통제한다.
나. 서비스 준비사항과 구성인원을 점검한다.
다. 지배인을 보좌하고 업장 내의 관리업무를 수행한다.
라. 고객으로부터 직접 주문을 받고 서비스 등을 지시한다.

47. 주장관리에서 핵심적인 원가의 3요소는?
가. 재료비, 인건비, 주장경비
나. 세금, 봉사료, 인건비
다. 인건비, 주세, 재료비
라. 재료비, 세금, 주장경비

48. 식사 중 여러 가지 와인을 서빙시 적합한 방법이 아닌 것은?
가. 화이트 와인은 레드 와인보다 먼저 서비스한다.
나. 드라이 와인을 스위트 와인보다 먼저 서비스한다.
다. 마시 가벼운 와인을 맞이 중후한 와인보다 먼저 서비스한다.
라. 숙성기간이 오래된 와인을 숙성기간이 짧은 와인보다 먼저 서비스한다.

49. 주장의 영업 허가가 되는 근거 법률은?
가. 외식업법 나. 음식업법
다. 식품위생법 라. 주세법

50. 글라스 세척 시 알맞은 세제와 세척순서로 짝지어진 것은?
가. 산성세제 - 더운물 - 찬물
나. 중성세제 - 찬물 - 더운물
다. 산성세제 - 찬물 - 더운물
라. 중성세제 - 더운물 - 찬물

51. Which is the liquor made by the rind of grape in Italy?
가. Marc 나. Grappa
다. Ouzo 라. Pisco

52. 다음에서 설명하는 혼성주로 옳은 것은?

> The elixir of "perfect love" is a sweet, perfumed liqueur with hints of flowers, spices, and fruit, and a mauve color that apparently had great appeal to women in the nineteenth century.

가. triple sec 나. Peter heering
다. parfait Amour 라. Southern comfort

53. 다음 ( )안에 알맞은 단어와 아래의 상황 후 Jenny가 Kate에게 할 말의 연결로 가장 적합한 것은?

> Jenny comes back with a magnum and glasses carried by a barman. She sets the glasses while the barman opens the bottle. There is a loud "( )" and the cork hits kate who jumps up with a cry. The champagne spills all over the carpet.

가. peep - Good luck to you
나. ouch - I am sorry to hear that.
다. tut - How awful!
라. pop - I am very sorry. I do hope you are not hurt

54. Table wine에 대한 설명으로 틀린 것은?

가. It is a wine term which is used in two different meanings in different countries : to signify a wine style and as a quality level with on wine classification.

나. In the United Stated, it is primarily used as a designation of a wine style, and refers to "ordinary wine", which is neither fortified nor sparkling.

다. In the EU wine regulations, it is used for the higher of two overall quality.

라. It is fairly cheap wine that is drunk with meals.

55. 다음 B에 가장 적합한 대답은?

> A : What do you do for living?
> B : ____________________

가. I'm writing a letter to my mother.

나. I can't decide.

다. I work for a bank.

라. Yes, thank you.

56. 다음 (   )안에 알맞은 것은?

> (   ) is distilled spirits from the fermented juice of sugarcane or other sugarcane by-products.

가. whisky　　나. vodka

다. gin　　라. rum

57. Which is the best term used for the preparing of daily products?

가. Bar Purchaser　　나. Par Stock

다. Inventory　　라. Order Slip

58. 다음 (   )안에 가장 적합한 것은?

> May I have (   ) coffee, please?

가. some　　나. many

다. to　　라. only

59. 다음은 무엇을 만들기 위한 과정인가?

> 1. First, take the cocktail shaker and half fill it with broken ice, then add one ounce of lime juice
> 2. After that put in one and a half ounce of rum and one tea spoon of powdered sugar.
> 3. Then shake it well and pass it through a strainer into a cocktail glass.

가. Bacardi　　나. Cuba Libre

다. Blue Hawaiian　　라. Daiquiri

60. Which is correc to serve wine?

가. When pouring, make sure to touch the bottle to the glass.

나. Before the host has acknowledged and approved his selection, open the bottle.

다. All white, roses, and sparkling wines are chilled. Red wine is served at room temperature.

라. The bottle of wine doesn't need to be presented to the host for verifying the bottle he or she ordered.

1	2	3	4	5	6	7	8	9	10
나	다	라	다	가	나	다	라	다	가
11	12	13	14	15	16	17	18	19	20
라	나	라	가	나	라	가	다	다	나
21	22	23	24	25	26	27	28	29	30
다	가	가	가	다	다	가	다	나	나
31	32	33	34	35	36	37	38	39	40
라	라	나	라	나	라	나	라	가	나
41	42	43	44	45	46	47	48	49	50
다	나	라	다	나	가	가	라	다	라
51	52	53	54	55	56	57	58	59	60
나	다	라	다	다	라	나	가	라	다

2013년 4회

1과목 • 주류학개론 (30문제)

1. 다음 중 양조주에 대한 설명이 옳지 않은 것은?
가. 맥주, 와인 등이 이에 속한다.
나. 증류주와 혼서주의 제조원료가 되기도 한다.
다. 보존기간이 비교적 짧고 유통기간이 있는 것이 많다.
라. 발효주라고도 하며 알코올발효는 효모에 의해서만 이루어진다.

2. 양조주의 설명으로 맞지 않는 것은?
가. 주로 과일이나 곡물을 발효하여 만든 술이다.
나. 단발효주, 복발효주 2가지 방법이 있다.
다. 양조주의 알코올 함유량은 대략 25%이상이다.
라. 발효하는 과정에서 당분이 효모에 의해 물, 에틸알코올, 이산화탄소가 발생한다.

3. 다음 중 증류주가 아닌 것은?
가. 보드카(vodka) 나. 샴페인(champagne)
다. 진(gin) 라. 럼(rum)

4. 단식 증류법(pot still)의 장점이 아닌 것은?
가. 대량생산이 가능하다.
나. 원료의 맛을 잘 살리 수 있다.
다. 좋은 향을 잘 살릴 수 있다.
라. 시설비가 적게 든다.

5. 음료에 관한 설명으로 틀린 것은?
가. 음료는 크게 알콜성 음료와 비알콜성 음료로 구분된다.
나. 알콜성 음료는 양조주, 증류주, 혼성주로 분류된다.
다. 커피는 영양음료로 분류된다.
라. 발효주에는 탁주, 와인, 청주, 맥주 등이 있다.

6. 탄산음료에서 탄산가스의 역할이 아닌 것은?
가. 당분 분해 나. 미생물의 발효 저지
다. 향기의 변화 보호 라. 청량감 부여

7. 다음 중 과실음료가 아닌 것은?
가. 토마토 주스 나. 천연과즙주스
다. 희석과즙음료 라. 과립과즙음료

8. 호남의 명주로서 부드럽게 취하고 뒤끝이 깨끗하여 우리의 고유한 전통술로 정평이 나있고, 쌀로 빚은 30도의 소주에 배, 생강, 울금 등 한약재를 넣어 숙성시킨 약주에 해당하는 민속주는?
가. 이강주 나. 춘향주
다. 국화주 라. 복분자주

9. 다음 민속주 중 약주가 아닌 것은?
가. 한산 소곡주 나. 경주 교동 법주
다. 아산 연엽주 라. 진도 홍주

10. 다음 중 의미가 다른 것은?
가. 섹(Sec) 나. 두(Doux)
다. 둘체(Dulce) 라. 스위트(Sweet)

11. 독일의 스파클링 와인(Sparkling wine)은?
가. 젝트 나. 로트바인
다. 로제바인 라. 바이스바인

12. 독일의 QmP 와인등급 6단계에 속하지 않는 것은?
가. 라트바인 나. 카비네트
다. 슈페트레제 라. 아우스레제

13. 다음 중 이탈리아 와인 등급 표시로 맞는 것은?
가. A.O.C 나. D.O
다. D.O.C.G 라. QbA

14. Sherry wine의 원산지는?
가. Bordeaux 지방 나. Xeres 지방
다. Rhine 지방 라. Hockheim 지방

15. 다음 중 White wine 품종은?
가. Sangiovese 나. Nebbiolo
다. Barbera 라. Muscadelle

16. 빈티지(Vintage)란 무엇을 뜻하는가?
가. 포도주의 이름 나. 포도주의 수확년도
다. 포도주의 원산지명 라. 포도의 품종

17. 브랜디의 설명으로 틀린 것은?
가. 브랜딩하여 제조한다.
나. 향미가 좋아 식전주로 주로 마신다.
다. 유명산지는 꼬냑과 아르마냑이다.
라. 과실을 주원료로 사용하는 모든 증류주에 이 명칭을 사용한다.

18. 가장 오랫동안 숙성한 브랜디(Brandy)는?

가. V.O. 나. V.S.O.P
다. X.O. 라. EXTRA

19. 프리미엄 테킬라의 원료는?

가. 아가베 아메리카나 나. 아가베 아즐 데킬라나
다. 아가베 시럽 라. 아가베 아트로비렌스

20. 다음 중 버번위스키(bourbon whiskey)는?

가. Ballantine's 나. I. W. Harper's
다. Lord Calvert 라. Old Bushmills

21. 슬로우 진(sloe gin)의 설명 중 옳은 것은?

가. 증류주의 일종이며, 진(gin)의 종류이다.
나. 보드카(vodka)에 그레나딘 시럽을 첨가한 것이다.
다. 아주 천천히 분위기 있게 먹는 칵테일이다.
라. 오얏나무 열매 성분을 진(gin)에 첨가한 것이다.

22. 저먼 진(German gin)이라고 일컬어지는 Spirits 는?

가. 아쿠아비트(Aquavit)
나. 스타인헤거(Steinhager)
다. 키르슈(Kirsch)
라. 후람보아즈(Framboise)

23. 에스프레소의 커피추출이 빨리 되는 원인이 아닌 것은?

가. 약한 탬핑 강도 나. 너무 많은 커피 사용
다. 높은 펌프 압력 라. 너무 굵은 분쇄입자

24. 콘 위스키(corn whiskey)란?

가. 50%이상 옥수수가 포함된 것
나. 옥수수 50%, 호밀 50% 섞인 것
다. 80% 이상 옥수수가 포함된 것
라. 40% 이상 옥수수가 포함된 것

25. Straight Whisky에 대한 설명으로 틀린 것은?

가. 스코틀랜드에서 생산되는 위스키이다.
나. 버번위스키, 콘 위스키 등이 이에 속한다.
다. 원료곡물 중 한 가지를 51% 이상 사용해야 한다.
라. 오크통에서 2년 이상 숙성시켜야 한다.

26. quavit에 대한 설명으로 틀린 것은?

가. 감자를 맥아로 당화시켜 발효하여 만든다.
나. 알코올 농도는 40~45%이다.
다. 엷은 노란색을 띄는 것을 taffel이라고 한다.
라. 북유럽에서 만드는 증류주이다.

27. 생강을 주원료로 만든 것은?

가. 진저엘 나. 토닉워터
다. 소다수 라. 칼린스 믹서

28. 다음 중 리큐르(Liqueur)는 어느 것인가?

가. 버건디(Burgundy)
나. 드라이 쉐리(Dry sherry)
다. 꼬앵뜨로(Cointreau)
라. 베르무트(Vermouth)

29. 다음 중 하면발효맥주에 해당 되는 것은?

가. Stout Beer 나. Porter Beer
다. Pilsner Beer 라. Ale Beer

30. 다음 중 알코올성 커피는?

가. 카페 로얄(Cafe Royale)
나. 비엔나 커피(Vienna Coffee)
다. 데미타세 커피(Demi-Tasse Coffee)
라. 카페오레(Cafe au Lait)

2과목 • **주장관리개론** (20문제)

31. 주장(bar) 경영에서 의미하는 "happy hour"를 올바르게 설명한 것은?

가. 가격할인 판매시간
나. 연말연시 축하 이벤트 시간
다. 주말의 특별행사 시간
라. 단골고객 사은 행사

32. 다음 중 주장 관리의 의의에 해당되지 않는 것은?

가. 원가관리 나. 매상관리
다. 재고관리 라. 예약관리

33. 주장(bar)의 핵심점검표 사항 중 영업에 관련한 법규상의 문제와 관계가 가장 먼 것은?

가. 소방 및 방화사항 나. 예산집행에 관한 사항
다. 면허 및 허가사항 라. 위생 점검 필요사항

34. 주장의 시설에 대한 설명으로 잘못된 것은?
가. 주장은 크게 프런트 바(front bar), 백 바(back bar), 언더 바(under bar)로 구분된다.
나. 프런트 바(front bar)는 바텐더와 고객이 마주보고 서브하고 서빙을 받는 바를 말한다.
다. 백 바(back bar)는 칵테일용으로 쓰이는 술의 저장 및 전시를 위한 공간이다.
라. 언더 바(under bar)는 바텐더 허리 아래의 공간으로 휴지통이나 빈병 등을 둔다.

35. 구매관리와 관련된 원칙에 대한 설명으로 옳은 것은?
가. 나중에 반입된 저장품부터 소비한다.
나. 한꺼번에 많이 구매한다.
다. 공급업자와의 유대관계를 고려하여 검수 과정은 생략한다.
라. 저장창고의 크기, 호텔의 재무상태, 음료의 회전을 고려하여 구매한다.

36. 영업을 폐점하고 남은 물량을 품목별로 재고조사하는 것을 무엇이라 하는가?
가. daily issue　나. inventory management
다. par stock　라. FIFO

37. 호텔에서 호텔홍보, 판매촉진 등 특별한 접대 목적으로 일부를 무료로 제공하는 것은?
가. Complaint　나. Complimentary Service
다. F/O Cashier　라. Out of Order

38. 다음 중 주장 종사원(waiter/waitress)의 주요 임무는?
가. 고객이 사용한 김ㄹ과 빈 잔을 세척한다.
나. 칵테일의 부재료를 준비한다.
다. 창고에서 주장(bar)에서 필요한 물품을 보급한다.
라. 고객에게 주문을 받고 주문받은 음료를 제공한다.

39. Bar 종사원의 올바른 태도가 아닌 것은?
가. 영업장내에서 동료들과 좋은 인간관계를 유지하다.
나. 항상 예의 바르고 분명한 언어와 태도로 고객을 대한다.
다. 고객과 정치성이 강한 대화를 주로 나눈다.
라. 손님에게 지나친 주문을 요구하지 않는다.

40. 바텐더(bartender)의 직무에 관한 설명으로 가장 거리가 먼 것은?
가. 바 카운터 내의 청결, 정리정돈 등을 수시로 해야 한다.
나. 파 스탁(par stock)에 준한 보급수령을 해야 한다.
다. 각종 기계 및 기구의 작동상태를 점검해야 한다.
라. 조주는 바텐더 자신의 기준이나 아이디어에 따라 제조해야 한다.

41. 바텐더의 영업 개시 전 준비사항이 아닌 것은?
가. 모든 부재료를 점검한다.
나. White wine을 상온에 보관하고 판매한다.
다. Juice 종류는 다양한지 확인한다.
라. 칵테일 네프킨과 코스터를 준비한다.

42. 다음 중 세이커(shaker)를 사용하여야 하는 칵테일은?
가. 브랜디 알렉산더(Brandy Alexander)
나. 드라이 마티니(Dry Martini)
다. 올드 패션드(Old fashioned)
라. 크렘드 망뜨 프라페(Creme de menthe frappe)

43. 칵테일을 컵에 따를 때 얼음이 들어가지 않도록 걸러주는 기구는?
가. Shaker　나. strainer
다. stick　라. blender

44. Hot drinks cocktail이 아닌 것은?
가. God Father　나. Irish Coffee
다. Jamaica Coffee　라. Tom and Jerry

45. 위스키가 기주로 쓰이지 않는 칵테일은?
가. 뉴욕(New York)
나. 로브 로이(Rob Roy)
다. 맨하탄(Manhattan)
라. 블랙러시안(Black Russian)

46. 다음 중 mixing glass의 설명으로 옳은 것은?
가. 칵테일 조주 시에 사용되는 글라스의 총칭이다.
나. Stir 기법에 사용하는 기물이다.
다. 믹서기에 부착된 혼합용기를 말한다.
라. 칵테일 혼합되는 과일을 으깰 때 사용한다.

47. 1 Jigger에 대한 설명 중 틀린 것은?
가. 1 Jigger 는 45mL이다.

나. 1 Jigger 는 1.5 once이다
다. 1 Jigger 는 1 gallon 이다.
라. 1 Jigger 는 칵테일 제조 시 많이 사용된다.

48. 주스류(juice)의 보관 방법으로 가장 적절한 것은?
가. 캔 주스는 냉동실에 보관한다.
나. 한번 오픈한 주스는 상온에 보관한다.
다. 열기가 많고 햇볕이 드는 곳에 보관한다.
라. 캔 주스는 오픈한 후 유리그릇, 플라스틱 용기에 담아서 냉장 보관한다.

49. 음료저장관리 방법 중 FIFO의 원칙을 적용하기에 가장 적합한 술은?
가. 위스키 나. 맥주
다. 브랜디 라. 진

50. 음료 저장 방법에 관한 설명 중 옳지 않은 것은?
가. 포도주병은 눕혀서 코르크 마개가 항상 젖어 있도록 저장한다.
나. 살균된 맥주는 출고 후 약 3개월 정도는 실온에서 저장할 수 있다.
다. 적포도주는 미리 냉장고에 저장하여 충분히 냉각시킨 후 바로 제공한다.
라. 양조주는 선입선출법에 의해 저장, 관리한다.

3과목 · 고객서비스영어 (10문제)

51. Which one is made with ginger and sugar?
가. Tonic water 나. Ginger ale
다. Sprite 라. Collins mix

52. Which one is the cocktail containing Creme de Cassis and white wine?
가. Kir 나. Kir royal
다. Kir imperial 라. King Alfonso

53. 다음의 ( )안에 들어갈 적합한 것은?

( ) whisky is a whisky which is distilled and produced ant just one particular distillery.
( )s are made entirely from one type of malted grain, traditionally barley, which is cultivated in the region of the distillery.

가. grain 나. blended
다. single malt 라. bourbon

54. 다음은 커피와 관련한 어떤 과정을 설명한 것인가?

The heating process that releases all the potential flavors locked in green beans.

가. Cupping 나. Roasting
다. Grinding 라. Brewing

55. 다음 빈칸에 들어갈 적합한 말로 바르게 짝지어진 것은?

W: Would you like a dessert?
G: Yes, please. Could you tell us what you have (a)
W: Certainly. (a) we have fruit salad, chocolate gateau, and lemon pie.
G: The gateau looks nice but what is (b)?
W: (b) there is fresh fruit, cheesecake, and profiteroies.
G: I think I'll have them, please, with chocolate sauce.

가. (a) on it (b) under
나. (a) on the top (b) underneath
다. (a) over (b) below
라. (a) one the tp (b) under

56. ( ) 안에 알맞은 리큐르는?

( ) is called the queen of liqueur. This is one of the French traditional liqueur and is made from several years aging after distilling of various herbs added to spirit.

가. Chartreuse 나. Benedictine
다. Kummel 라. Cointreau

57. 다음에서 설명하는 것은?

It is a liqueur made by orange peel originated from Venezuela.

가. Drambuie 나. Jagermeister

다. Benedictine 라. Curacao

58. 다음의 ( )안의 들어갈 적합한 것은?

A: Do you haver a new job?
B: Yes, I ( ) for a wine bar now.

가. do 나. take
다. can 라. work

59. 다음 밑줄 친 단어와 바꾸어 쓸 수 있는 것은?

A: Would you like some more drinks?
B: No, thanks. I've had enough.

가. care in 나. care for
다. care to 라. care of

60. 밑줄 친 곳에 들어갈 가장 알맞은 말은?

A: May I take your order?
B: Yes, please.
A: ____________________
B: I'd like to have Bulgogi.

가. Do you have a table for three?
나. Pass me the salt, please.
다. What would you like to have?
라. How do yo like your steak?

1	2	3	4	5	6	7	8	9	10
라	다	나	가	다	가	가	가	라	가
11	12	13	14	15	16	17	18	19	20
가	가	다	나	라	나	나	라	나	나
21	22	23	24	25	26	27	28	29	30
라	나	나	다	가	다	가	다	다	가
31	32	33	34	35	36	37	38	39	40
가	라	나	라	라	나	나	라	다	라
41	42	43	44	45	46	47	48	49	50
나	가	나	가	라	나	다	라	나	다
51	52	53	54	55	56	57	58	59	60
나	가	다	나	나	가	라	라	나	다

2013년 5회

1. Gin에 대한 설명으로 틀린 것은?
① 저장, 숙성을 하지 않는다.
② 생명의 물이라는 뜻이다.
③ 무색, 투명하고 산뜻한 맛이다.
④ 알코올 농도는 40~50% 정도이다.

2. 일반적인 병맥주(Lager Beer)를 만드는 방법은?
① 고온발효 ② 상온발효
③ 하면발효 ④ 상면발효

3. 다음 중 Irish Whiskey는?
① Johnnie Walker Blue ② John Jameson
③ Wild Turkey ④ Crown Royal

4. 다음 중 블렌디드(Blended) 위스키가 아닌 것은?
① Johnnie Walker Blue ② Cutty Sark
③ Macallan 18 ④ Ballentine's 30

5. 샴페인에 관한 설명 중 틀린 것은?
① 샴페인은 포말성(Sparkling) 와인의 일종이다.
② 샴페인 원료는 피노 노아, 피노 뫼니에, 샤르도네이다.
③ 동 페리뇽(Dom perignon)에 의해 만들어졌다.
④ 샴페인 산지인 샹파뉴 지방은 이탈리아 북부에 위치하고 있다.

6. 부르고뉴(Bourgogne) 지방과 함께 대표적인 포도주 산지로서 Medoc, Graves 등이 유명한 지방은?
① Pilsner ② Bordeaux
③ Staut ④ Mousseux

7. 작은 포도알, 깊은 적갈색, 두꺼운 껍질, 많은 씨앗이 특징이며 씨앗은 타닌함량을 풍부하게 하고, 두꺼운 껍질은 색깔을 깊이 있게 나타낸다. 블랙커런트, 체리, 자두 향을 지니고 있으며, 대표적인 생산지역은 프랑스 보르도 지방인 포도 품종은?
① 메를로(Merlot)
② 삐노 느와르(Pinot Noir)
③ 까베르네 쇼비뇽(Cabernet Sauvignon)
④ 샤르도네(Chardonnay)

8. 혼성주의 제조방법 중 시간이 가장 많이 소요되는 방법은?
① 증류법(Distillation process)
② 침출법(Infusion process)
③ 추출법(Percolation process)
④ 배합법(Essence process)

9. 오렌지향이 가미된 혼성주가 아닌 것은?
① Triple Sec ② Tequila
③ Grand Marnier ④ Cointreau

10. 혼성주의 설명으로 틀린 것은?
① 증류주에 초근목피의 침출물로 향미를 더한다.
② 프랑스에서는 꼬디알이라 부른다.
③ 제조방법으로 침출법, 증류법, 에센스법이 있다.
④ 중세 연금술사들에 의해 발견되었다.

11. 북유럽 스칸디나비아 지방의 특산주로 감자와 맥아를 부재료로 사용하여 증류 후에 회향초씨(Caraway Seed) 등 여러 가지 허브로 향기를 착향시킨 술은?
① 보드카(Vodka) ② 진(Gin)
③ 데킬라(Tequla) ④ 아쿠아비트(Aquavit)

12. 우리나라 전통주가 아닌 것은?
① 이강주 ② 과하주
③ 죽엽청주 ④ 송순주

13. Vodka에 속하는 것은?
① Bacardi ② Stolichnaya
③ Blanton's ④ Beefeater

14. 다음 중, 리큐르(Liqueur)와 관계가 없는 것은?
① Cordials
② Arnaud de Villeneuve
③ Benedicictine
④ Dom Perignon

15. 차를 만드는 방법에 따른 분류와 대표적인 차의 연결이 틀린 것은?
① 불발효차 – 보성녹차
② 반발효차 – 오룡차
③ 발효차 – 다즐링차
④ 후발효차 – 쟈스민차

16. 다음 단발효법으로 만들어진 것은?
① 맥주 ② 청주
③ 포도주 ④ 탁주

17. 지방의 특산 전통주가 잘못 연결된 것은?
① 금산 - 인삼주 ② 홍천 - 옥선주
③ 안동 - 송화주 ④ 전주 - 오곡주

18. 탄산음료의 종류가 아닌 것은?
① 진저엘 ② 카린스 믹스
③ 토닉워터 ④ 리까르

19. 핸드 드립 커피의 특성이 아닌 것은?
① 비교적 조리 시간이 오래 걸린다.
② 대체로 메뉴가 제한된다.
③ 블렌딩한 커피만을 사용한다.
④ 추출자에 따라 커피맛이 영향을 받는다.

20. 차나무의 분포 지역분포지역을 가장 잘 표시한 것은?
① 남위 20° ~ 북위 40° 사이의 지역
② 남위 23° ~ 북위 43° 사이의 지역
③ 남위 26° ~ 북위 46° 사이의 지역
④ 남위 25° ~ 북위 50° 사이의 지역

21. 다음 중 리큐르(Liqueur)의 종류에 속하지 않는 것은?
① Creme de Cacao ② Curacao
③ Negroni ④ Dubonnet

22. 커피 로스팅의 정도에 따라 약한 순서에서 강한 순서대로 나열한 것으로 옳은 것은?
① American Roasting → German Roasting → French Roasting → Italian Roasting
② German Roasting → Italian Roasting → American Roasting → French Roasting
③ Italian Roasting → German Roasting → American Roasting → French Roasting
④ French Roasting → American Roasting → Italian Roasting → German Roasting

23. 좋은 맥주용 보리의 조건으로 알맞은 것은?
① 껍질이 두껍고 윤택이 있는 것
② 알맹이가 고르고 발아가 잘 안 되는 것
③ 수분 함유량이 높은 것
④ 전분 함유량이 많은 것

24. 몰트위스키의 제조과정에 대한 설명으로 틀린 것은?
① 정선 - 불량한 보리를 제거한다.
② 침맥 - 보리를 깨끗이 씻고 물을 주어 발아를 준비한다.
③ 제근 - 맥아의 뿌리를 제거시킨다.
④ 당화 - 효모를 가해 발효시킨다.

25. 증류주가 사용되지 않은 칵테일은?
① Manhattan ② Rusty Nail
③ Irish Coffee ④ Grasshopper

26. 꿀로 만든 리큐르(Liqueur)는?
① Creme de Menthe ② Curacao
③ Galliano ④ Drambuie

27. 다음 중 레드와인용 포도 품종이 아닌 것은?
① 리슬링(Riesling)
② 메를로(Merlot)
③ 삐노 누아(Pinot Noir)
④ 카베르네 쇼비뇽(Cabernet Sauvignon)

28. 다음 중 상면발효맥주가 아닌 것은?
① 에일 ② 복
③ 스타우트 ④ 포터

29. 증류주가 아닌 것은?
① 풀케 ② 진
③ 데킬라 ④ 아쿠아비트

30. 음료의 역사에 대한 설명으로 틀린 것은?
① 기원전 6000년경 바빌로니아 사람들은 레몬 과즙을 마셨다.
② 스페인 발렌시아 부근의 동굴에서는 탄산가스를 발견해 마시는 벽화가 있다.
③ 바빌로니아 사람들은 밀빵이 물에 젖어 발효된 맥주를 발견해 음료로 즐겼다.
④ 중앙아시아 지역에서는 야생의 포도가 쌓여 자연 발효된 포도주를 음료로 즐겼다.

2과목 • **주장관리개론** (20문제)

31. 다음 중 올바른 음주방법과 가장 거리가 먼 것은?
① 술 마시기 전에 음식을 먹어서 공복을 피한다.
② 본인의 적정 음주량을 초과하지 않는다.
③ 먼저 알코올 도수가 높은 술부터 낮은 술로 마신다.
④ 술을 마실 때 가능한 천천히 그리고 조금씩 마신다.

32. 조주 시 필요한 쉐이커(Shaker)의 3대 구성 요소의 명칭이 아닌 것은?
① 믹싱(Mixing) ② 보디(Body)
③ 스트레이너(Stainer) ④ 캡(Cap)

33. 개봉한 뒤 다 마시지 못한 와인의 보관방법으로 옳지 않은 것은?
① vacuum pump로 병 속의 공기를 빼낸다.
② 코르크로 막아 즉시 냉장고에 넣는다.
③ 마개가 없는 디캔터에 넣어 상온에 둔다.
④ 병속에 불활성 기체를 넣어 산소의 침입을 막는다.

34. 주로 추운 계절에 추위를 녹이기 위하여 외출이나 등산 후에 따뜻하게 마시는 칵테일로 가장 거리가 먼 것은?
① Irish Coffee ② Tropical Cockail
③ Rum Grog ④ Vin Chaud

35. 행사장에 임시로 설치해 간단한 주류와 음료를 판매하는 곳의 명칭은?
① Open Bar ② Dance Bar
③ Cash Bar ④ Lounge Bar

36. Red Wine Decanting에 사용되지 않는 것은?
① Wine Cradle ② Candle
③ Cloth Napkin ④ Snifter

37. 주류의 Inventory Sheet에 표기되지 않는 것은?
① 상품명 ② 전기 이월량
③ 규격(또는 용량) ④ 구입가격

38. 생맥주를 중심으로 각종 식음료를 비교적 저렴하게 판매하는 영국식 선술집은?
① Saloon ② Pub
③ Lounge Bar ④ Banquet

39. Stem Glass인 것은?

① Collins Grass ② Old Fashioned Grass
③ Straight up Grass ④ Sherry Grass

40. 바(Bar)의 업무 효율향상을 위한 시설물 설치 방법으로 옳지 않는 것은?

① 얼음 제빙기는 가능한 바(Bar) 내에 설치한다.
② 바의 수도 시설은 믹싱 스테이션(Mixing Station)바로 후면에 설치한다.
③ 각 얼음은 아이스 텅(Ice Tongs)에다 채워놓고 바(Bar) 작업대 옆에 보관한다.
④ 냉각기(Cooling Cabinet)는 주방 밖에 설치한다.

41. 식재료 원가율 계산 방법으로 옳은 것은?

① 기초재고 + 당기매입 − 기말재고
② (식재료 원가/총매출액) × 100
③ 비용 + (순이익/수익)
④ (식재료 원가/월매출액) × 30

42. 바(Bar)의 기구가 아닌 것은?

① 믹싱 쉐이커(Mixing Shaker)
② 레몬 스퀴저(Lemon Squeezer)
③ 바 스트레이너(Bar Strainer)
④ 스테이플러(Stapler)

43. 칵테일을 만드는 기법으로 적당하지 않은 것은?

① 띄우기(floating) ② 휘젓기(stirring)
③ 흔들기(shaking) ④ 거르기(filtering)

44. 구매관리 업무와 가장 거리가 먼 것은?

① 납기관리 ② 우량 납품업체 선정
③ 시장조사 ④ 음료상품 판매촉진기획

45. 다음 식품위생법상의 식품접객업의 내용으로 틀린 것은?

① 휴게음식점 영업은 주로 빵과 떡 그리고 과자와 아이스크림류 등 과자점 영업을 포함한다.
② 일반음식점 영업은 음식류만 조리 판매가 허용되는 영업을 말한다.
③ 단란주점영업은 유흥종사자는 둘 수 없으나 모든 주류의 판매 허용과 손님이 노래를 부르는 행위가 허용되는 영업이다.
④ 유흥주점영업은 유흥종사자를 두거나 손님이 노래를 부르거나 춤을 추는 행위가 허용되는 영업니다.

46. 물로 커피를 추출할 때 사용하는 도구가 아닌 것은?

① Coffe Urn ② Siphon
③ Dripper ④ French Press

47. cork screw의 사용 용도는?

① 잔 받침대 ② 와인 보관용 그릇
③ 와인의 병마개용 ④ 와인의 병마개 오픈용

48. 식재료가 소량이면서 고가인 경우나 희귀한 아이템의 경우에 검수 하는 방법으로 옳은 것은?

① 발췌 검수법 ② 전수 검수법
③ 송장 검수법 ④ 서명 검수법

49. 주장 경영 원가의 3요소로 가장 적합한 것은?

① 재료비, 노무비, 기타경비
② 재료비, 인건비, 세금
③ 재료비, 종사원 급여, 권리금
④ 재료비, 노무비, 월세와 관리비

50. 바텐더의 자세로 가장 바람직하지 못한 것은?

① 영업 전 후 Inventory 정리를 한다.
② 유통기한을 수시로 체크한다.
③ 손님과의 대화를 위해 뉴스, 신문 등을 자주 본다.
④ 고가의 상품을 판매를 위해 손님에게 추천한다.

3과목 · **고객서비스영어** (10문제)

51. "How often do you drink?"의 대답으로 적합하지 않은 것은?

① Every day
② About three time a month
③ once a week
④ After work

52. "All tables are booked tonight"과 의미가 같은 것은?

① All books are on the table.
② There are a lot of table here.
③ All tables are very dirty tonight.
④ There aren't any available tables tonight.

53. Please select the cocktail-based wine in the following.

① Mai-Tai ② Mah-jong
③ Salty-Dog ④ Sangria

54. Which one is the best harmony with gin?

① sprite ② ginger ale
③ cola ④ tonic water

55. Which cocktail name means "Freedom"?

① God mother ② Cuba libre
③ God father ④ French kiss

56. "그걸로 주세요."라는 표현으로 가장 적합한 것은?

① I'll have this one. ② Give me one more.
③ That's please. ④ I already had one.

57. 다음에서 설명하는 bitters는?

> It is made from a Trinidadian sector recipe.

① peyshaud's bitters ② Abbott's aged bitters
③ Orange bitters ④ Angostura bitters

58. 아래의 대화에서 (　　) 안에 알맞은 단어로 짝지어진 것은?

> A: Let's go (　　) a drink after work, will you?
> B: I don't (　　) like a drink today.

① for, feel ② to, have
③ in, know ④ of, give

59. (　　)에 들어갈 단어로 옳은 것은?

> (　　) is a late morning meal between breakfast and lunch.

① Buffet
② Brunch
③ American breakfast
④ Continental breakfast

60. (　　) 안에 가장 알맞은 것은?

> W: What would you like to drink, sir?
> G: Scotch (　) the rocks, please.

① in ② with
③ on ④ put

1	2	3	4	5	6	7	8	9	10
2	3	2	3	4	2	3	2	2	2
11	12	13	14	15	16	17	18	19	20
4	3	2	4	4	3	4	4	3	2
21	22	23	24	25	26	27	28	29	30
3	1	4	4	4	4	1	2	1	2
31	32	33	34	35	36	37	38	39	40
3	1	3	2	3	4	4	2	4	3
41	42	43	44	45	46	47	48	49	50
2	4	4	4	2	1	4	2	1	4
51	52	53	54	55	56	57	58	59	60
4	4	4	4	2	1	4	1	2	3

2014년 1회

1과목 · **주류학개론** (30문제)

1. 고구려의 술로 전해지며, 여름날 황혼 무렵에 찐 차좁쌀로 담가서 그 다음날 닭이 우는 새벽녘에 먹을 수 있도록 빚었던 술은?
① 교동법주 ② 청명주
③ 소곡주 ④ 계명주

2. 다음 술 종류 중 코디얼(cordial)에 해당하는 것은?
① 베네딕틴(Benedictine)
② 골든스 론돈 드라이 진(Gordons london dry gin)
③ 커티 샥(Cutty sark)
④ 올드 그랜드 대드(Old grand dad)

3. 독일와인의 분류 중 가장 고급와인의 등급표시는?
① Q.b.A ② Tafelwein
③ Landwein ④ Q.m.P

4. 하면 발효 맥주가 아닌 것은?
① Lager beer ② Porter beer
③ Pilsen beer ④ Munchen beer

5. 조선시대의 술에 대한 설명으로 틀린 것은?
① 중국과 일본에서 술이 수입되었다.
② 술 빚는 과정에 있어 여러 번 걸쳐 덧술을 하였다.
③ 고려시대에 비하여 소주의 선호도가 높았다.
④ 소주를 기본으로 한 약용약주, 혼양주의 제조가 증가했다.

6. 프랑스 보르도(Bordeaux) 지방의 와인이 아닌 것은?
① 보졸레(Beaujolais), 론(Rhone)
② 메독(Medoc), 그라브(Grave)
③ 포므롤(Pomerol), 소테른(Sauternes)
④ 생떼밀리옹(Saint-Emilion), 바르삭(Barsac)

7. 스카치 위스키가 아닌 것은?
① Crown Royal ② White Horse
③ Johnnie Walker ④ VAT 69

8. 맥주의 효과와 가장 거리가 먼 것은?
① 향균 작용
② 이뇨 억제 작용
③ 식욕 증진 및 소화 촉진 작용
④ 신경 진정 및 수면 촉진 작용

9. 오렌지 과피, 회향초 등을 주원료로 만들며 알코올 농도가 24% 정도가 되는 붉은 색의 혼성주는?
① Beer ② Drambuie
③ Campari ④ Cognac

10. 커피를 주원료로 만든 리큐르는?
① Grand Marnier ② Benedictine
③ Kahlua ④ Sloe Gin

11. 소다수에 대한 설명 중 틀린 것은?
① 인공적으로 이산화탄소를 첨가한다.
② 약간의 신맛과 단맛이 나며 청량감이 있다.
③ 식욕을 돋우는 효과가 있다.
④ 성분은 수분과 이산화탄소로 칼로리는 없다.

12. 와인에 관한 용어 설명 중 틀린 것은?
① 탄닌(tannin) - 포도의 껍질, 씨와 줄기, 오크통에서 우러나오는 성분
② 아로마(aroma) - 포도의 품종에 따라 맡을 수 있는 와인의 첫 번째 냄새 또는 향기
③ 부케(bouquet) - 와인의 발효과정이나 숙성과정 중에 형성되는 복잡하고 다양한 향기
④ 빈티지(vintage) - 포도주 제조년도

13. 다음 중 혼성주가 아닌 것은?
① Apricot brandy ② Amaretto
③ Rusty nail ④ Anisette

14. 다음 중 코냑이 아닌 것은?
① Courvoisier ② Camus
③ Mouton Cadet ④ Remy Martin

15. 맥주의 재료인 호프(hop)의 설명으로 옳지 않은 것은?
① 자웅이주 식물로서 수꽃인 솔방울 모양의 열매를 사용한다.
② 맥주의 쓴맛과 향을 낸다.
③ 단백질을 침전 · 제거하여 맥주를 맑고 투명

하게 한다.
④ 거품의 지속성 및 항균성을 부여한다.

16. 음료에 대한 설명이 잘못된 것은?
① 진저엘(Ginger ale)은 착향 탄산음료이다.
② 토닉워터(Tonic Water)는 착향 탄산음료이다.
③ 세계 3대 기호음료는 커피, 코코아, 차(Tea)이다.
④ 유럽에서 Cider(또는 Cidre)는 착향 탄산음료이다.

17. 위스키(Whisky)와 브랜디(Brandy)에 대한 설명이 틀린 것은?
① 위스키는 곡물을 발효시켜 증류한 술이다.
② 캐나디언 위스키(Canadian Whisky)는 캐나다 산 위스키의 총칭이다.
③ 브랜디는 과실을 발효·증류해서 만든다.
④ 꼬냑(Cognac)은 위스키의 대표적인 술이다.

18. 레몬주스, 슈가시럽, 소다수를 혼합한 것으로 대용할 수 있는 것은?
① 진저엘 ② 토닉워터
③ 칼린스 믹스 ④ 사이다

19. 커피의 품종이 아닌 것은?
① 아라비카(Arabica) ② 로부스타(Robusta)
③ 리베리카(Riberica) ④ 우바(Uva)

20. 다음 광천수 중 탄산수가 아닌 것은?
① 셀처 워터(Seltzer Water)
② 에비앙 워터(Evian Water)
③ 초정약수
④ 페리에 워터(Perrier Water)

21. 이탈리아 와인 중 지명이 아닌 것은?
① 키안티 ② 바르바레스코
③ 바롤로 ④ 바르베라

22. 와인에 국화과의 아티초크(Artichoke)와 약초의 엑기스를 배합한 이태리산 리큐르는?
① Absinthe ② Dubonnet
③ Amer picon ④ Cynar

23. 다음 중 식전주(Aperitif)로 가장 적합하지 않은 것은?
① Campari ② Dubonnet
③ Cinzano ④ Sidecar

24. 브랜디의 제조순서로 옳은 것은?
① 양조작업 - 저장 - 혼합 - 증류 - 숙성 - 병입
② 양조작업 - 증류 - 저장 - 혼합 - 숙성 - 병입
③ 양조작업 - 숙성 - 저장 - 혼합 - 증류 - 병입
④ 양조작업 - 증류 - 숙성 - 저장 - 혼합 - 병입

25. 다음 중 Bitter가 아닌 것은?
① Angostura ② Campari
③ Galliano ④ Amer Picon

26. Tequila에 대한 설명으로 틀린 것은?
① Tequila 지역을 중심으로 지정된 지역에서만 생산된다.
② Tequila를 주원료로 만든 혼성주는 Mezcal이다.
③ Tequila는 한 품종의 Agave만 사용된다.
④ Tequila는 발효 시 옥수수당이나 설탕을 첨가할 수도 있다.

27. 증류주에 대한 설명으로 옳은 것은?
① 과실이나 곡류 등을 발효시킨 후 열을 가하여 분리한 것이다.
② 과실의 향료를 혼합하여 향기와 감미를 첨가한 것이다.
③ 주로 맥주, 와인, 양주 등을 말한다.
④ 탄산성 음료는 증류주에 속한다.

28. 리큐르의 제조법이 아닌 것은?
① 증류법 ② 에센스법
③ 믹싱법 ④ 침출법

29. 와인 제조 시 이산화황(SO_2)을 사용하는 이유가 아닌 것은?
① 항산화제 역할 ② 부패균 생성 방지
③ 갈변 방지 ④ 효모 분리

30. 진(Gin)의 상표로 틀린 것은?
① Bombay Sapphire ② Gordon's
③ Smirnoff ④ Beefeater

2과목 · **주장관리개론** (20문제)

31. 연회용 메뉴 계획시 에피타이저 코스에 술을 권유하려 할 때 다음 중 가장 적합한 것은?
① 리큐르(liqueur)
② 크림 쉐리(cream sherry)
③ 드라이 쉐리(dry sherry)
④ 포트 와인(port wine)

32. 주장(bar) 영업종료 후 재고조사표를 작성하는 사람은?
① 식음료 매니저 ② 바 매니저
③ 바 보조 ④ 바텐더

33. 화이트와인 서비스과정에서 필요한 기물과 가장 거리가 먼 것은?
① Wine cooler ② Wine stand
③ Wine basket ④ Wine opener

34. 일과 업무 시작 전에 바(bar)에서 판매 가능한 양만큼 준비해 두는 각종의 재료를 무엇이라고 하는가?
① Bar Stock ② Par Stock
③ Pre-Product ④ Ordering Product

35. 흔들기(Shaking)에 대한 설명 중 틀린 것은?
① 잘 섞이지 않고 비중이 다른 음료를 조주할 때 적합하다.
② 롱 드링크(long drink) 조주에 주로 사용한다.
③ 애플마티니를 조주할 때 이용되는 기법이다.
④ 쉐이커를 이용한다.

36. 칵테일글라스(Cocktail Glass)의 3대 명칭이 아닌 것은?
① 베이스(Base) ② 스템(Stem)
③ 보울(Bowl) ④ 캡(Cap)

37. 싱가포르 슬링(Singapore Sling) 칵테일의 장식으로 알맞은 것은?
① 시즌과일(season fruits)
② 올리브(olive)
③ 필 어니언(peel onion)
④ 계피(cinnamon)

38. 네그로니(Negroni) 칵테일의 조주 시 재료로 가장 적합한 것은?
① Rum 3/4oz, Sweet Vermouth 3/4oz, Campari 3/4oz, Twist of lemon peel
② Dry Gin 3/4oz, Sweet Vermouth 3/4oz, Campari 3/4oz, Twist of lemon peel
③ Dry Gin 3/4oz, Dry Vermouth 3/4oz, Grenadine Syrup 3/4oz, Twist of lemon peel
④ Tequila 3/4oz, Sweet Vermouth 3/4oz, Campari 3/4oz, Twist of lemon peel

39. 브랜디 글라스(Brandy Glass)에 대한 설명으로 틀린 것은?
① 코냑 등을 마실 때 사용하는 튤립형의 글라스이다.
② 향을 잘 느낄 수 있도록 만들어졌다.
③ 기둥이 긴 것으로 윗부분이 넓다.
④ 스니프터(snifter)라고도 하며 밑이 넓고 위는 좁다.

40. Cocktail Shaker에 넣어 조주하는 것이 부적합한 재료는?
① 럼(Rum) ② 소다수(Soda Water)
③ 우유(Milk) ④ 달걀흰자

41. 다음 음료 중 냉장 보관이 필요 없는 것은?
① White Wine ② Dry Sherry
③ Beer ④ Brandy

42. 칵테일 조주 시 사용되는 다음 방법 중 가장 위생적인 방법은?
① 손으로 얼음을 Glass에 담는다.
② Glass 윗부분(Rine)을 손으로 잡아 움직인다.
③ Garnish는 깨끗한 손으로 Glass에 Setting 한다.
④ 유효기간이 지난 칵테일 부재료를 사용한다.

43. 주장요원의 업무규칙에 부합하지 않는 것은?
① 조주는 규정된 레시피에 의해 만들어져야 한다.
② 요금의 영수 관계를 명확히 하여야 한다.
③ 음료의 필요재고보다 두 배 이상의 재고를 보유하여야 한다.
④ 고객의 음료 보관 시 명확한 표기와 보관을 책임진다.

44. 와인을 주재료(wine base)로 한 칵테일이 아닌 것은?
① 키어(Kir)
② 블루 하와이(Blue hawaii)
③ 스프리처(Sprizer)
④ 미모사(Mimosa)

45. 물품검수 시 주문내용과 차이가 발견될 때 반품하기 위하여 작성하는 서류는?
① 송장(invoice)
② 견적서(price quotation sheet)
③ 크레디트 메모(Credit memorandum)
④ 검수보고서(receiving sheet)

46. 고객에게 음료를 제공할 때 반드시 필요치 않은 비품은?
① Cocktail Napkin ② Can Opener
③ Muddler ④ Coaster

47. 칵테일 부재료 중 spice류에 해당되지 않는 것은?
① Grenadine syrup ② Mint
③ Nutmeg ④ Cinnamon

48. Wine 저장에 관한 내용 중 적절하지 않는 것은?
① White Wine은 냉장고에 보관하되 그 품목에 맞는 온도를 유지해 준다.
② Red Wine은 상온 Cellar에 보관하되 그 품목에 맞는 적정온도를 유지해 준다.
③ Wine을 보관하면서 정기적으로 이동 보관한다.
④ Wine 보관 장소는 햇볕이 잘 들지 않고 통풍이 잘되는 곳에 보관하는 것이 좋다.

49. 주장원가의 3요소로 가장 적합한 것은?
① 인건비, 재료비, 주장경비
② 인건비, 재료비, 세금봉사료
③ 인건비, 재료비, 주세
④ 인건비, 재료비, 세금

50. Muddler에 대한 설명으로 옳은 것은?
① 설탕이나 장식과일 등을 으깨거나 혼합할 때 사용한다.
② 칵테일 장식에 체리나 올리브 등을 찔러 장식할 때 사용한다.
③ 규모가 큰 얼음덩어리를 잘게 부술 때 사용한다.
④ 술의 용량을 측정할 때 사용한다.

3과목 • **고객서비스영어** (10문제)

51. Which one is made with vodka and coffee liqueur?
① Black russian ② Rusty nail
③ Cacao fizz ④ Kiss of fire

52. Which of the following doesn't belong to the regions of France where wine is produced?
① Bordeaux ② Burgundy
③ Champagne ④ Rheingau

53. Which is the correct one as a base of Port Sangaree in the following?
① Rum ② Vodka
③ Gin ④ Wine

54. "a glossary of basic wine terms"의 연결로 틀린 것은?
① Balance : the portion of the wine's odor derived from the grape variety and fermentation.
② Nose : the total odor of wine composed of aroma, bouquet, and other factors.
③ Body : the weight or fullness of wine on palate.
④ Dry : a tasting term to denote the absence of sweetness in wine.

55. 다음에서 설명하는 것은?

When making a cocktail, this is the main ingredient into which other things are added.

① base ② glass
③ straw ④ decoration

56. 다음에서 설명하는 것은?

An anise-flavored, high-proof liqueur now banned due to the alleged toxic effects of wormwood, which reputedly turned the brains of heavy users to mush.

① Curacao ② Absinthe
③ Calvados ④ Benedictine

57. 다음에서 설명하는 것은?

> A honeydew melon flavored liqueur from the Japanese house of Suntory.

① Midori ② Cointreau
③ Grand Marnier ④ Apricot Brandy

58. 다음 (   )에 알맞은 단어는?

> Dry gin merely signifies that the gin lacks (   ).

① sweetness ② sourness
③ bitterness ④ hotness

59. 다음 (   ) 안에 들어갈 알맞은 것은?

> (   ) is a Caribbean coconut-flavored rum originally from Barbados.

① Malibu ② Sambuca
③ Maraschino ④ Southern Comfort

60. 다음 (   ) 안에 들어갈 알맞은 것은?

> This is our first visit to Korea and before we (   ) our dinner, we want to (   ) some domestic drinks here.

① have, try ② having, trying
③ serve, served ④ serving, be served

1	2	3	4	5	6	7	8	9	10
4	1	4	2	1	1	1	2	3	3
11	12	13	14	15	16	17	18	19	20
2	4	3	3	1	4	4	3	4	2
21	22	23	24	25	26	27	28	29	30
4	4	4	2	3	2	1	3	4	3
31	32	33	34	35	36	37	38	39	40
3	4	3	2	2	4	1	2	3	2
41	42	43	44	45	46	47	48	49	50
4	3	3	2	3	2	1	3	1	1
51	52	53	54	55	56	57	58	59	60
1	4	4	1	1	2	1	1	1	1

2014년 2회

1과목 • 주류학개론 (30문제)

1. 진(Gin)이 제일 처음 만들어진 나라는?
① 프랑스 ② 네덜란드
③ 영국 ④ 덴마크

2. 다음 중 식전주로 가장 적합한 것은?
① 맥주(Beer)
② 드람뷔이(Drambuie)
③ 캄파리(Campari)
④ 꼬냑(Cognac)

3. 다음 중 Fortified Wine이 아닌 것은?
① Sherry Wine ② Vermouth
③ Port Wine ④ Blush Wine

4. 화이트와인용 포도품종이 아닌 것은?
① 샤르도네 ② 시라
③ 소비뇽 블랑 ④ 삐노 블랑

5. 혼성주의 특징으로 옳은 것은?
① 사람들의 식욕부진이나 원기 회복을 위해 제조되었다.
② 과일 중에 함유되어 있는 당분이나 전분을 발효시켰다.
③ 과일이나 향료, 약초 등 초근목피의 침전물로 향미를 더하여 만든 것으로, 현재는 식후주로 많이 애음된다.
④ 저온 살균하여 영양분을 섭취할 수 있다.

6. 아쿠아비트(Aquavit)에 대한 설명 중 틀린 것은?
① 감자를 당화시켜 연속 증류법으로 증류한다.
② 혼성주의 한 종류로 식후주에 적합하다.
③ 맥주와 곁들여 마시기도 한다.
④ 진(Gin)의 제조 방법과 비슷하다.

7. 스팅거(Stinger)를 제공하는 유리잔(Glass)의 종류는?
① 하이볼(High ball) 글라스
② 칵테일(Cocktail) 글라스
③ 올드 패션드(Old Fashioned) 글라스
④ 사워(Sour) 글라스

8. 주정 강화로 제조된 시칠리아산 와인은?
① Champagne ② Grappa
③ Marsala ④ Absente

9. Scotch whisky에 대한 설명으로 옳지 않은 것은?
① Malt whisky는 대부분 Pot still을 사용하여 증류한다.
② Blended whisky는 Malt whisky와 Grain whisky를 혼합한 것이다.
③ 주원료인 보리는 이탄(Peat)의 연기로 건조시킨다.
④ Malt whisky는 원료의 향이 소실되지 않도록 반드시 1회만 증류한다.

10. 커피의 품종에서 주로 인스턴트커피의 원료로 사용되고 있는 것은?
① 로부스타 ② 아라비카
③ 리베리카 ④ 레귤러

11. Whisky 1 Ounce(알코올 도수 40%), Cola 4 oz(녹는 얼음의 양은 계산하지 않음)를 재료로 만든 Whisky Coke의 알코올 도수는?
① 6% ② 8%
③ 10% ④ 12%

12. 증류하면 변질될 수 있는 과일이나 약초, 향료에 증류주를 가해 향미성을 용해시키는 방법으로 열을 가하지 않는 리큐르 제조법으로 가장 적합한 것은?
① 증류법 ② 침출법
③ 여과법 ④ 에센스법

13. 와인 병 바닥의 요철 모양으로 오목하게 들어간 부분은?
① 펀트(Punt) ② 발란스(Balance)
③ 포트(Port) ④ 노블 롯(Noble Rot)

14. 이탈리아 리큐르로 살구씨를 물과 함께 증류하여 향초 성분과 혼합하고 시럽을 첨가해서 만든 리큐르는?
① Cherry Brandy ② Curacao
③ Amaretto ④ Tia Maria

15.포도즙을 내고 남은 찌꺼기에 약초 등을 배합하여 증류해 만든 이태리 술은?
① 삼부카 ② 버머스
③ 그라빠 ④ 캄파리

16. 조선시대에 유입된 외래주가 아닌 것은?
① 천축주 ② 섬라주
③ 금화주 ④ 두견주

17. 고려 때에 등장한 술로 병자호란이던 어느 해 이완 장군이 병사들의 사기를 돋우기 위해 약용과 가향의 성분을 고루 갖춘 이 술을 마시게 한 것에서 유래된 것으로 알려졌으며, 차보다 얼큰하고 짙게 우러난 호박색이 부드럽고 연냄새가 은은한 전통제주로 감칠맛이 일품인 전통주는?
① 문배주 ② 이강주
③ 송순주 ④ 연엽주

18. 테킬라에 대한 설명으로 맞게 연결된 것은?

최초의 원산지는 (㉠)로서 이 나라의 특산주이다. 원료는 백합과의 (㉡)인데 이 식물에는 (㉢)이라는 전분과 비슷한 물질이 함유되어 있다.

① ㉠ 멕시코, ㉡ 풀케(Pulque), ㉢ 루플린
② ㉠ 멕시코, ㉡ 아가베(Agave), ㉢ 이눌린
③ ㉠ 스페인, ㉡ 아가베(Agave), ㉢ 루플린
④ ㉠ 스페인, ㉡ 풀케(Pulque), ㉢ 이눌린

19. 차(Tea)에 대한 설명으로 가장 거리가 먼 것은?
① 녹차는 차 잎을 찌거나 덖어서 만든다.
② 녹차는 끓는 물로 신속히 우려낸다.
③ 홍차는 레몬과 잘 어울린다.
④ 홍차에 우유를 넣을 때는 뜨겁게 하여 넣는다.

20. 이탈리아 I.G.T 등급은 프랑스의 어느 등급에 해당되는가?
① V.D.Q.S ② Vin de Pays
③ Vin de Table ④ A.O.C

21. 진저엘의 설명 중 틀린 것은?
① 맥주에 혼합하여 마시기도 한다.
② 생강향이 함유된 청량음료이다.
③ 진저엘의 엘은 알코올을 뜻한다.

④ 진저엘은 알코올분이 있는 혼성주이다.

22. 곡류와 감자 등을 원료로 하여 당화시킨 후 발효하고 증류한다. 증류액을 희석하여 자작나무 숯으로 만든 활성탄에 여과하여 정제하기 때문에 무색, 무취에 가까운 특성을 가진 증류주는?
① Gin ② Vodka
③ Rum ④ Tequila

23. 차와 코코아에 대한 설명으로 틀린 것은?
① 차는 보통 홍차, 녹차, 청차 등으로 분류된다.
② 차의 등급은 잎의 크기나 위치 등에 크게 좌우된다.
③ 코코아는 카카오 기름을 제거하여 만든다.
④ 코코아는 사이폰(syphon)을 사용하여 만든다.

24. 그랑드 샹빠뉴 지역의 와인 증류원액을 50% 이상 함유한 코냑을 일컫는 말은?
① 샹빠뉴 블랑 ② 쁘띠뜨 샹빠뉴
③ 핀 샹빠뉴 ④ 샹빠뉴 아르덴

25. 단식증류기의 일반적인 특징이 아닌 것은?
① 원료 고유의 향을 잘 얻을 수 있다.
② 고급 증류주의 제조에 이용한다.
③ 적은 양을 빠른 시간에 증류하여 시간이 적게 걸린다.
④ 증류 시 알코올 도수를 80도 이하로 낮게 증류한다.

26. 다음 중 과즙을 이용하여 만든 양조주가 아닌 것은?
① Toddy ② Cider
③ Perry ④ Mead

27. 상면발효 맥주 중 벨기에에서 전통적인 발효법을 이용해 만드는 맥주로, 발효시키기 전에 뜨거운 맥즙을 공기 중에 직접 노출시켜 자연에 존재하는 야생효모와 미생물이 자연스럽게 맥즙에 섞여 발효하게 만든 맥주는?
① 스타우트(Stout)
② 도르트문트(Dortmund)
③ 에일(Ale)
④ 람빅(Lambics)

28. 각국을 대표하는 맥주를 바르게 연결한 것은?
① 미국 - 밀러, 버드와이저
② 독일 - 하이네켄, 뢰벤브로이
③ 영국 - 칼스버그, 기네스
④ 체코 - 필스너, 벡스

29. 조주 상 사용되는 표준계량의 표시 중에서 틀린 것은?
① 1 티스푼(tea spoon) = 1/8 온스
② 1 스플리트(split) = 6 온스
③ 1 핀트(pint) = 10 온스
④ 1 포니(pony) = 1 온스

30. 다음 중 홍차가 아닌 것은?
① 잉글리시 블랙퍼스트(English breakfast)
② 로브스타(Robusta)
③ 다즐링(Dazeeling)
④ 우바(Uva)

2과목 • 주장관리개론 (20문제)

31. 칵테일의 종류 중 마가리타(Margarita)의 주원료로 쓰이는 술의 이름은?
① 위스키(Whisky) ② 럼(Rum)
③ 테킬라(Tequila) ④ 브랜디(Brandy)

32. 1 온스(oz)는 몇 mL인가?
① 10.5 mL ② 20.5 mL
③ 29.5 mL ④ 40.5 mL

33. 바카디 칵테일(Bacardi Cocktail)용 글라스는?
① 올드 패션드(Old Fashioned)용 글라스
② 스템 칵테일(Stemmed Cocktail) 글라스
③ 필스너(Pilsner) 글라스
④ 고블렛(Goblet) 글라스

34. 다음 주류 중 알콜 도수가 가장 약한 것은?
① 진(Gin) ② 위스키(Whisky)
③ 브랜디(Brandy) ④ 슬로우진(Sloe Gin)

35. 다음에서 주장관리 원칙과 가장 거리가 먼 것은?
① 매출의 극대화 ② 청결유지
③ 분위기 연출 ④ 완벽한 영업 준비

36. 메뉴 구성 시 산지, 빈티지, 가격 등이 포함되어야 하는 주류와 가장 거리가 먼 것은?
① 와인 ② 칵테일
③ 위스키 ④ 브랜디

37. 조주보조원이라 일컬으며 칵테일 재료의 준비와 청결 유지를 위한 청소담당 및 업장 보조를 하는 사람은?
① 바 헬퍼(Bar helper)
② 바텐더(Bartender)
③ 헤드 바텐더(Head Bartender)
④ 바 매니저(Bar Manager)

38. 코스터(Coaster)란?
① 바용 양념세트 ② 잔 밑받침
③ 주류 재고 계량기 ④ 술의 원가표

39. 칵테일 기구에 해당되지 않는 것은?
① Butter Bowl ② Muddler
③ Strainer ④ Bar Spoon

40. 와인병을 눕혀서 보관하는 이유로 가장 적합한 것은?
① 숙성이 잘되게 하기 위해서
② 침전물을 분리하기 위해서
③ 맛과 멋을 내기 위해서
④ 색과 향이 변질되는 것을 방지하기 위해서

41. 얼음을 다루는 기구에 대한 설명으로 틀린 것은?
① Ice Pick - 얼음을 깰 때 사용하는 기구
② Ice Scooper - 얼음을 떠내는 기구
③ Ice Crusher - 얼음을 가는 기구
④ Ice Tong - 얼음을 보관하는 기구

42. 핑크 레이디, 밀리언 달러, 마티니, B-52의 조주 기법을 순서대로 나열한 것은?
① shaking, stirring, building, float &layer
② shaking, shaking, float &layer, building
③ shaking, shaking, stirring, float &layer
④ shaking, float &layer, stirring, building,

43. 선입선출(FIFO)의 원래 의미로 맞는 것은?
① First - in, First - on
② First - in, First - off
③ First - in, First - out
④ First - inside, First - on

44. Honeymoon 칵테일에 필요한 재료는?
① Apple Brandy ② Dry Gin
③ Old Tom Gin ④ Vodka

45. 바 매니저(Bar Manager)의 주 업무가 아닌 것은?
① 영업 및 서비스에 관한 지휘 통제권을 갖는다.
② 직원의 근무 시간표를 작성한다.
③ 직원들의 교육 훈련을 담당한다.
④ 인벤토리(Inventory)를 세부적으로 관리한다.

46. 주로 tropical cocktail을 조주할 때 사용하며 "두들겨 으깬다."라는 의미를 가지고 있는 얼음은?
① shaved ice ② crushed ice
③ cubed ice ④ cracked ice

47. 칵테일을 제조할 때 계란, 설탕, 크림(cream) 등의 재료가 들어가는 칵테일을 혼합할 때 사용하는 기구는?
① Shaker ② Mixing Glass
③ Jigger ④ Strainer

48. Champagne 서브 방법으로 옳은 것은?
① 병을 미리 흔들어서 거품이 많이 나도록 한다.
② 0 ~ 4℃ 정도의 냉장온도로 서브한다.
③ 쿨러에 얼음과 함께 담아서 운반한다.
④ 가능한 코르크를 열 때 소리가 크게 나도록 한다.

49. 칵테일 용어 중 트위스트(Twist)란?
① 칵테일 내용물이 춤을 추듯 움직임
② 과육을 제거하고 껍질만 짜서 넣음
③ 주류 용량을 잴 때 사용하는 기물
④ 칵테일의 2온스 단위

50. 칵테일 재료 중 석류를 사용해 만든 시럽(Syrup)은?
① 플레인 시럽 (Plain Syrup)
② 검 시럽 (Gum Syrup)
③ 그레나딘 시럽 (Grenadine Syrup)
④ 메이플 시럽 (Maple Syrup)

3과목 • 고객서비스영어 (10문제)

51. "What will you have to drink?"의 의미로 가장 적합한 것은?
   ① 식사는 무엇으로 하시겠습니까?
   ② 디저트는 무엇으로 하시겠습니까?
   ③ 그 외에 무엇을 드시겠습니까?
   ④ 술은 무엇으로 하시겠습니까?

52. What is the name of famous Liqueur on Scotch basis?
   ① Drambuie　② Cointreau
   ③ Grand marnier　④ Curacao

53. What is the meaning of the following explanation?

   > When making a cocktail, this is the main ingredient into which other things are added.

   ① base　② glass
   ③ straw　④ decoration

54. "Would you care for dessert?"의 올바른 대답은?
   ① Vanilla ice-cream, please.
   ② Ice-water, please.
   ③ Scotch on the rocks.
   ④ Cocktail, please

55. Which one is made of dry gin and dry vermouth?
   ① Martini　② Manhattan
   ③ Paradise　④ Gimlet

56. 다음 중 의미가 다른 하나는?
   ① Cheers!　② Give up!
   ③ Bottoms up!　④ Here's to us!

57. Which of the following is a liqueur made by Irish whisky and Irish cream?
   ① Benedictine　② Galliano
   ③ Creme de Cacao　④ Baileys

58. Which of the following is not scotch whisky?
   ① Cutty Sark　② White Horse
   ③ John Jameson　④ Royal Salute

59. Which is the syrup made by pomegranate?
   ① Maple syrup　② Strawberry syrup
   ③ Grenadine syrup　④ Almond syrup

60. 다음 문장 중 나머지 셋과 의미가 다른 하나는?
   ① What would you like to have?
   ② Would you like to order now?
   ③ Are you ready to order?
   ④ Did you order him out?

1	2	3	4	5	6	7	8	9	10
2	3	4	2	3	2	2	3	4	1
11	**12**	**13**	**14**	**15**	**16**	**17**	**18**	**19**	**20**
2	2	1	3	3	4	4	2	2	2
21	**22**	**23**	**24**	**25**	**26**	**27**	**28**	**29**	**30**
4	2	4	3	3	4	4	1	3	2
31	**32**	**33**	**34**	**35**	**36**	**37**	**38**	**39**	**40**
3	3	2	4	1	2	1	2	1	4
41	**42**	**43**	**44**	**45**	**46**	**47**	**48**	**49**	**50**
4	3	3	1	4	2	1	3	2	3
51	**52**	**53**	**54**	**55**	**56**	**57**	**58**	**59**	**60**
4	1	1	1	1	2	4	3	3	4

2014년 4회

1과목 • 주류학개론 (30문제)

1. 쇼트 드링크(short drink)란?
① 만드는 시간이 짧은 음료
② 증류주와 청량음료를 믹스한 음료
③ 시간적인 개념으로 짧은 시간에 마시는 칵테일 음료
④ 증류주와 맥주를 믹스한 음료

2. Stinger를 조주할 때 사용되는 술은?
① Brandy ② Creme de menthe Blue
③ Cacao ④ Sloe Gin

3. 칵테일 명칭이 아닌 것은?
① Gimlet ② Kiss of Fire
③ Tequila Sunrise ④ Drambuie

4. 맥주(Beer)에서 특이한 쓴맛과 향기로 보존성을 증가시키고 또한 맥아즙의 단백질을 제거하는 역할을 하는 원료는?
① 효모(yeast) ② 홉(hop)
③ 알코올(alcohol) ④ 과당(fructose)

5. 다음 중 우리나라의 전통주가 아닌 것은?
① 소흥주 ② 소곡주
③ 문배주 ④ 경주법주

6. 다음 중 미국을 대표하는 리큐르(liqueur)?
① 슬로우 진(Sloe Gin)
② 리카르드(Ricard)
③ 사우던 컴포트(southern confort)
④ 크림 데 카카오(Creme de cacao)

7. 다음 중 오렌지향의 리큐르가 아닌 것은?
① 그랑 마니에르(Grand Marnier)
② 트리플 섹(Triple Sec)
③ 꼬엥뜨로(Cointreau)
④ 뮤슈(Mousseux)

8. 다음 증루주 중에서 곡류의 전분을 원료로 하지 않는 것은?
① 진(Gin) ② 럼(Rum)
③ 보드카(Vodka) ④ 위스키(Whisky)

9. 스페인 와인의 대표적 토착품종으로 숙성이 충분히 이루어지지 않을 때는 짙은 향과 풍미가 다소 거칠게 느껴질 수 있지만 오랜 숙정을 통해 부드러움이 갖추어져 매혹적인 스타일이 만들어지는 것은?
① Gamay ② Pinot Noir
③ Tempranillo ④ Cabernet Sauvignon

10. 화이트와인 품종이 아닌 것은?
① 샤르도네(Chardonnay)
② 말벡(Malbec)
③ 리슬링(Riesling)
④ 뮈스까(Muscat)

11. 데킬랄의 구분이 아닌 것은?
① 블랑코 ② 그라파
③ 레포사도 ④ 아네호

12. Terroir의 의미를 가장 잘 설명한 것은?
① 포도재배에 있어서 영향을 미치는 자연적인 환경요소
② 영양분이 풍부한 땅
③ 와인을 저장할 때 영향을 미치는 온도, 습도, 시간의 변화
④ 물이 빠지는 토양

13. 다음 중 와인의 정화(fining)에 사용되지 않는 것은?
① 규조토 ② 계란의 흰자
③ 카제인 ④ 아황산용액

14. 와인의 숙성 시 사용되는 오크통에 관한 설명으로 가장 거리가 먼 것은?
① 오크 캐스크(cask)가 작은 것 일수록 와인에 뚜렷한 영향을 준다.
② 보르도 타입 오크통의 표준 용량은 225리터이다.
③ 캐스크가 오래될수록 와인에 영향을 많이 주게 된다.
④ 캐스트에 숙성시킬 경우에 정기적으로 랙킹(racking)을 한다.

15. 칵테일을 만드는 기본기술 중 글라스에서 직접 만들어 손님에게 제공하는 경우가 있다. 다음 칵테일 중 이에 해당되는 것은?

① Bacardi ② Calvados
③ Honeymoon ④ Gin Rickey

16. 롱드링크 칵테일이나 비알콜성 펀치 칵테일을 만들 때 사용하는 것으로 레몬과 설탕이 주원료인 청량음료(soft drink)는?

① Soda Water ② Ginger Ale
③ Tonic Water ④ Collins Mix

17. 다음 민속주 중 증류식 소주가 아닌 것은?

① 문배주 ② 삼해주
③ 옥로주 ④ 안동소주

18. 커피 리큐르가 아닌 것은?

① 카모라(Kamora)
② 티아 마리아(Tia Maria)
③ 쿰멜(Kummel)
④ 칼루아(Kahlua)

19. 다음 칵테일 중 직접 넣기(Building)기법으로 만드는 칵테일로 적합한 것은?

① Bacardi ② Kiss of Fire
③ Honeymoon ④ Kir

20. 칠레에서 주로 재배되는 포도품종이 아닌 것은?

① 말백(Malbec)
② 진판델(Zinfandel)
③ 메를로(Merlot)
④ 까베르네 쇼비뇽(Cabernet Sauvignon)

21. 코냑은 무엇으로 만든 술인가?

① 보리 ② 옥수수
③ 포도 ④ 감자

22. Draft Beer의 특징으로 가장 잘 설명한 것은?

① 맥주 효모가 살아 있어 맥주의 고유한 맛을 유지한다.
② 병맥주 보다 오래 저장할 수 있다.
③ 살균처리를 하여 생맥주 맛이 더 좋다.
④ 효모를 미세한 필터로 여과하여 생맥주 맛이 더 좋다.

23. 다음 중 몰트위스키가 아닌 것은?

① A'bunadh ② Macallan
③ Crown royal ④ Glenlivet

24. Gin Fizz의 특징이 아닌 것은?

① 하이볼 글라스를 사용한다.
② 기법으로 Shaking과 Building을 병행한다.
③ 레몬의 신맛과 설탕의 단맛이 난다.
④ 칵테일 어니언(onion)으로 장식한다.

25. 음료의 살균에 이용되지 않는 방법은?

① 저온 장시간 살균법(LTLT)
② 자외선 살균법
③ 고온 단시간 살균법(HTST)
④ 초고온 살균법(UHT)

26. 다음 중 롱 드링크(Long drink)에 해당하는 것은?

① 마티니(Martini) ② 진피즈(Gin Fizz)
③ 맨하탄(Manhattan) ④ 스팅어(Stinger)

27. 다음 중 원료가 다른 술은?

① 트리플 섹 ② 마라스퀸
③ 꼬엥뜨로 ④ 블루 퀴라소

28. 다음 중 양조주가 아닌 것은?

① Silvowitz ② Cider
③ Porter ④ Cava

29. 커피의 3대 원종이 아닌 것은?

① 아라비카종 ② 로부스타종
③ 리베리카종 ④ 수마트라종

30. 1 대시(dash)는 몇 mL인가?

① 0.9mL ② 5mL
③ 7mL ④ 10mL

2과목 · **주장관리개론** (20문제)

31. 빈(bin)이 의미하는 것으로 가장 적합한 것은?

① 프랑스산 적포도주
② 주류 저장소에 술병을 넣어 놓는 장소
③ 칵테일 조주 시 가장 기본이 되는 주재료
④ 글라스를 세척하여 담아 놓는 기구

32. 백포도주를 서비스 할 때 함께 제공하여야 할 기물로 가장 적합한 것은?
① bar spoon ② wine cooler
③ strainer ④ tongs

33. 음료서비스 시 수분흡수를 위해 잔 밑에 놓는 것은?
① coaster ② pourer
③ stopper ④ jigger

34. Floating의 방법으로 글라스에 직접 제공하여야 할 칵테일은?
① Highball ② Gin fizz
③ Pousse cafe ④ Flip

35. 다음 중 네그로니(Negroni) 칵테일의 재료가 아닌 것은?
① Dry Gin ② Campari
③ Sweet Vermouth ④ Flip

36. 칵테일의 기법 중 stirring을 필요로 하는 경우와 가장 관계가 먼 것은?
① 섞는 술의 비중의 차이가 큰 경우
② Shaking 하면 만들어진 칵테일이 탁해질 것 같은 경우
③ Shaking 하는 것 보다 독특한 맛을 얻고자 할 경우
④ Cocktail의 맛과 향이 없어질 우려가 있을 경우

37. 레드와인의 서비스로 틀린 것은?
① 적정한 온도로 보관하여 서비스한다.
② 잔의 가득 차도록 조심해서 서서히 따른다.
③ 와인 병이 와인 잔에 닿지 않도록 따른다.
④ 와인 병 입구를 종이냅킨이나 크로스냅킨을 이용하여 닦는다.

38. Cognac의 등급 표시가 아닌 것은?
① V.S.O.P ② Napoleon
③ Blended ④ Vieux

39. 주장 원가의 3요소는?
① 인건비, 재료비, 주장경비
② 재료비, 주장경비, 세금
③ 인건비, 봉사료, 주장경비
④ 주장경비, 세금, 봉사료

40. 다음 중 용량에 있어 다른 단위와 차이가 가장 큰 것은?
① 1 Pony ② 1 Jigger
③ 1 Shot ④ 1 Ounce

41. Standerd recipe를 지켜야 하는 이유로 가장 거리가 먼 것은?
① 다양한 맛을 낼 수 있다.
② 객관성을 유지할 수 있다.
③ 원가책정의 기초로 삼을 수 있다.
④ 동일한 제조 방법으로 숙련할 수 있다.

42. 포도주를 관리하고 추천하는 직업이나 그 일을 하는 사람을 뜻하며 와인마스타(wine master)라고도 불리는 사람은?
① 쉐프(chef)
② 소믈리에(sommelier)
③ 바리스타(barista)
④ 믹솔로지스트(mixologist)

43. Long drink가 아닌 것은?
① Pina colada ② Manhattan
③ Singapore Sling ④ Rum Punch

44. Fizz류의 칵테일 조주 시 일반적으로 사용되는 것은?
① shaker ② mixing glass
③ pitcher ④ stirring rod

45. 탄산음료나 샴페인을 사용하고 남은 일부를 보관 시 사용되는 기물은?
① 스토퍼 ② 포우러
③ 코르크 ④ 코스터

46. 주장(bar)에서 유리잔(glass)을 취급 · 관리하는 방법으로 틀린 것은?
① cocktail glass는 스템(stem)의 아래쪽을 잡는다.
② Wine glass는 무늬를 조각한 크리스털 잔을 사용하는 것이 좋다.
③ Brandy snifter는 잔의 받침(foot)과 볼(bowl) 사이에 손가락을 넣어 감싸 잡는다.
④ 냉장고에서 차게 해 둔 잔(glass)이라도 사용 전 반드시 파손과 청결상태를 확인한다.

47. Brandy Base Cocktail이 아닌 것은?
① Gibson ② B & B
③ Sidecar ④ Stinger

48. store room에서 쓰이는 bin card의 용도는?
① 품목별 불출입 재고 기록
② 품목별 상품특성 및 용도기록
③ 품목별 수입가와 판매가 기록
④ 품목별 생산지와 빈티지 기록

49. June bug 칵테일의 재료가 아닌 것은?
① vodka ② coconut flavored Rum
③ blue curacao ④ sweet & sour Mix

50. 칵테일의 분류 중 맛에 따른 분류에 속하지 않는 것은?
① 스위트 칵테일(Sweet Cocktail)
② 샤워 칵테일(Sour Cocktail)
③ 드라이 칵테일(Dry Cocktail)
④ 아페리티프 칵테일(Aperitif Cocktail)

3과목 · 고객서비스영어 (10문제)

51. "How would you like your steak?"의 대답으로 가장 적합한 것은?
① Yes, I like it.
② I like my steak
③ Medium rare, please.
④ Filet mignon, please.

52. Which is not the name of sherry?
① Fino ② Olorso
③ Tio pepe ④ Tawny port

53. Where is the place not to produce wine in France?
① Bordeaux ② Bourgonne
③ Alsace ④ Mosel

54. 다음 내용의 의미로 가장 적합한 것은?

Scotch on the rock, please.

① 스카치위스키를 마시다.
② 바위 위에 위스키
③ 스카치 온더락 주세요.
④ 얼음에 위스키를 붓는다.

55. 다음의 ( )에 들어갈 알맞은 것은?

Why do you treat me like that? As you treat me, ( ) will you I treat you.

① as ② so
③ like ④ and

56. Which is the best answer for the blank?

A dry martini served with an ( ).

① red cherry ② pearl onion
③ lemon slice ④ olive

57. 다음 질문에 대한 대답으로 가장 적절한 것은?

How often do you go to the bar?

① For a long time. ② When I am free.
③ Quite often. OK. ④ From yesterday.

58. 아래는 어떤 용어에 대한 설명인가?

A small space or room in some restaurants where food items or food-related equipments are kept.

① Pantry ② Cloakroom
③ Reception Desk ④ Hospitality room

59. Which is the best answer for the blank?

Most highballs, Old fashioned, and on-the-rocks drinks call for ( ).

① shaved ice ② crushed ice
③ cubed ice ④ lumped ice

60. 다음 (　　) 안에 들어갈 단어로 알맞은 것은?

> (　　) is a generic cordial invented in Italy and made from apricot pits and herbs, yielding a pleasant almond flavor.

① Anisette　② Amaretto
③ Advocast　④ Amontillado

1	2	3	4	5	6	7	8	9	10
3	1	4	2	1	3	4	2	3	2
11	12	13	14	15	16	17	18	19	20
2	1	4	3	4	4	2	3	4	2
21	22	23	24	25	26	27	28	29	30
3	1	3	4	2	2	2	1	4	1
31	32	33	34	35	36	37	38	39	40
2	2	1	3	4	1	2	3	1	2
41	42	43	44	45	46	47	48	49	50
1	2	2	1	1	2	1	1	3	4
51	52	53	54	55	56	57	58	59	60
3	4	4	3	2	4	3	1	3	2

2014년 5회

1과목 · **주류학개론** (30문제)

1. 녹차의 대표적인 성분 중 15% 내외로 함유되어 있는 가용성 성분은?
① 카페인　② 비타민
③ 카테킨　④ 사포닌

2. 다음 중 증류주가 아닌 것은?
① 소주　② 럼주
③ 위스키　④ 진

3. 다음 중 싱글 몰트 위스키가 아닌 것은?
① 글렌모렌지(Glenmorangie)
② 더 글렌리벳(The Glenlivet)
③ 글렌피딕(Glenfiddich)
④ 씨그램 브이오(Seagram's V.O)

4. 다음 중 나머지 셋과 성격이 다른 것은?

> A. Cherry brandy　B. Peach brandy
> C. Hennessy brandy　D. Apricot brandy

① A　② B
③ C　④ D

5. 효모의 생육조건이 아닌 것은?
① 적정 영양소　② 적정 온도
③ 적정 pH　④ 적정 알코올

6. 헤네시(Henney)사에서 브랜디 등급을 처음 사용한 때는?
① 1763　② 1765
③ 1863　④ 1865

7. 다음 중 음료에 대한 설명이 틀린 것은?
① 에비앙생수는 프랑스의 천연광천수이다.
② 페리에생수는 프랑스의 탄산수이다.
③ 비시생수는 프랑스 비시의 탄산수이다.
④ 셀처생수는 프랑스의 천연광천수이다.

8. 산지별로 분류한 세계 4대 위스키가 아닌 것은?
① American whiskey ② Japanese whisky
③ Scotch whisky ④ Canadian whisky

9. 다음에서 설명하는 전통주는?

- 원료는 쌀이며 혼성주에 속한다.
- 약주에 소주를 섞어 빚는다.
- 무더운 여름을 탈 없이 날 수 있는 술이라는 뜻에서 그 이름이 유래되었다.

① 과하주 ② 백세주
③ 두견주 ④ 문배주

10. 각 나라별 와인등급 중 가장 높은 등급이 아닌 것은?
① 프랑스 V.O.Q.S ② 이탈리아 D.O.C.G
③ 독일 Q.m.p ④ 스페인 D.O.C

11. Fermented Liquor에 속하는 술은?
① Chartreuse ② Gin
③ Campari ④ Wine

12. 탄산수에 키니네, 레몬, 라임 등의 농축액과 당분을 넣어 만든 강장제 음료는?
① 진저 비어(Ginger Beer)
② 진저엘(Ginger ale)
③ 칼린스 믹스(Collins Mix)
④ 토닉 워터(Tonic water)

13. 탄산음료의 종류가 아닌 것은?
① Tonic water ② Soda water
③ Collins mixer ④ Evian water

14. 증류주 1quart의 용량과 가장 거리가 먼 것은?
① 750mL ② 1000mL
③ 32oz ④ 4 cup

15. 증류주에 대한 설명으로 틀린 것은?
① Gin은 곡물을 발효, 증류한 주정에 두송나무 열매를 첨가한 것이다.
② Tequila는 멕시코 원주민들이 즐겨 마시는 풀케(Pulque)를 증류한 것이다.
③ Vodka는 슬라브 민족의 국민주로 캐비어를 곁들여 마시기도 한다.
④ Rum의 주원료는 서인도제도에서 생산되는 자몽(Grapefruit)이다.

16. 양조주의 종류에 속하지 않은 것은?
① Amaretto ② Lager beer
③ Beaujolais Nouveau ④ Ice wine

17. 이태리 와인의 주요 생상지가 아닌 것은?
① 토스카나(Toscana) ② 리오하(Rioja)
③ 베네토(Veneto) ④ 피에몬테(Piemonte)

18. 양조주의 제조방법으로 틀린 것은?
① 원료는 곡류나 과실류이다.
② 전분은 당화과정이 필요하다.
③ 효모가 작용하여 알코올을 만든다.
④ 원료가 반드시 당분을 함유할 필요는 없다.

19. 다스카치산 위스키에 히스꽃에서 딴 봉밀과 그 밖에 허브를 넣어 만든 감미 짙은 리큐르로 러스티 네일을 만들 때 사용되는 리큐르는?
① Cointreau ② Galliano
③ Chartreuse ④ Drambuie

20. 칼바도스에 대한 설명으로 옳은 것은?
① 스페인의 와인 ② 프랑스의 사과브랜디
③ 북유럽의 아쿠아비트 ④ 멕시코의 테킬라

21. 증류주에 관한 설명 중 틀린 것은?
① 단식 증류기와 연속식 증류기를 사용한다.
② 높은 알코올 농도를 얻기 위해 과실이나 곡물을 이용하여 만든 양조주를 증류해서 만든다.
③ 양조주를 가열하면서 알코올을 기화시켜 이를 다시 냉각시킨 후 높은 알코올을 얻은 것이다.
④ 연속 증류기를 사용하면 시설비가 저렴하고 맛과 향의 파괴가 적다.

22. 비중이 서로 다른 술을 섞이지 않고 띄워서 여러 가지 색상을 음 미할 수 있는 칵테일은?
① 프라페(Frappe) ② 슬링(Sling)
③ 피즈(Fizz) ④ 푸스카페(Pousse Cafe)

23. 다음 중 종자류 계열이 아닌 혼성주는?
① 티아 마리아 ② 아마레토
③ 쇼콜라 스위스 ④ 갈리아노

24. 감자를 주원료로 해서 만드는 북유럽의 스칸디나비아 술로 유명 한 것은?
① Aquavit ② Calvados
③ Eau de vie ④ Grappa

25. 다음 중 맥주의 종류가 아닌 것은?
① Ale ② Parter
③ Hock ④ Bock

26. Draft beer 란 무엇인가?
① 효모가 살균되어 저장이 가능한 맥주
② 효모가 살균되지 않아 장기 저장이 불가능한 맥주
③ 제조과정에서 특별히 만든 흑맥주
④ 저장이 가능한 병이나 캔맥주

27. 아로마(Aroma)에 대한 설명 중 틀린 것은?
① 포도의 품종에 따라 맡을 수 있는 와인의 첫 번째 냄새 또는 향기이다.
② 와인의 발효과정이나 숙성과정 중에 형성되는 여러 가지 복잡 다양한 향기를 말한다.
③ 원료 자체에서 우러나오는 향기이다.
④ 같은 포도품종이라도 토양의 성분, 기후, 재배조건에 따라 차이가 있다.

28. 아라비카종 커피의 특징으로 옳은 것은?
① 병충해에 강하고 관리가 쉽다.
② 생두의 모양이 납작한 타원형이다.
③ 아프리카 콩고가 원산지이다.
④ 표고 600m 이하에서도 잘 자란다.

29. 안동소주에 대한 설명으로 틀린 것은?
① 제조 시 소주를 내릴 때 소주고리를 사용한다.
② 곡식을 물에 불린 후 시루에 쪄 고두밥을 만들고 누룩을 섞어 발효시켜 빚는다.
③ 경상북도 무형문화재로 지정되어 있다.
④ 희석식 소주로써 알코올 농도는 20도이다.

30. 까베르네 소비뇽에 관한 설명 중 틀린 것은?
① 레드 와인 제조에 가장 대표적인 포도 품종이다.
② 프랑스 남부 지방, 호주, 칠레, 미국, 남아프리카에서 재배한다.
③ 부르고뉴 지방의 대표적인 적포도 품종이다.
④ 포도송이가 작고 둥글고 포도 알은 많으며 껍질은 두껍다.

2과목 · **주장관리개론** (20문제)

31. 식음료 부분의 직무에 대한 내용으로 틀린 것은?
① Assistant bar manager는 지배인의 부재 시 업무를 대행하여 행정 및 고객관리의 업무를 수행한다.
② Bar captain은 접객 서비스의 책임자로서 head waiter 또는 super visor라고 불리기도 한다.
③ Bus boy는 각종 기물과 얼음, 비 알코올성 음료를 준비하는 책임이 있다.
④ Banquet manager는 접객원으로부터 그날의 영업실적을 보고 받고 고객의 식음료비 계산서를 받아 수납 정리한다.

32. Old fashioned의 일반적인 장식용 재료는?
① Slice of lemon
② Wedge of pineapple and cherry
③ Lemon peel twist
④ Slice of orange and cherry

33. 다음 중 칵테일 조주 시 용량이 가장 적은 계량 단위는?
① table spoon ② pony
③ jigger ④ dash

34. Grasshopper 칵테일의 조주기법은?
① Float &layer ② shaking
③ stirring ④ building

35. 맥주의 저장과 출고에 관한 사항 중 틀린 것은?
① 선입선출의 원칙을 지킨다.
② 맥주는 별도의 유통기한이 없으므로 장기간 보관이 가능하다.
③ 생맥주는 미살균 상태이므로 온도를 2 ~3℃로 유지하여야 한다.
④ 생맥주통 속의 압력은 항상 일정하게 유지되어야 한다.

36. 쉐이커(shaker)를 이용하여 만든 칵테일을 짝지은 것으로 옳은 것은?

㉠ Pink Lady	㉡ Olympic
㉢ Stinger	㉣ Seabreeze
㉤ Bacardi	㉥ Kir

① ㉠, ㉡, ㉤　　② ㉠, ㉣, ㉤
③ ㉡, ㉣, ㉥　　④ ㉠, ㉢, ㉥

37. 다음 중 After dinner cocktail로 가장 적합한 것은?
① Campari Soda　　② Dry Martini
③ Negroni　　④ Pousse Cafe

38. 조주 기구 중 3단으로 구성되어있는 스탠다드 쉐이커(Standard shaker)의 구성으로 틀린 것은?
① 스퀴저(Squeezer)
② 바디(Body)
③ 캡(Cap)
④ 스트레이너(Strainer)

39. Wine serving 방법으로 가장 거리가 먼 것은?
① 코르크의 냄새를 맡아 이상 유무를 확인 후 손님에게 확인하도록 접시 위에 얹어서 보여 준다.
② 은은한 향을 음미하도록 와인을 따른 후 한두 방울이 테이블에 떨어지도록 한다.
③ 서비스 적정온도를 유지하고, 상표를 고객에게 확인시킨다.
④ 와인을 따른 후 병 입구에 맺힌 와인이 흘러내리지 않도록 병목 을 돌려서 자연스럽게 들어 올린다.

40. 주로 일품요리를 제공하며 매출을 증대시키고, 고객의 기호와 편의를 도모하기 위해 그 날의 특별요리를 제공하는 레스토랑은?
① 다이닝룸(dining room)
② 그릴(grill)
③ 카페테리아(cafeteria)
④ 델리카트슨(delicatessen)

41. 서비스 종사원이 사용하는 타월로 arm towel 혹은 hand towel이 라고도 하는 것은?
① table cloth　　② under cloth
③ napkin　　④ service towel

42. 술병 입구에 부착하여 술을 따르고 술의 커팅(Cutting)을 용이하게 하고 손실을 없애기 위해 사용하는 기구는?
① Squeezer　　② Strainer
③ Pourer　　④ Jigger

43. 일반적으로 구매 청구서 양식에 포함되는 내용으로 틀린 것은?
① 필요한 아이템 명과 필요한 수량
② 주문한 아이템이 입고되어야 하는 날짜
③ 구매를 요구하는 부서
④ 구분 계산서의 기준

44. 다음과 같은 재료로 만들어지는 드링크(Drink)의 종류는?

Any liquor + soft drink + ice

① Martini　　② Manhattan
③ Sour Cocktail　　④ Highball

45. 정찬코스에서 Hors d' oeuvre 또는 soup 대신에 마시는 우아하고 자양분이 많은 칵테일은?
① After dinner cocktail
② Before dinner cocktail
③ Club cocktail
④ Night cap cocktail

3과목 • 고객서비스영어 (10문제)

46. 바에서 사용하는 House brand의 의미는?
① 널리 알려진 술의 종류
② 지정 주문이 아닐 때 쓰는 술의 종류
③ 상품(上品)에 해당하는 술의 종류
④ 조리용으로 사용하는 술의 종류

47. Appetizer course에 가장 적합한 술은?
① Sherry wine　　② Vodka
③ Canadian whisky　　④ Brandy

48. 올드 패션(Old fashioned)이나 온더락스(On the rocks)를 마실 때 사용되는 글라스(Glass)의 용량으로 가장 적합한 것은?
① 1 ~ 2 온스　　② 3 ~ 4 온스
③ 4 ~ 6 온스　　④ 6 ~ 8 온스

49. 잔(Glass) 가장자리에 소금, 설탕을 묻힐 때 빠르고 간편하게 사용할 수 있는 칵테일 기구는?
① 글라스 리머(Glass rimmer)
② 디켄터(Decanter)
③ 푸어러(Pourer)

④ 코스터(Coaster)

50. 파인애플 주스가 사용되지 않는 칵테일은?
① Mai-Tai ② Pina Colada
③ Paradise ④ Blue Hawaiian

51. Which one is the classical French liqueur of aperitifs?
① Dubonnet ② Sherry
③ Mosell ④ Campari

52. Which of the following is correct in the blank?

> W : Good evening, gentleman. Are you ready to order?
> G1 : Sure. A double whisky on the rocks for me.
> G2 : ____________________
> W : Two whiskies with ice, yes, sir.
> G1 : Then I'll have the shellfish cocktail.
> G2 : And I'll have the curried prawns. Not too hot, are they?
> W : No, sir. Quite mild, really.

① The same again?
② Make that two.
③ One for the road.
④ Another round of the same.

53. 다음 ( ) 안에 들어갈 가장 적당한 표현은?

> If you ( ) him, he will help you.

① asked ② will ask
③ ask ④ be ask

54. 다음 물음에 가장 적합한 것은?

> What kind of bourbon whisky do you have?

① Ballentine's ② J&B
③ Jim Beam ④ Cutty Sark

55. 다음 밑줄 친 내용의 뜻으로 적합한 것은?

> You must make a reservation in advance.

① 미리 ② 나중에
③ 원래 ④ 당장

56. What is the liqueur made by Scotch whisky, honey, herb?
① Grand Manier ② Sambuca
③ Drambuie ④ Amaretto

57. 다음 질문의 대답으로 가장 적절한 것은?

> A : Who's your favorite singer?
> B : ____________________

① I like jazz the best.
② I guess I'd have to say Elton John.
③ I don't really like to sing.
④ I like opera music.

58. 'Can you charge what I've just had to my room number 310?'의 뜻은?
① 내방 310호로 주문한 것을 배달해 줄 수 있습니까?
② 내방 310호로 거스름돈을 가져다 줄 수 있습니까?
③ 내방 310호로 담당자를 보내 주시겠습니까?
④ 내방 310호로 방금 마신 것의 비용을 달아놓아 주시겠습니까?

59. When do you usually serve cognac?
① Before the meal ② After meal
③ During the meal ④ With the soup

60. Choose the best answer for the blank.

> What is the 'sommelier' means? ( )

① head waiter ② head bartender
③ wine waiter ④ chef

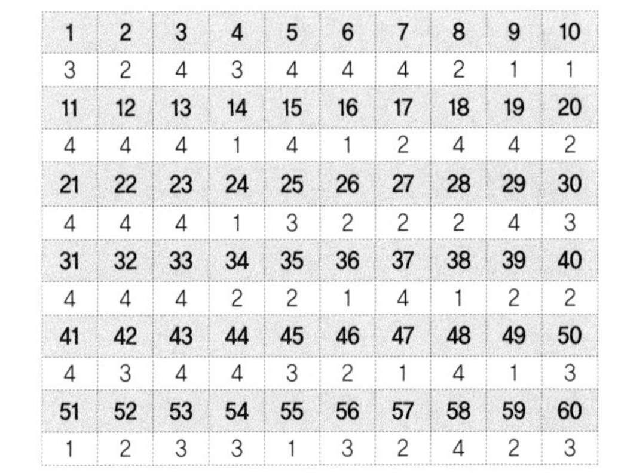

1	2	3	4	5	6	7	8	9	10
3	2	4	3	4	4	4	2	1	1
11	12	13	14	15	16	17	18	19	20
4	4	4	1	4	1	2	4	4	2
21	22	23	24	25	26	27	28	29	30
4	4	4	1	3	2	2	2	4	3
31	32	33	34	35	36	37	38	39	40
4	4	4	2	2	1	4	1	2	2
41	42	43	44	45	46	47	48	49	50
4	3	4	4	3	2	1	4	1	3
51	52	53	54	55	56	57	58	59	60
1	2	3	3	1	3	2	4	2	3

2015년 1회

1과목 • **주류학개론** (30문제)

1. Agave의 수액을 발효한 후 증류하여 만든 술은?
① Tequila ② Aquavit
③ Grappa ④ Rum

2. 우리나라주세법 상 탁주와 약주의 알코올도수 표기 시 허용 오차는?
① ± 0.1% ② ± 0.5%
③ ± 1.0% ④ ± 1.5%

3. 세계 3대 홍차에 해당되지 않는 것은?
① 아삼(Assam) ② 우바(Uva)
③ 기문(Keemun) ④ 다즐링(Darjeeling)

4. 다음 중 프랑스의 주요 와인 산지가 아닌 곳은?
① 보르도(Bordeaux) ② 토스카나(Toscana)
③ 루아르(Loire) ④ 론(Rhone)

5. 오렌지를 주원료로 만든 술이 아닌 것은?
① Triple Sec ② Tequila
③ Cointreau ④ Grand Marnier

6. 동일 회사에서 생산된 코낙(Cognac)중 숙성 년도가 가장 오래된 것은?
① V.S.O.P ② Napoleon
③ Extra Old ④ 3 star

7. 음료에 대한 설명이 틀린 것은?
① 칼린스믹서(Collins mixer)는 레몬주스와 설탕을 주원료로 만든 착향 탄산음료이다.
② 토닉워터(Tonic water)는 키니네(quinine)를 함유하고 있다.
③ 코코아(cocoa)는 코코넛(coconut)열매를 가공하여 가루로 만든 것이다.
④ 콜라(coke)는 콜라닌과 카페인을 함유하고 있다.

8. 네덜란드 맥주가 아닌 것은?
① 그롤쉬 ② 하이네켄
③ 암스텔 ④ 디벨스

9. 스카치 위스키(Scotch Whisky)가 아닌 것은?
① 시바스 리갈(Chivas Regal)
② 글렌피딕(Glenfiddich)
③ 존 제임슨(John Jameson)
④ 커티 샥(Cutty Sark)

10. 모카(Mocha)와 관련한 설명 중 틀린 것은?
① 예멘의 항구 이름
② 에티오피아와 예멘에서 생산되는 커피
③ 초콜릿이 들어간 음료에 붙이는 이름
④ 자메이카산 블루마운틴 커피

11. 4월 20일(곡우) 이전에 수확하여 제조한 차로 찻잎이 작으며 연하고 맛이 부드러우며 감칠맛과 향이 뛰어난 한국의 녹차는?
① 작설차 ② 우전차
③ 곡우차 ④ 입하차

12. 다음 중 양조주가 아닌 것은?
① 맥주(beer) ② 와인(wine)
③ 브랜디(brandy) ④ 풀케(pulque)

13. Scotch whisky에 꿀(Honey)을 넣어 만든 혼성주는?
① Cherry Heering ② Cointreau
③ Galliano ④ Drambuie

14. 발포성 포도주와 관계가 없는 것은?
① 뱅 무스(Vin Mousseux)
② 베르무트(Vermouth)
③ 동 페리뇽(Dom Perignon)
④ 샴페인(Champagne)

15. 맥주용 보리의 조건이 아닌 것은?
① 껍질이 얇아야 한다.
② 담황색을 띄고 윤택이 있어야 한다.
③ 전분 함유량이 적어야 한다.
④ 수분 함유량 13% 이하로 잘 건조되어야 한다.

16. 버번위스키 1pint의 용량으로 맨해튼 칵테일 몇 잔을 만들어 낼 수 있는가?
① 약 5잔 ② 약 10잔
③ 약 15잔 ④ 약 20잔

17. Still wine을 바르게 설명한 것은?
① 발포성 와인 ② 식사 전 와인
③ 비발포성 와인 ④ 식사 후 와인

18. 발효방법에 따른 차의 분류가 잘못 연결된 것은?
① 비발효차 - 녹차 ② 반발효차 - 우롱차
③ 발효차 - 말차 ④ 후발효차 - 흑차

19. 전통주와 관련한 설명으로 옳지 않은 것은?
① 모주 - 막걸리에 한약재를 넣고 끓인 술
② 감주 - 누룩으로 빚은 술의 일종으로 술과 식혜의 중간
③ 죽력고 - 청죽을 쪼개어 불에 구워 스며 나오는 진액인 죽력과 물을 소주에 넣고 중탕한 술
④ 합주 - 물대신 좋은 술로 빚어 감미를 더한 주도가 낮은 술

20. 다음 중 Cognac지방의 Brandy가아닌 것은?
① Remy Martin ② Hennessy
③ Chabot ④ Hine

21. 독일와인에 대한 설명 중 틀린 것은?
① 아이스바인(Eiswein)은 대표적인 레드와인이다.
② Prädikatswein 등급은 포도의 수확상태에 따라서 여섯 등급으로 나눈다.
③ 레드와인보다 화이트와인의 제조가 월등히 많다.
④ 아우스레제(Auslese)는 완전히 익은 포도를 선별해서 만든다.

22. 양조주의 설명으로 옳은 것은?
① 단식증류기를 사용한다.
② 알코올 함량이 높고 저장기간이 길다.
③ 전분이나 과당을 발효시켜 제조한다.
④ 주정에 초근목피를 첨가하여 만든다.

23. 다음 중 지역명과 대표적인 포도 품종의 연결이 맞는 것은?
① 샴페인 - 세미용
② 부르고뉴(White) - 쇼비뇽 블랑
③ 보르도(Red) - 피노 누아
④ 샤또뇌프 뒤 빠쁘 - 그르나슈

24. 혼성주 특유의 향과 맛을 이루는 주재료로 가장 거리가 먼 것은?
① 과일 ② 꽃
③ 천연향료 ④ 곡물

25. 오렌지 껍질을 주원료로 만든 혼성주는?
① Anisette ② Campari
③ Triple Sec ④ Underberg

26. 술 자체의 맛을 의미하는 것으로 '단맛'이라는 의미의 프랑스어는?
① Trocken ② Blanc
③ Cru ④ Doux

27. 증류주에 대한 설명으로 옳은 것은?
① 과실이나 곡류 등을 발효시킨 후 열을 가하여 알코올을 분리해서 만든다.
② 과실의 향료를 혼합하여 향기와 감미를 첨가한다.
③ 종류로는 맥주, 와인, 약주 등이 있다.
④ 탄산성 음료를 의미한다.

28. 다음 중 발명자가 알려져 있는 것은?
① Vodka ② Calvados
③ Gin ④ Irish Whisky

29. 프랑스 수도원에서 약초로 만든 리큐르로 '리큐르의 여왕'이라 불리는 것은?
① 압생트(Absinthe)
② 베네딕틴 디오엠(Benedictine D.O.M)
③ 두보네(Dubonnet)
④ 샤르트뢰즈(Chartreuse)

30. 문배주에 대한 설명으로 틀린 것은?
① 술의 향기가 문배나무의 과실에서 풍기는 향기와 같다하여 붙여진 이름이다.
② 원료는 밀, 좁쌀, 수수를 이용하여 만든 발효주이다.
③ 평안도 지방에서 전수되었다.
④ 누룩의 주원료는 밀이다.

2과목 • **주장관리개론** (20문제)

31. 다음 중 비터(Bitters)의 설명으로 옳은 것은?
① 쓴맛이 강한 혼성주로 칵테일에는 소량을 첨가하여 향료 또는 고미제로 사용
② 야생체리로 착색한 무색의 투명한 술
③ 박하냄새가 나는 녹색의 색소
④ 초콜릿 맛이 나는 시럽

32. 고객이 바에서 진 베이스의 칵테일을 주문할 경우 Call Brand의 의미는?
① 고객이 직접 요청하는 특정브랜드
② 바텐더가 추천하는 특정브랜드
③ 업장에서 가장 인기 있는 특정브랜드
④ 해당 칵테일에 가장 많이 사용되는 특정브랜드

33. 칵테일 글라스의 부위명칭으로 틀린 것은?

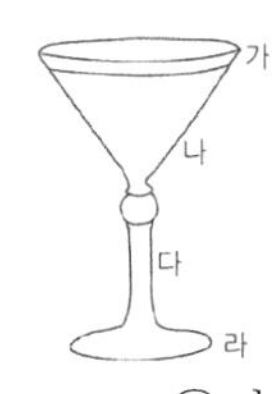

① 가 - rim ② 나 - face
③ 다 - body ④ 라 - bottom

34. Key Box나 Bottle Member제도에 대한 설명으로 옳은 것은?
① 음료의 판매회원이 촉진된다.
② 고정고객을 확보하기는 어렵다.
③ 후불이기 때문에 회수가 불분명하여 자금운영이 원활하지 못하다.
④ 주문시간이 많이 걸린다.

35. 주로 생맥주를 제공할 때 사용하며 손잡이가 달린 글라스는?
① Mug Glass ② Highball Glass
③ Collins Glass ④ Goblet

36. 다음 중 브랜디를 베이스로 한 칵테일은?
① Honeymoon ② New York
③ Old Fashioned ④ Rusty Nail

37. Mise en place 의 의미는?
① 영업제반의 준비사항 ② 주류의 수량관리
③ 적정 재고량 ④ 대기 자세

38. Under Cloth에 대한 설명으로 옳은 것은?
① 흰색을 사용하는 것이 원칙이다.
② 식탁의 마지막 장식이라 할 수 있다.
③ 식탁 위의 소음을 줄여준다.
④ 서비스 플레이트나 식탁 위에 놓는다.

39. 업장에서 장기간 보관 시 세워서 보관하지 않고 뉘어서 보관해야하는 것은?
① 포트와인 ② 브랜디
③ 그라파 ④ 아이스와인

40. 소금을 Cocktail Glass 가장자리에 찍어서 (Rimming) 만드는 칵테일은?
① Singapore Sling ② Side Car
③ Margarita ④ Snowball

41. 보드카가 기주로 쓰이지 않는 칵테일은?
① 맨해튼 ② 스크루드라이브
③ 키스 오브 파이어 ④ 치치

42. Gin Fizz를 서브할 때 사용하는 글라스로 적합한 것은?
① Cocktail Glass ② Champagne Glass
③ Liqueur Glass ④ Highball Glass

43. 칵테일의 부재료 중 씨 부분을 사용하는 것은?
① Cinnamon ② Nutmeg
③ Celery ④ Mint

44. 다음 중 기구에 대한 설명이 잘못된 것은?
① 스토퍼(Stopper) : 남은 음료를 보관하기 위한 병마개
② 코르크 스크루(Cork Screw) : 와인 병마개를 딸 때 사용
③ 아이스 텅(Ice Tongs) : 톱니 모양으로 얼음 집는데 사용
④ 머들러(Muddler) : 얼음을 깨는 송곳

45. 얼음을 거르는 기구는?
① Jigger ② Cork Screw
③ Pourer ④ Strainer

46. Pilsner Glass에 대한 설명으로 옳은 것은?
① 브랜디를 마실 때 사용한다.
② 맥주를 따르면 기포가 올라와 거품이 유지된다.
③ 와인의 향을 즐기는데 가장 적합하다.
④ 옆면이 둥글게 되어 있어 발레리나를 연상하게 하는 모양이다.

47. 마신 알코올량(mL)을 나타내는 공식은?
① 알코올량(mL) × 0.8
② 술의 농도(%) × 마시는 양(mL) ÷ 100
③ 술의 농도(%) - 마시는 양(mL)
④ 술의 농도(%) ÷ 마시는 양(mL)

48. 프라페(Frappe)를 만들기 위해 준비하는 얼음은?
① Cube Ice ② Big Ice
③ Crashed Ice ④ Crushed Ice

49. 고객이 호텔의 음료상품을 이용하지 않고 음료를 가지고 오는 경우, 서비스하고 여기에 필요한 글라스, 얼음, 레몬 등을 제공하여 받는 대가를 무엇이라 하는가?
① Rental charge ② V.A.T(value added tax)
③ Corkage charge ④ Service charge

50. 다음 중 칵테일 계량단위 범주에 해당되지 않는 것은?
① oz ② tsp
③ jigger ④ ton

3과목 • 고객서비스영어 (10문제)

51. What is the meaning of a walk-in guest?
① A guest with no reservation.
② Guest on charged instead of reservation guest.
③ By walk-in guest.
④ Guest that checks in through the front desk.

52. 다음은 레스토랑에서 종업원과 고객과의 대화이다. (　　)에 가장 알맞은 것은?

> G : Waitress, may I have our check, please?
> W : (　　　　　)
> G : No, I want it as one bill.

① Do you want separate checks?
② Don't mention it.
③ You are wanted on the phone.
④ Yes, I can.

53. Which is the best wine with a beefsteak course at dinner?

① Red wine　② Dry sherry
③ Blush wine　④ White wine

54. Which one is the cocktail containing beer and tomato juice?

① Red boy　② Bloody mary
③ Red eye　④ Tomcollins

55. Which of the following represents drinks like coffee and tea?

① Nutrition drinks　② Refreshing drinks
③ Preference drinks　④ Non-Carbonated drinks

56. Which one does not belong to aperitif?

① Sherry　② Campari
③ Kir　④ Brandy

57. 호텔에서 check-in 또는 check-out시 customer가 할 수 있는 말로 적합하지 않은 것은?

① Would you fill out this registration form?
② I have a reservation for tonight.
③ I'd like to check out today.
④ Can you hold my luggage until 4 pm?

58. Which one is the cocktail name containing Dry Gin, Dry vermouth and orange juice?

① Gimlet　② Golden Cadillac
③ Bronx　④ Bacardi Cocktail

59. 다음 (　) 안에 들어갈 단어로 가장 적합한 것은?

> Please (　　) yourself to the coffee before it gets cold.

① drink　② help
③ like　④ does

60. What is the name of this cocktail?

> 「Vodka 30 mL & orange Juice 90 mL, build」
> Pour vodka and orange juice into a chilled Highball glass with several ice cubes, and stir.

① Blue Hawaii　② Bloody Mary
③ Screwdriver　④ Manhattan

1	2	3	4	5	6	7	8	9	10
1	3	1	2	2	3	3	4	3	4
11	12	13	14	15	16	17	18	19	20
2	3	4	2	3	2	3	3	4	3
21	22	23	24	25	26	27	28	29	30
1	3	4	4	3	4	1	3	4	2
31	32	33	34	35	36	37	38	39	40
1	1	3	1	1	1	1	3	4	3
41	42	43	44	45	46	47	48	49	50
1	4	2	4	4	2	2	4	3	4
51	52	53	54	55	56	57	58	59	60
1	1	1	3	3	4	1	3	2	3

2015년 2회

1과목 · 주류학개론 (30문제)

1. 매년 보졸레 누보의 출시일은?
① 11월 1째 주 목요일 ② 11월 3째 주 목요일
③ 11월 1째 주 금요일 ④ 11월 3째 주 금요일

2. 위스키의 제조과정을 순서대로 나열한 것으로 가장 적합한 것은?
① 맥아 - 당화 - 발효 - 증류 - 숙성
② 맥아 - 당화 - 증류 - 저장 - 후숙
③ 맥아 - 발효 - 증류 - 당화 - 블렌딩
④ 맥아 - 증류 - 저장 - 숙성 - 발효

3. 샴페인의 발명자는?
① Bordeaux ② Champagne
③ St. Emilion ④ Dom Perignon

4. 포도주에 아티초크를 배합한 리큐르로 약간 진한 커피색을 띠는 것은?
① Chartreuse ② Cynar
③ Dubonnet ④ Campari

5. 각 나라별 발포성 와인(Sparkling Wine)의 명칭이 잘못 연결된 것은?
① 프랑스 - Cremant
② 스페인 - Vin Mousseux
③ 독일 - Sekt
④ 이탈리아 - Spumante

6. 혼성주(COmpounded Liquor)에 대한 설명 중 틀린 것은?
① 칵테일 제조나 식후주로 사용된다.
② 발효주에 초근목피의 침출물을 혼합하여 만든다.
③ 색채, 향기, 감미, 알코올의 조화가 잘 된 술이다.
④ 혼성주는 고대 그리스 시대에 약용으로 사용되었다.

7. 주류의 주정 도수가 높은 것부터 낮은 순서대로 나열된 것으로 옳은 것은?
① Vermouth 〉 Brandy 〉 Fortified Wine 〉 Kahlua
② Fortified Wine 〉Vermouth 〉 Brandy 〉 Beer
③ Fortified Wine 〉 Brandy 〉 Beer 〉 Kahlua
④ Brandy 〉 Sloe Gin 〉 Fortified Wine 〉 Beer

8. 프랑스의 와인제조에 대한 설명 중 틀린 것은?
① 프로방스에서는 주로 로제 와인을 많이 생산한다.
② 포도당이 에틸알코올과 탄산가스로 변한다.
③ 포도 발효 상태에서 브랜디를 첨가한다.
④ 포도 껍질에 있는 천연 효모의 작용으로 발효가 된다.

9. 살균방법에 의한 우유의 분류가 아닌 것은?
① 초저온살균우유 ② 저온살균우유
③ 고온살균우유 ④ 초고온살균우유

10. 에스프레소에 우유거품을 올린 것으로 다양한 모양의 디자인이 가능해 인기를 끌고 있는 커피는?
① 카푸치노 ② 카페라테
③ 콘파냐 ④ 카페모카

11. 곡물로 만들어 농번기에 주로 먹었던 막걸리는 어느 분류에 속하는가?
① 혼성주 ② 증류주
③ 양조주 ④ 화주

12. 다음 중 혼성주에 속하는 것은?
① 그렌피딕 ② 꼬냑
③ 버드와이즈 ④ 캄파리

13. 코냑(Cognac) 생산 회사가 아닌 것은?
① 마르텔 ② 헤네시
③ 까뮈 ④ 화이트 홀스

14. 맥주 제조에 필요한 중요한 원료가 아닌 것은?
① 맥아 ② 포도당
③ 물 ④ 효모

15. 상면 발효 맥주가 아닌 것은?
① 에일맥주(Ale Beer)
② 포터맥주(Porter Beer)
③ 스타우트 맥주(Stout Beer)
④ 필스너 맥주(Pilsner Beer)

16. 차의 분류가 옳게 연결된 것은?
① 발효차 - 얼그레이 ② 불발효차 - 보이차
③ 반발효차 - 녹차 ④ 후발효차 - 자스민

17. 와인의 등급제도가 없는 나라는?
① 스위스 ② 영국
③ 헝가리 ④ 남아프리카공화국

18. 독일 와인 라벨 용어는?
① 로사토 ② 트로컨
③ 로쏘 ④ 비노

19. 보드카(Vodka)에 대한 설명 중 틀린 것은?
① 슬라브 민족의 국민주라고 할 수 있을 정도로 애음되는 술이다.
② 사탕수수를 주원료로 사용한다.
③ 무색(colorless), 무미(tasteless), 무취(odorless)이다.
④ 자작나무의 활성탄과 모래를 통과시켜 여과한 술이다.

20. 다음의 설명에 해당하는 혼성주를 옳게 연결한 것은?

> ㉠ 멕시코산 커피를 주원료로 하여 Cocoa, Vanila 향을 첨가해서 만든 혼성주이다.
> ㉡ 야생 오얏을 진에 첨가해서 만든 빨간색의 혼성주이다.
> ㉢ 이탈리아의 국민주로 제조법은 각종 식물의 뿌리, 씨, 향초, 껍질 등 70여 가지의 재료로 만들어지며 제조 기간은 45일이 걸린다.

① ㉠ 샤르뜨뢰즈(Chartreuse) ㉡ 시나(Cynar) ㉢ 캄파리(Campari)
② ㉠ 파샤(Pasha) ㉡ 슬로우 진(Sloe Gin) ㉢ 캄파리(Campari)
③ ㉠ 칼루아(Kahlua) ㉡ 시나(Cynar) ㉢ 캄파리(Campari)
④ ㉠ 칼루아(Kahlua) ㉡ 슬로우 진(Sloe Gin) ㉢ 캄파리(Campari)

21. 증류주가 아닌 것은?
① Light Rum ② Malt Whisky
③ Brandy ④ Bitters

22. 다음 중 양조주에 해당하는 것은?
① 청주(淸酒) ② 럼주(Rum)
③ 소주(Soju) ④ 리큐르(Liqueur)

23. 커피의 3대 원종이 아닌 것은?
① 피베리 ② 아라비카
③ 리베리카 ④ 로부스타

24. 비알콜성 음료(non-alcoholic beverage)의 설명으로 옳은 것은?
① 양조주, 증류주, 혼성주로 구분된다.
② 맥주, 위스키, 리큐르(liqueur)로 구분된다.
③ 소프트드링크, 맥주, 브랜디로 구분한다.
④ 청량음료, 영양음료, 기호음료로 구분한다.

25. 스코틀랜드의 위스키 생산지 중에서 가장 많은 증류소가 있는 지역은?
① 하이랜드(Highland) ② 스페이사이드(Speyside)
③ 로우랜드(Lowland) ④ 아일레이(Islay)

26. 곡류를 발효 증류 시킨 후 주니퍼베리, 고수풀, 안젤리카 등의 향료식물을 넣어 만든 증류주는?
① VODKA ② RUM
③ GIN ④ TEQUILA

27. 증류주에 대한 설명으로 가장 거리가 먼 것은?
① 대부분 알코올 도수가 20도 이상이다.
② 알코올 도수가 높아 잘 부패되지 않는다.
③ 장기 보관 시 변질되므로 대부분 유통기간이 있다.
④ 갈색의 증류주는 대부분 오크통에서 숙성시킨다.

28. 다음 중 소주의 설명 중 틀린 것은?
① 제조법에 따라 증류식 소주, 희석식 소주로 나뉜다.
② 우리나라에 소주가 들어온 연대는 조선시대이다.
③ 주원료로는 쌀, 찹쌀, 보리 등이다.
④ 삼해주는 조선 중엽 소주의 대명사로 알려질 만큼 성행했던 소주이다.

29. 영국에서 발명한 무색투명한 음료로서 키니네가 함유된 청량음료는?
① cider ② cola
③ tonic water ④ soda water

30. 다음 중 식전주로 알맞지 않은 것은?
① 셰리 와인 ② 샴페인
③ 캄파리 ④ 깔루아

2과목 • **주장관리개론** (20문제)

31. 다음 중 Tumbler Glass는 어느 것인가?
① Champagne Glass ② Cocktail Glass
③ Highball Glass ④ Brandy Glass

32. 다음 와인 종류 중 냉각하여 제공하지 않는 것은?
① 클라렛(Claret) ② 호크(Hock)
③ 샴페인(Champagne) ④ 로제(Rose)

33. 칵테일을 만들 때, 흔들거나 섞지 않고 글라스에 직접 얼음과 재료를 넣어 바스푼이나 머들러로 휘저어 만드는 칵테일은?
① 스크루 드라이버(screw driver)
② 스팅어(stinger)
③ 마가리타(magarita)
④ 싱가포르 슬링(singapore sling)

34. Wine Master의 의미로 가장 적합한 것은?
① 와인의 제조 및 저장관리를 책임지는 사람
② 포도나무를 가꾸고 재배하는 사람
③ 와인을 판매 및 관리하는 사람
④ 와인을 구매하는 사람

35. 칵테일에 사용하는 얼음으로 적합하지 않은 것은?
① 컬러 얼음(Color Ice)
② 가루 얼음(Shaved Ice)
③ 기계 얼음(Cube Ice)
④ 작은 얼음(Cracked Ice)

36. 조주용 기물 종류 중 푸어러(Pourer)의 설명으로 옳은 것은?
① 쓰고 남은 청량음료를 밀폐시키는 병마개
② 칵테일을 마시기 쉽게 하기 위한 빨대
③ 술병입구에 끼워 쏟아지는 양을 일정하게 만드는 기구
④ 물을 담아놓고 쓰는 손잡이가 달린 물병

37. 다음 중 가장 많은 재료를 넣어 만드는 칵테일은?
① Manhattan ② Apple Martini
③ Gibson ④ Long Island Iced Tea

38. 다음 중 Gin Base에 속하는 칵테일은?
① Stinger ② Old-fashioned
③ Dry Martini ④ Sidecar

39. 와인의 Tasting 방법으로 가장 옳은 것은?
① 와인을 오픈한 후 공기와 접촉되는 시간을 최소화하여 바로 따른 후 마신다.
② 와인에 얼음을 넣어 냉각시킨 후 마신다.
③ 와인 잔을 흔든 뒤 아로마나 부케의 향을 맡는다.
④ 검은 종이를 테이블에 깔아 투명도 및 색을 확인한다.

40. 맥주 보관 방법 중 가장 적합한 것은?
① 냉장고에 5~10℃ 정도에 보관한다.
② 맥주 냉장 보관시 0℃ 이하로 보관한다.
③ 장시간 보관하여도 무방하다.
④ 맥주는 햇볕이 있는 곳에 보관해도 좋다.

41. 주장(Bar)관리의 의의로 가장 적합한 것은?
① 칵테일을 연구, 발전시키는 일이다.
② 음료(Beverage)를 많이 판매하는데 목적이 있다.
③ 음료(Beverage) 재고조사 및 원가 관리의 우선함과 영업 이익을 추구하는데 목적이 있다.
④ 주장 내에서 Bottles 서비스만 한다.

42. Old Fashioned Glass를 가장 잘 설명한 것은?
① 옛날부터 사용한 Cocktail Glass이다.
② 일명 On the Rocks Glass 라고도 하고 스템(Stem)이 없는 Glass이다.
③ Juice를 Cocktail하여 마시는 Long Neck Glass이다.
④ 일명 Cognac Glass라고 하고 튤립형의 스템(Stem)이 있는 Glass이다.

43. 와인의 적정온도 유지의 원칙으로 옳지 않은 것은?
① 보관 장소는 햇빛이 들지 않고 서늘하며, 습기가 없는 곳이 좋다.
② 연중 급격한 변화가 없는 곳이어야 한다.
③ 와인에 전해지는 충격이나 진동이 없는 곳이 좋다.
④ 코르크가 젖어 있도록 병을 눕혀서 보관해야 한다.

44. 연회(Banquet)석상에서 각 고객들이 마신(소비한)만큼 계산을 별도로 하는 바(Bar)를 무엇이라고 하는가?
① Banquet Bar ② Host Bar
③ No-Host Bar ④ Paid Bar

45. Saucer형 샴페인 글라스에 제공되며 Menthe(Green) 1oz, Cacao(White) 1oz, Light Milk(우유) 1oz를 셰이킹 하여 만드는 칵테일은?
① Gin Fizz ② Gimlet
③ Grasshopper ④ Gibson

46. 바 스푼(Bar Spoon)의 용도가 아닌 것은?
① 칵테일 조주 시 글래스 내용물을 섞을 때 사용한다.
② 얼음을 잘게 부술 때 사용한다.
③ 프로팅칵테일(Floating Cocktail)을 만들 때 사용한다.
④ 믹싱글라스를 이용하여 칵테일을 만들 때 휘젓는 용도로 사용한다.

47. 다음은 무엇에 대한 설명인가?

음료와 식료에 대한 원가관리의 기초가 되는 것으로서 단순히 필요한 물품만을 구입하는 업무만을 의미하는 것이 아니라, 바 경영을 계획, 통제, 관리하는 경영활동의 중요한 부분이다.

① 검수 ② 구매
③ 저장 ④ 출고

48. 플레인 시럽과 관련이 있는 것은?
① lemon ② butter
③ cinnamon ④ sugar

49. 볶은 커피의 보관 시 알맞은 습도는?
① 3.5% 이하 ② 5~7%
③ 10~12% ④ 13% 이상

50. 조주기법(Cocktail Technique)에 관한 사항에 해당되지 않는 것은?
① Stirring ② Distilling
③ Straining ④ Chilling

3과목 • **고객서비스영어** (10문제)

51. 다음 질문의 대답으로 적합한 것은?

Are the same kinds of glasses used for all wines?

① Yes, they are. ② No, they don't.
③ Yes, they do. ④ No, they are not.

52. Which drink is prepared with Gin?
① Tom collins ② Rob Roy
③ B&B ④ Black Russian

53. 다음의 밑줄에 들어갈 알맞은 것은?

This bar _____ by a bar helper every morning.

① cleans ② is cleaned
③ is cleaning ④ be cleaned

54. 다음 대화 중 밑줄 친 부분에 들어갈 B의 질문으로 적합하지 않은 것은?

G1 : I'll have a Sunset Strip. What about you, Sally?
G2 : I don't drink at all. Do you serve soft drinks?
B : Certainly, Madam.
__________________?
G2 : It sounds exciting. I'll have that.

① How about a Virgin Colada?
② What about a Shirley Temple?
③ How about a Black Russian?
④ What about a Lemonade?

55. What is the Liqueur on apricot pits base?
① Benedictine ② Chartreuse
③ Kahlua ④ Amaretto

56. 다음의 밑줄에 들어간 단어로 알맞은 것은?

Which one do you like better whisky _______ brandy?

① as ② but

③ and ④ or

57. Which of the following is not compounded Liquor?
① Cutty Sark ② Curacao
③ Advocaat ④ Amaretto

58. 다음 중 brand가 의미하는 것은?

What brand do you want?

① 브랜디 ② 상표
③ 칵테일의 일종 ④ 심심한 맛

59. Which one is wine that can be served before meal?
① Table wine ② Dessert wine
③ Aperitif wine ④ Port wine

60. 다음에서 설명하는 혼성주는?

The great proprietary liqueur of Scotland made of scotch and heather honey.

① Anisette ② Sambuca
③ Drambuie ④ Peter Heering

1	2	3	4	5	6	7	8	9	10
2	1	4	2	2	2	4	3	1	1
11	12	13	14	15	16	17	18	19	20
3	4	4	2	4	1	4	2	2	4
21	22	23	24	25	26	27	28	29	30
4	1	1	4	2	3	3	2	3	4
31	32	33	34	35	36	37	38	39	40
3	1	1	1	1	3	4	3	3	1
41	42	43	44	45	46	47	48	49	50
3	2	1	1	3	2	2	4	1	2
51	52	53	54	55	56	57	58	59	60
4	1	2	3	4	4	1	2	3	3

2015년 4회

1과목 · **주류학개론** (30문제)

1. 음료에 대한 설명 중 틀린 것은?
① 소다수는 물에 이산화탄소를 가미한 것이다.
② 칼린스믹스는 소다수에 생강향을 혼합한 것이다.
③ 사이다는 소다수에 구연산, 주석산, 레몬즙 등을 혼합한 것이다.
④ 토닉워터는 소다수에 레몬, 키니네 껍질 등의 농축액을 혼합한 것이다.

2. 우유가 사용되지 않는 커피는?
① 카푸치노(Cappuccino)
② 에스프레소(Espresso)
③ 카페 마키아토(Cafe Macchiato)
④ 카페 라떼(Cafe Latte)

3. 아티초크를 원료로 사용한 혼성주는?
① 운더베르그(Underberg)
② 시나(Cynar)
③ 아마르 피콘(Amer Picon)
④ 샤브라(Sabra)

4. 당밀에 풍미를 가한 석류 시럽(Syrup)은?
① Raspberry syrup ② Grenadine syrup
③ Blackberry syrup ④ Maple syrup

5. 럼(Rum)의 분류 중 틀린 것은?
① Light Rum ② Soft Rum
③ Heavy Rum ④ Medium Rum

6. Dry wine의 당분이 거의 남아 있지 않은 상태가 되는 주된 이유는?
① 발효 중에 생성되는 호박산, 젖산 등의 산 성분 때문
② 포도 속의 천연 포도당을 거의 완전히 발효시키기 때문
③ 페노릭 성분의 함량이 많기 때문
④ 설탕을 넣는 가당 공정을 거치지 않기 때문

7. 다음 중 양조주가 아닌 것은?
① 그라파 ② 샴페인
③ 막걸리 ④ 하이네켄

8. 다음 중 Gin rickey에 포함되는 재료는?
① 소다수(soda water) ② 진저엘(ginger ale)
③ 콜라(cola) ④ 사이다(cider)

9. 위스키(whisky)를 만드는 과정이 옳게 배열된 것은?
① mashing - fermentation - distillation - aging
② fermentation - mashing - distillation - aging
③ aging - fermentation - distillation - mashing
④ distillation - fermentation - mashing - aging

10. Grain Whisky에 대한 설명으로 옳은 것은?
① Silent Spirit라고도 불린다.
② 발아시킨 보리를 원료로 해서 만든다.
③ 향이 강하다.
④ Andrew Usher에 의해 개발되었다.

11. 비알코올성 음료에 대한 설명으로 틀린 것은?
① Decaffeinated coffee는 caffeine을 제거한 커피이다.
② 아라비카종은 이디오피아가 원산지인 향미가 우수한 커피이다.
③ 에스프레소 커피는 고압의 수증기로 추출한 커피이다.
④ Cocoa는 카카오 열매의 과육을 말려 가공한 것이다.

12. 소주에 관한 설명으로 가장 거리가 먼 것은?
① 양조주로 분류된다.
② 증류식과 희석식이 있다.
③ 고려시대에 중국으로부터 전래되었다.
④ 원료로는 백미, 잡곡류, 당밀, 사탕수수, 고구마, 파티오카 등이 쓰인다.

13. 로제와인(rose wine)에 대한 설명으로 틀린 것은?
① 대체로 붉은 포도로 만든다.
② 제조 시 포도껍질은 같이 넣고 발효시킨다.
③ 오래 숙성시키지 않고 마시는 것이 좋다.
④ 일반적으로 상온(17~18℃) 정도로 해서 마신다.

14. Red Bordeaux wine의 service 온도로 가장 적합한 것은?
① 3 ~ 5℃ ② 6 ~ 7℃
③ 7 ~ 11℃ ④ 16 ~ 18℃

15. Gin에 대한 설명으로 틀린 것은?
① 진의 원료는 대맥, 호밀, 옥수수 등 곡물을 주원료로 한다.
② 무색 · 투명한 증류주 이다.
③ 활성탄 여과법으로 맛을 낸다.
④ Juniper berry를 사용하여 착향시킨다.

16. 다음 중 주재료가 나머지 셋과 다른 것은?
① Grand Marnier ② Drambuie
③ Triple Sec ④ Cointreau

17. 곡류를 원료로 만드는 술의 제조 시 당화과정에 필요한 것은?
① ethyl alcohol ② CO_2
③ yeast ④ diastase

18. 와인의 품질을 결정하는 요소가 아닌 것은?
① 환경요소(Terroir) ② 양조기술
③ 포도품종 ④ 제조국의 소득수준

19. 까브(cave)의 의미는?
① 화이트 ② 지하 저장고
③ 포도원 ④ 오래된 포도나무

20. 다음 중 버번 위스키가 아닌 것은?
① Jim Beam ② Jack Daniel
③ Wild Turkey ④ John Jameson

21. 쌀, 보리, 조, 수수, 콩 등 5가지 곡식을 물에 불린 후 시루에 쪄 고두밥을 만들고, 누룩을 섞고 발효시켜 전술을 빚는 것은?
① 백세주 ② 과하주
③ 안동소주 ④ 연엽주

22. 위스키의 종류 중 증류방법에 의한 분류는?
① malt whisky ② grain whisky
③ blended whisky ④ patent whisky

23. 음료류의 식품유형에 대한 설명으로 틀린 것은?
   ① 무향탄산음료 : 먹는 물에 식품 또는 식품첨가물(착향료 제외)등을 가한 후 탄산가스를 주입한 것을 말한다.
   ② 착향탄산음료 : 탄산음료에 식품첨가물*(착향료)을 주입한 것을 말한다.
   ③ 과실음료 : 농축과실즙(또는 과실분), 과실주스 등을 원료로 하여 가공한 것(과실즙 10% 이상)을 말한다.
   ④ 유산균음료 : 유가공품 또는 식물성 원료를 효모로 발효시켜 가공(살균을 포함)한 것을 말한다.

24. 나라별 와인을 지칭하는 용어가 바르게 연결된 것은?
   ① 독일 - Wine ② 미국 - Vin
   ③ 이태리 - Vino ④ 프랑스 - Wein

25. 차에 들어있는 성분 중 타닌(Tannic acid)의 4대 약리작용이 아닌 것은?
   ① 해독작용 ② 살균작용
   ③ 이뇨작용 ④ 소염작용

26. 우리나라 민속주에 대한 설명으로 틀린 것은?
   ① 탁주류, 약주류, 소주류, 등 다양한 민속주가 생산된다.
   ② 쌀 등 곡물을 주원료로 사용하는 민속주가 많다.
   ③ 삼국시대부터 증류주가 제조되었다.
   ④ 발효제로는 누룩만을 사용하여 제조하고 있다.

27. 일반적으로 dessert wine으로 적합하지 않은 것은?
   ① Beerenauslese ② Barolo
   ③ Sauternes ④ Ice Wine

28. 다음의 제조 방법에 해당되는 것은?

삼각형, 받침대 모양의 틀에 와인을 꽂고 약 4개월 동안 침전물을 병입구로 모은 후, 순간냉동으로 병목을 얼려서 코르크 마개를 열면 순간적으로 자체 압력에 의해 응고되었던 침전물이 병 밖으로 빠져 나온다. 침전물의 방출로 인한 양적 손실은 도자쥬(dosage)로 채워진다.

   ① 레드 와인(Red wine)
   ② 로제 와인(Rose wine)
   ③ 샴페인(Champagne)
   ④ 화이트 와인(White wine)

29. 혼성주에 대한 설명으로 틀린 것은?
   ① 중세의 연금술사들이 증류주를 만드는 기법을 터득하는 과정에서 우연히 탄생되었다.
   ② 증류주에 당분과 과즙, 꽃, 약초 등 초근목피의 침출물로 향미를 더했다.
   ③ 프랑스에서는 알코올 30% 이상, 당분 30% 이상을 함유하고 향신료가 첨가된 술을 리큐르라 정의한다.
   ④ 코디알(Cordial)이라고도 부른다.

30. 다음 중 보르도(Bordeaux) 지역에 속하며, 고급 와인이 많이 생산되는 곳은?
   ① 콜마(Colmar) ② 샤블리(Chablis)
   ③ 보졸레(Beaujolais) ④ 뽀므롤(Pomerol)

2과목 · **주장관리개론** (20문제)

31. 싱가폴 슬링(Singapore Sling) 칵테일의 재료로 가장 거리가 먼 것은?
   ① 드라이 진(Dry Gin)
   ② 체리 브랜디(Cherry-Flavored Brandy)
   ③ 레몬쥬스(Lemon Juice)
   ④ 토닉워터(Tonic Water)

32. 다음 중 High ball glass를 사용하는 칵테일은?
   ① 마가리타(Margarita)
   ② 키르 로열(Kir Royal)
   ③ 씨 브리즈(Sea Breeze)
   ④ 블루 하와이(Blue Hawaii)

33. Bartender가 영업 전 반드시 해야 할 준비사항이 아닌 것은?
   ① 칵테일용 과일 장식 준비
   ② 냉장고 온도 체크
   ③ 모객 영업
   ④ 얼음준비

34. Key Box나 Bottle Member제도에 대한 설명으로 옳은 것은?
   ① 음료의 판매회전이 촉진된다.
   ② 고정고객을 확보하기는 어렵다.

③ 후불이기 때문에 회수가 불분명하여 자금운영이 원활하지 못하다.
④ 주문시간이 많이 걸린다.

35. 잔 주위에 설탕이나 소금 등을 묻혀서 만드는 방법은?
① Shaking ② Building
③ Floating ④ frosting

36. Angostura Bitter가 1 dash정도로 혼합되는 것은?
① Daiquiri ② Grasshopper
③ Pink Lady ④ Manhattan

37. 재고 관리상 쓰이는 용어인 F.I.F.O의 뜻은?
① 정기구입 ② 선입 선출
③ 임의 불출 ④ 후입 선출

38. 서브 시 칵테일 글라스를 잡는 부위로 가장 적합한 것은?
① Rim ② Stem
③ Body ④ Bottom

39. 와인의 보관방법으로 적합하지 않은 것은?
① 진동이 없는 곳에 보관한다.
② 직사광선을 피하여 보관한다.
③ 와인을 눕혀서 보관한다.
④ 습기가 없는 곳에 보관한다.

40. 레몬의 껍질을 가늘고 길게 나선형으로 장식하는 것과 관계있는 것은?
① Slice ② Wedge
③ Horse's Neck ④ Peel

41. 다음 중 고객에게 서브되는 온도가 18℃ 정도 되는 것이 가장 적정한 것은?
① Whiskey ② White Wine
③ Red Wine ④ Champagne

42. 와인 서빙에 필요치 않은 것은?
① Decanter ② Cork screw
③ Stir rod ④ Pincers

43. Corkage Charge의 의미는?
① 적극적인 고객 유치를 위한 판촉비용
② 고객이 Bottle 주문 시 따라 나오는 Soft Drink의 요금
③ 고객이 다른 곳에서 구입한 주류를 바(Bar)에 가져와서 마실 때 부과되는 요금
④ 고객이 술을 보관할 때 지불하는 보관 요금

44. 칵테일 기법 중 믹싱 글라스에 얼음과 술을 넣고 바 스푼으로 잘 저어서 잔에 따르는 방법은?
① 직접넣기(Building) ② 휘젓기(Stirring)
③ 흔들기(Shaking ④ 띄우기(Float & Layer)

45. 다음 중 칵테일 장식용(Garnish)으로 보통 사용되지 않는 것은?
① Olive ② Onion
③ Raspberry Syrup ④ Sherry

46. 칵테일의 기본 5대 요소와 가장 거리가 먼 것은?
① Decoration(장식) ② Method(방법)
③ Glass(잔) ④ Flavor(향)

47. 다음 중 소믈리에(Sommelier)의 역할로 틀린 것은?
① 손님의 취향과 음식과의 조화, 예산 등에 따라 와인을 추천한다.
② 주문한 와인은 먼저 여성에게 우선적으로 와인 병의 상표를 보여 주며 주문한 와인임을 확인시켜 준다.
③ 시음 후 여성부터 차례로 와인을 따르고 마지막에 그 날의 호스트에게 와인을 따라준다.
④ 코르크 마개를 열고 주빈에게 코르크 마개를 보여주면서 시큼하고 이상한 냄새가 나지 않는지, 코르크가 잘 젖어있는지를 확인시킨다.

48. 다음 중 그레나딘(grenadine)이 필요한 칵테일은?
① 위스키 사워(Whisky Sour)
② 바카디(Bacardi)
③ 카루소(Caruso)
④ 마가리타(Margarita)

49. 맥주를 취급, 관리, 보관하는 방법으로 틀린 것은?
① 장기간 보관하여 숙성시킨다.
② 심한 온도 변화를 주지 않는다.
③ 그늘진 곳에 보관한다.
④ 맥주가 얼지 않도록 한다.

50. 칵테일 제조에 사용되는 얼음(Ice)종류의 설명이 틀린 것은?
   ① 쉐이브드 아이스(Shaved Ice) : 곱게 빻은 가루 얼음
   ② 크랙드 아이스(Cracked Ice) : 큰 얼음을 아이스 픽(Ice Pick)으로 깨어서 만든 각얼음
   ③ 큐브드 아이스(Cubed Ice) : 정육면체의 조각얼음 또는 육각형 얼음
   ④ 럼프 아이스(Lump Ice) : 각얼음을 분쇄하여 만든 작은 콩알얼음

3과목 · 고객서비스영어 (10문제)

51. 「먼저 하세요.」라고 양보할 때 쓰는 영어 표현은?
   ① Before you, please. ② Follow me, please
   ③ After you! ④ Let's go

52. 아래의 설명에 해당하는 것은?

> This complex, aromatic concoction containing some 56 herbs, roots, and fruits has been popular in germany since its introduction in 1878.

   ① Kummel ② Sloe Gin
   ③ Maraschino ④ Jagermeister

53. Which is not scotch whisky?
   ① Bourbon ② Ballantine
   ③ Cutty sark ④ V.A.T.69

54. 다음의 ( ) 안에 적당한 단어는?

> I'll have a Scotch (㉠) the rocks and a Bloody Mary (㉡) my wife.

   ① ㉠ - on, ㉡ - for ② ㉠ - in, ㉡- to
   ③ ㉠ - for, ㉡ - at ④ ㉠ - of, ㉡ - in

55. 다음 중 밑줄 친 change가 나머지 셋과 다른 의미로 쓰인 것은?
   ① Do you have change for a dollar?
   ② Keep the change.
   ③ I need some change for the bus.
   ④ Let's try a new restaurant for a change.

56. Which one is made with vodka, lime juice, triple sec and cranberry juice?
   ① Kamikaze ② Godmother
   ③ Seabreeze ④ Cosmopolitan

57. 다음에서 설명하는 것은?

> A kind of drink made of gin, brandy and so on sweetened with fruit juices, especially lime.

   ① Ade ② Squash
   ③ Sling ④ Julep

58. "이것으로 주세요." 또는 "이것으로 할게요."라는 의미의 표현으로 가장 적합한 것은?
   ① I'll have this one.
   ② Give me one more.
   ③ I would like to drink something.
   ④ I already had one.

59. 다음의 ( )에 들어갈 알맞은 말은?

> I am afraid you have the ( ) number. (전화 잘못 거셨습니다.)

   ① correct ② wrong
   ③ missed ④ busy

60. 다음 중 Ice bucket에 해당되는 것은?
   ① Ice pail ② Ice tong
   ③ Ice pick ④ Ice pack

1	2	3	4	5	6	7	8	9	10
2	2	2	2	2	2	1	1	1	1
11	12	13	14	15	16	17	18	19	20
4	1	4	4	3	2	4	4	2	4
21	22	23	24	25	26	27	28	29	30
3	4	4	3	3	3	2	3	3	4
31	32	33	34	35	36	37	38	39	40
4	3	3	1	4	4	2	2	4	3
41	42	43	44	45	46	47	48	49	50
3	3	3	2	3	2	2	2	1	4
51	52	53	54	55	56	57	58	59	60
3	4	1	1	4	4	3	1	2	1

2015년 5회

1과목 · **주류학개론** (30문제)

1. 멕시코에서 처음 생산된 증류주는?
   ① 럼(Rum) ② 진(Gin)
   ③ 아쿠아비트(Aquavit) ④ 테킬라(Tequila)

2. 맨해튼(Manhattan), 올드패션(Old fashion) 칵테일에 쓰이며 뛰어난 풍미와 향기가 있는 고미제로서 널리 사용되는 것은?
   ① 클로버(Clove)
   ② 시나몬(Cinnamon)
   ③ 앙코스트라 비터(Angostura Bitter)
   ④ 오렌지 비터(Orange Bitter)

3. 제조방법상 발효 방법이 다른 차(Tea)는?
   ① 한국의 작설차
   ② 인도의 다르질링(Darjeeling)
   ③ 중국의 기문차
   ④ 스리랑카의 우바(Uva)

4. 다음 중 셰리를 숙성하기에 가장 적합한 곳은?
   ① 솔레라(Solera) ② 보데가(Bodega)
   ③ 꺄브(Cave) ④ 플로(Flor)

5. 레드와인용 품종이 아닌 것은?
   ① 시라(Syrah) ② 네비올로(Nebbiolo)
   ③ 그르나슈(Grenache) ④ 세미용(Semillion)

6. 스카치위스키의 법적정의로서 틀린 것은?
   ① 위스키의 숙성기간은 최소 3년 이상이어야 한다.
   ② 물외에 색을 내기 위한 어떤 물질도 첨가할 수 없다.
   ③ 병입 후 알코올 도수가 최소 40도 이상이어야 한다.
   ④ 증류된 원액을 숙성시켜야 하는 오크통은 700리터가 넘지 않아야 한다.

7. 샴페인 제조 시 블렌딩 방법이 아닌 것은?
   ① 여러 포도 품종
   ② 다른 포도밭 포도
   ③ 다른 수확 연도의 와인
   ④ 10% 이내의 샴페인 외 다른 지역 포도

8. 재배하기가 무척 까다롭지만 궁합이 맞는 토양을 만나면 훌륭한 와인을 만들어 내기도 하며 Romancee-Conti를 만드는데 사용된 프랑스 부르고뉴 지방의 대표적인 품종으로 옳은 것은?
   ① Cabernet Sauvignon ② Pinot Noir
   ③ Sangiovese ④ Syrah

9. 소주의 원료로 틀린 것은?
   ① 쌀 ② 보리
   ③ 밀 ④ 맥아

10. 보드카(Vodka) 생산 회사가 아닌 것은?
    ① 스톨리치나야(Stolichnaya)
    ② 비피터(Beefeater)
    ③ 핀란디아(Finlandia)
    ④ 스미노프(Smirnoff)

11. 다음 중 무색, 무미, 무취의 탄산음료는?
    ① 칼린스 믹스(Colins Mix)
    ② 콜라(Cola)
    ③ 소다수(Soda Water)
    ④ 에비앙(Evian Water)

12. Bourbon whisky "80 proof"는 우리나라의 알코올 도수로 몇 도인가?
    ① 20도 ② 30도
    ③ 40도 ④ 50도

13. 두송자를 첨가하여 풍미를 나게 하는 술은?
    ① Gin ② Rum
    ③ Vodka ④ Tequila

14. 클라렛(Claret)이란?
    ① 독일산의 유명한 백포도주(White Wine)
    ② 프랑스 보르도 지방의 적포도주(Red Wine)
    ③ 스페인 헤레스 지방의 포트와인(Pot Wine)
    ④ 이탈리아산 스위트 버무스(Sweet Vermouth)

15. 제조 시 향초류(Herb)가 사용되지 않는 술은?
    ① Absinthe ② Creme de Cacao
    ③ Benedictine D.O.M ④ Chartreuse

16. 우리나라의 증류식 소주에 해당되지 않는 것은?
① 안동 소주 ② 제주 한주
③ 경기 문배주 ④ 금산 삼송주

17. 적포도를 착즙해 주스만 발효시켜 만드는 와인은?
① Blanc de Blanc ② Blush Wine
③ Port Wine ④ Red Vermouth

18. 커피의 맛과 향을 결정하는 중요 가공 요소가 아닌 것은?
① roasting ② blending
③ grinding ④ weathering

19. 다음 중 Afrer Drink로 가장 거리가 먼 것은?
① Rusty Nail ② Cream Sherry
③ Campari ④ Alexander

20. 다음 중 비알콜성 음료의 분류가 아닌 것은?
① 기호 음료 ② 청량 음료
③ 영양 음료 ④ 유성 음료

21. 스카치위스키를 기주로 하여 만들어진 리큐르는?
① 샤트루즈 ② 드람부이
③ 꼬앙뜨로 ④ 베네딕틴

22. 다음 중 영양음료는?
① 토마토 주스 ② 카푸치노
③ 녹차 ④ 광천수

23. 다음 리큐르(Liqueur) 중 그 용도가 다른 하나는?
① 드람부이(Drambuie) ② 갈리아노(Galliano)
③ 시나(Cynar) ④ 꼬앙트루(Cointreau)

24. 나라별 와인산지가 바르게 연결된 것은?
① 미국 - 루아르 ② 프랑스 - 모젤
③ 이탈리아 - 키안티 ④ 독일 - 나파벨리

25. 스카치위스키(Scotch Whisky)와 가장 거리가 먼 것은?
① Malt ② Peat
③ Used sherry Cask ④ Used Limousin Oak Cask

26. 다음에서 설명되는 약용주는?

> 충남 서북부 해안지방의 전통 민속주로 고려 개국공신 복지겸이 백양이 무효인 병을 앓고 있을 때 백일기도 끝에 터득한 비법에 따라 찹쌀, 아미산의 진달래, 안샘물로 빚은 술을 마심으로 질병을 고쳤다는 신비의 전설과 함께 전해져 내려온다.

① 두견주 ② 송순주
③ 문배주 ④ 백세주

27. 커피(Coffee)의 제조방법 중 틀린 것은?
① 드립식(drip filter)
② 퍼콜레이터식(percolator)
③ 에스프레소식(espresso)
④ 디켄터식(decanter)

28. 감미 와인(Sweet Wine)을 만드는 방법이 아닌 것은?
① 귀부포도(Noble rot Grape)를 사용하는 방법
② 발효 도중 알코올을 강화하는 방법
③ 발효 시 설탕을 첨가하는 방법
④ 햇빛에 말린 포도를 사용하는 방법

29. 맥주를 따를 때 글라스 위쪽에 생성된 거품의 작용과 가장 거리가 먼 것은?
① 탄산가스의 발산을 막아준다.
② 산화작용을 억제시킨다.
③ 맥주의 신선도를 유지시킨다.
④ 맥주 용량을 줄일 수 있다.

30. 독일맥주가 아닌 것은?
① 뢰벤브로이 ② 벡스
③ 밀러 ④ 크롬바허

2과목 • **주장관리개론** (20문제)

31. 다음 중 바 기물과 가장 거리가 먼 것은?
① ice cube maker ② muddler
③ beer cooler ④ deep freezer

32. 프로스팅(Frosting)기법을 사용하지 않는 칵테일은?

① Margarita ② Kiss of Fire
③ Harvey Wallbanger ④ Irish Coffee

33. 다음의 설명에 해당하는 바의 유형으로 가장 적합한 것은?

> • 국내에서는 위스키 바라고 부른다. 맥주보다는 위스키나 코냑과 같은 하드리큐르 판매를 위주로 하기 때문이다.
> • 칵테일도 마티니, 맨해튼, 올드 패션드 등 전통적인 레시피에 좀 더 무게를 두고 있다.
> • 우리나라에서는 피아노 한 대를 라이브 음악으로 연주하는 형태를 선호한다.

① 째즈 바 ② 클래식 바
③ 시가 바 ④ 비어 바

34. 다음 중 셰이커(shaker)를 사용하여야 하는 칵테일은?

① 브랜디 알렉산더(Brandy Alexander)
② 드라이 마티니(Dry Martini)
③ 올드 패션드(Old fashioned)
④ 크렘드 망뜨 프라페(Creme de menthe frappe)

35. 다음 칵테일 중 Mixing Glass를 사용하지 않는 것은?

① Martini ② Gin Fizz
③ Manhattan ④ Rob Roy

36. 조주보조원이라 일컬으며 칵테일 재료의 준비와 청결유지를 위한 청소담당 및 업장 보조를 하는 사람을 의미하는 것은?

① 바 헬퍼(Bar helper)
② 바텐더(Bartender)
③ 헤드 바텐더(Head Bartender)
④ 바 매니저(Bar Manager)

37. 테이블의 분위기를 돋보이게 하거나 고객의 편의를 위해 중앙에 놓는 집기들의 배열을 무엇이라 하는가?

① Service Wagon ② Show plate
③ B & B plate ④ Center piece

38. Whisky나 Vermouth 등을 On the Rocks로 제공할 때 준비하는 글라스는?

① Highball Glass ② Old Fashioned Glass
③ Cocktail Glass ④ Liqueur Glass

39. Moscow Mule 칵테일을 만드는 데 필요한 재료가 아닌 것은?

① Rum ② Vodka
③ Lime Juice ④ Ginger ale

40. 다음 중 Sugar Frost로 만드는 칵테일은?

① Rob Roy ② Kiss of Fire
③ Margarita ④ Angel's Tip

41. 칵테일 기구인 지거(Jigger)를 잘못 설명한 것은?

① 일명 Measure Cup이라고 한다.
② 지거는 크고 작은 두 개의 삼각형 컵이 양쪽으로 붙어 있다.
③ 작은 쪽 컵은 1oz이다.
④ 큰 쪽의 컵은 대부분 2oz이다.

42. Sidecar 칵테일을 만들 때 재료로 적당하지 않은 것은?

① 테킬라 ② 브랜디
③ 화이트 큐라소 ④ 레몬주스

43. 주장에서 사용하는 기물이 아닌 것은?

① Champagne Cooler ② Soup Spoon
③ Lemon Squeezer ④ Decanter

44. 레스토랑에서 사용하는 용어인 "abbreviation"의 의미는?

① 헤드웨이터가 몇 명의 웨이터들에게 담당구역을 배정하여 고객에 대한 서비스를 제공하는 제도
② 주방에서 음식을 미리 접시에 담아 제공하는 서비스
③ 레스토랑에서 고객이 찾고자 하는 고객을 대신 찾아주는 서비스
④ 원활한 서비스를 위해 사용하는 직원 간에 미리 약속된 메뉴의 약어

45. 얼음의 명칭 중 단위랑 부피가 가장 큰 것은?
① Cracked Ice ② Cubed Ice
③ Lumped Ice ④ Crushed Ice

46. 믹싱 글라스(Mixing Glass)의 설명 중 옳은 것은?
① 칵테일 조주 시 음료 혼합물을 섞을 수 있는 기물이다.
② 세이커의 또 다른 명칭이다.
③ 칵테일에 혼합되어지는 과일이나 약초를 머들링(Muddling)하기 위한 기물이다.
④ 보스턴 쉐이커를 구성하는 기물로서 주로 안전한 플라스틱 재질을 사용한다.

47. 조주 서비스에서 Chaser의 의미는?
① 음료를 체온보다 높여 약 62~67도 로 해서 서빙하는 것
② 따로 조주하지 않고 생으로 마시는 것
③ 서로 다른 두 가지 술을 반씩 따라 담는 것
④ 독한 술이나 칵테일을 내놓을 때 다른 글라스에 물 등을 담아 내놓는 것

48. Standard Recipe란?
① 표준 판매가 ② 표준 제조표
③ 표준 조직표 ④ 표준 구매가

49. Liqueur Glass의 다른 명칭은?
① Shot Glass ② Cordial Glass
③ Sour Glass ④ Goblet

50. 블러디 메리(Bloody Mary)에 주로 사용되어지는 주스는?
① 토마토 주스 ② 오렌지 주스
③ 파인애플 주스 ④ 라임 주스

3과목 · **고객서비스영어** (10문제)

51. 다음 내용 중 옳은 것은?
① Cognac is produced only in the Cognac region of France
② All brandy is Cognac.
③ Not all Cognac is brandy.
④ All French brandy is Cognac.

52. 다음 ( )안에 공통적으로 적합한 단어는?

( ), which looks like fine sea spray, is the Holy Grail of espresso, the beautifully tangible sign that everything has gone right.
( ) is a golden foam made up of oil and colloids, which floats atop the surface of a perfectly brewed cup of espresso.

① Crema ② Cupping
③ Cappuccino ④ Caffe Latte

53. Please, select the cocktail based on gin in the following.
① Side car
② Zoom cocktail
③ Between the sheets
④ Million Dollar

54. 다음의 ( )안에 들어갈 적합한 것은?

( ) whisky is a whisky which is distilled and produced at just one particular distillery. ( ) s are made entirely from one type of malted grain, traditionally barley, which is cultivated in the region of the distillery.

① grain ② blended
③ single malt ④ bourbon

55. 다음의 문장에서 밑줄 친 postponed와 가장 가까운 뜻은?

The meeting was postponed until tomorrow morning.

① cancelled ② finished
③ put off ④ taken off

56. ( ) 안에 알맞은 리큐르는?

( ) is called the queen of liqueur. This is one of the French traditional liqueur and is made from several years aging after distilling of various herbs added to spirit.

① Chartreuse ② Benedictine
③ Kummel ④ Cointreau.

57. 다음에서 설명하는 것은?

> What is used to present the check, return the change or the credit card, and remind the customer to leave the tip.

① Serving trays　② Bill trays
③ Corkscrews　④ Can openers

58. What does 'black coffee' mean?
① Rich in coffee
② Strong coffee
③ Coffee without cream and sugar
④ Clear strong coffee

59. 'I feel like throwing up.'의 의미는?
① 토할 것 같다.
② 기분이 너무 좋다.
③ 공을 던지고 싶다.
④ 술을 더 마시고 싶다.

60. 손님에게 사용할 때 가장 공손한 표현이 되도록 다음의 ____ 안에 들어갈 알맞은 표현은?

> ________ to have a drink?

① Would you like　② Won't you like
③ Will you like　④ Do you like

1	2	3	4	5	6	7	8	9	10
4	3	1	2	4	2	4	2	4	2
11	**12**	**13**	**14**	**15**	**16**	**17**	**18**	**19**	**20**
3	3	1	2	2	4	2	4	3	4
21	**22**	**23**	**24**	**25**	**26**	**27**	**28**	**29**	**30**
2	1	3	3	4	1	4	3	4	3
31	**32**	**33**	**34**	**35**	**36**	**37**	**38**	**39**	**40**
4	3	2	1	2	1	4	2	1	2
41	**42**	**43**	**44**	**45**	**46**	**47**	**48**	**49**	**50**
4	1	2	4	3	1	4	2	2	1
51	**52**	**53**	**54**	**55**	**56**	**57**	**58**	**59**	**60**
1	1	4	3	3	1	2	3	1	1

국가기술자격 실기시험 표준레시피(조주기능사 2급)

번호	칵테일명	조주법(기법)	글라스(잔)	가니쉬	재 료						
1	Pousse Cafe	Float	Stemed Liqueur Glass	없음	Grenadine Syrup 1/3part	Creme De Menthe (Green) 1/3part	Brandy 1/3part				
2	Manhattan	Stir	Cocktail Glass	Cherry	American (Bourbon) Whiskey 1 1/2oz	Sweet Vermouth 3/4oz	Angostura Bitters 1 dash				
3	Dry Martini	Stir	Cocktail Glass	Green Olive	Dry Gin 2oz	Dry Vermouth 1/3oz					
4	Old Fashioned	Build	Old–fashined glass	A Slice of Orange and Cherry	American (Bourbon) Whiskey 1 1/2oz	Cubed Sugar 1ea	Angostura Bitters 1 dash	Soda Water 1/2oz			
5	Brandy Alexander	Shake	Cocktail Glass	Nutmeg Powder	Brandy 3/4oz	Crme De Cacao (Brown) 3/4oz	Light Milk 3/4oz				
6	Bloody Mary	Build	Highball Glass	A Slice of Lemon or Celery	Vodka 1 1/2oz	Worcestershire Sauce 1tsp	Tabasco Sauce 1dash	Pinch of Salt and Pepper	Fill with Tomato Juice		
7	Singapore Sling	Shake/Build	Pilsner Glass	A Slice of Orange and Cherry	Dry Gin 1 1/2oz	Lemon Juice 1/2oz	Powdered Sugar 1tsp	Fill with Club Soda	On Top with Cherry Flavored Brandy 1/2oz		
8	Black Russian	Build	Old–fashined glass	없음	Vodka 1oz	Coffee Liqueur 1/2oz					
9	Margarita	Shake	Cocktail Glass	Rimming with Salt	Tequila 1 1/2oz	Triple Sec 1/2oz	Lime Juice 1/2oz				
10	Rusty Nail	Build	Old–fashined glass	없음	Scotch Whisky 1oz	Drambuie 1/2oz					
11	Whisky Sour	Shake/Build	Sour Glass	A Slice of Lemon and Cherry	Whisky1 1/2oz	Lemon Juice 1/2oz	Powdered Sugar 1tsp	On Top with Soda Water 1oz			
12	New York	Shake	Cocktail Glass	Twist of Lemon peel	American (Bourbon) Whiskey 1 1/2oz	Powdered Sugar 1tsp	Grenadine Syrup 1/2tsp				
13	Harvey Wallbanger	Build/Float	Collins Glass	없음	Vodka 1 1/2oz	Fill with Orange Juice	Galliano 1/2oz				
14	Daiquiri	Shake	Cocktail Glass	없음	Light Rum 1 3/4oz	Lime Juice 3/4oz	Powdered Sugar 1tsp				
15	Kiss of Fire	Shake	Cocktail Glass	Rimming with Sugar	Vodka 1oz	Sloe Gin 1/2oz	Dry Vermouth 1/2oz	Lemon Juice 1tsp			

번호	칵테일명	조주법(기법)	글라스(잔)	가니쉬	재 료						
16	B-52	Float	Sherry Glass	없음	Coffee Liqueur 1/2oz (1/3part)	Bailey's Irish Cream Liqueur 1/2oz (1/3part)	Grand Marnier 1/2oz (1/3 part)				
17	June Bug	Shake	Collins Glass	A Wedge of fresh Pineapple & Cherry	Melon Liqueur 1oz	Coconut Flavored Rum 1/2oz	Bnana Liqueur 1/2oz	Pineapple Juice 2oz	Sweet & Sour Mix 2oz		
18	Barcadi Cocktail	Shake	Cocktail Glass	없음	Barcadi Rum White 1 3/4oz	Lime Juice 3/4oz	Grenadine Syrup 1tsp				
19	Sloe Gin Fizz	Shake/Build	Highball Glass	A Slice of Lemon	Sloe Gin 1 1/2oz	Lemon Juice 1/2oz	Powdered Sugar 1tsp	Fill with Club Soda			
20	Cuba Libre	Build	Highball Glass	A Wedge of Lemon	Light Rum 1 1/2oz	Lime Juice 1/2oz	Fill with Cola				
21	Grasshopper	Shake	Champagne Glass (saucer형)	없음	Crme De Menthe (Green) 1oz	Crme De Cacao (White) 1oz	Light Milk 1oz				
22	Seebreeze	Build	Highball Glass	A Wedge of Lime or Lemon	Vodka 1 1/2oz	Cranberry Juice 3oz	Grapefruit Juice 1/2oz				
23	Apple Martini	Shake	Cocktail Glass	A Slice of Apple	Vodka 1oz	Apple Pucker 1oz	Lime Juice 1/2oz				
24	Negroni	Build	Old-fashined glass	Twist of Lemon peel	Dry Gin 3/4oz	Sweet Vermouth 3/4oz	Campari 3/4oz				
25	Long Island Iced Tea	Build	Collins Glass	A Wedge of Lime or Lemon	Gin 1/2oz	Vodka 1/2oz	Light Rum 1/2oz	Tequila 1/2oz	Triple Sec 1/2oz	Sweet & Sour Mix 1 1/2oz	On Top with Cola
26	Sidecar	Shake	Cocktail Glass	없음	Brandy 1oz	Cointeau 1oz	Lemon Juice 1/4oz				
27	Mai-Tai	Shake	Collins Glass or Pilsner Glass	A Wedge of fresh Pineapple (Orange) & Cherry	Light Rum 1 1/4oz	Triple Sec 3/4oz	Lime Juice 1oz	Pineapple Juice 1oz	Orange Juice 1oz	Grenadine Syrup 1/4tsp	Dark Rum 1dash
28	Pina Colada	Shake	Collins Glass or Pilsner Glass	A Wedge of fresh Pineaple & Cherry	Light Rum 1 1/4oz	Pina Colada Mix 2oz	Pineapple Juice 2oz				

번호	칵테일명	조주법(기법)	글라스(잔)	가니쉬	재 료						
29	Cosmopolitan Cocktail	Shake	Cocktail Glass	Twist of lime or Lemon peel	Vodka 1oz	Triple Sec 1/2oz	Lime Juice 1/2oz	Cranberry Juice 1/2oz			
30	Moscow Mule	Build	Highball Glass	A Slice of Lime or Lemon	Vodka 1 1/2oz	Lime Juice 1/2oz	Fill with Ginger ale				
31	Apricot Cocktail	Shake	Cocktail Glass	없음	Apricot Flavored Brandy 1 1/2oz	Dry Gin 1tsp	Lemon Juice 1/2oz	Orange Juice 1/2oz			
32	Honeymoon Cocktail	Shake	Cocktail Glass	없음	Apple Brandy 3/4oz	Benedictine DOM 3/4oz	Triple Sec 1/4oz	Lemon Juice 1/2oz			
33	Bule Hawaiian	Shake	Collins Glass or Pilsner Glass	A Wedge of fresh Pineapple & Cherry	Light Rum 1oz	Blue Curacao 1oz	Coconut Flavored Rum 1oz	Pineapple Juice 2 1/2oz			
34	Kir	Build	White Wine Glass	Twist of Lemon peel 또는 생략가능	White Wine 3oz	Crme De Cassis 1/2oz					
35	Tequila Sunrise	Build/Float	Highball Glass	없음	Tequila 1 1/2oz	Fill with Orange Juice	Grenadine Syrup 1/2oz				
36	힐링 (Healing)	Shake	Cocktail Glass	Twist of Lemon peel	Gam Hong Ro(40도) 1/1/2/ oz	Benedictane 1/3oz	Creme De Cassis 1/3oz	Sweet & Sour Mix 1oz			
37	진도 (Jindo)	Shake	Cocktail Glass	없음	Jindo Hong Ju(40도) 1oz	Creme De Menthe White 1/2oz	White Grape Juice(청포도주스) 3/4oz	Raspberry Syrup 1/2oz			
38	풋사랑 (Puppy Love)	Shake	Cocktail Glass	A slice of Apple	Andong Soju(35도) 1oz	Triple Sec 1/3oz	Apple Pucker 1oz	Lime Juice 1/3oz			
39	금산 (Geumsam)	Shake	Cocktail Glass	없음	Geumsam Insamju (43도) 1/1/2oz	Coffee Liqueur(Kahlua) 1/2oz	Apple Pucker 1/2oz	Lime Juice 1tsp			
40	고창 (Gochang)	Stir	Flute Champagne Glass	없음	Sunwoonsan Bokbunja Wine 2oz	Cointreau or Triple Sec 1/2oz	Sprite 2oz				

푸스카페 *Pousse Cafe*

조주방법 Float

GLASS Stemed Liqueur Glass **Garnish**

Recipe

- ▶ Grenadine Syrup 1/3part
- ▶ Creme De Menthe(Green) 1/3part
- ▶ Brandy 1/3part

맨하탄 *Manhattan*

조주방법	Stir		
GLASS	Cocktail Glass	Garnish	Cherry

Recipe

- ▶ American(Bourbon) Whiskey 1 ½oz
- ▶ Sweet Vermouth ¾oz
- ▶ Angostura Bitters 1dash

※ 위의 재료를 Mixing Glass에 얼음과 함께 넣은 다음 stir해서 칵테일 글라스에 따른 후 Cherry를 장식하여 제공한다. 여기에서 기본주를 스카치 위스키로 바꾸면 'Rob Roy' 칵테일이 된다.

Manhattan 칵테일은 전세계적으로 유명한 '칵테일의 여왕'이라는 별명을 가지고 있다. 칵테일의 본고장인 미국에서는 온더록(on the Rock)스타일로 마시기도 한다.

드라이 마티니 *Dry Martini*

조주방법 Stir

GLASS Cocktail Glass | Garnish Green Olive

Recipe

- ▶ Dry Gin 2oz
- ▶ Dry Vermouth ⅓oz

※ Mixing glas에 재료를 넣고 차갑게 저은 후 잔에 따르고 올리브를 장식한다. 단단하고 물기가 없는 얼음을 넣고 휘젓기를 해서 칵테일 글라스에 제공한다.
Dry Gin과 Dry Vermouth의 비율에 따라 다음과 같이 분류한다.

① Sweet Martini-Dry Gin 2 : Sweet Vermouth 1 사용
② Medium Martini-Dry Gin 2 : Sweet Vermouth : Dry Vermouth를 같이 사용
③ Dry Martini-Dry Gin 5 : Dry Vermouth 1
④ 기본주에 따라 Vodka Martini, Tequila Martini도 있다.

올드패션드 *Old Fashioned*

조주방법	Build		
GLASS	Old-fashined glass	Garnish	A Slice of Orange and Cherry
Recipe			

- ▶ A Slice of Orange and Cherry
- ▶ American (Bourbon) Whiskey 1 ½oz
- ▶ Cubed Sugar 1ea
- ▶ Angostura Bitters 1dash
- ▶ Soda Water ½oz

※ 위의 재료를 Mixing Glass에 얼음과 함께 넣은 다음 stir해서 칵테일 글라스에 따른 후 Orange와 Cherry를 장식하여 제공한다. 여기에서 기본주를 스카치 위스키로 바꾸면 'Rob Roy' 칵테일이 된다.
Manhattan 칵테일은 전세계적으로 유명한 '칵테일의 여왕'이라는 별명을 가지고 있다. 칵테일의 본고장인 미국에서는 온더록(on the Rock)스타일로 마시기도 한다.

브랜디 알렉산더
Brandy Alexander

조주방법 Shake

GLASS Cocktail Glass **Garnish** Nutmeg Powder

Recipe

- ▶ Brandy ¾oz
- ▶ Crme De Cacao(Brown) ¾oz
- ▶ Light Milk ¾oz

※ Shaker에 사각얼음(큐브얼음)과 위 재료를 넣고 흔든다(Shaking).
칵테일 글라스에 얼음을 걸러서 따른 다음 너트 맥(Nutmeg)을 1~2회 뿌린다.
Brandy 대신 Gin을 사용하면 'Gin Alexander' 혹은 'Princess Mary'라고도 한다.

블러디 메리 *Bloody Mary*

조주방법	Build		
GLASS	Highball Glass	Garnish	A Slice of Lemon or Celery
Recipe			

- ▶ Vodka 1 ½oz
- ▶ Worcestershire Sauce 1tsp
- ▶ Tabasco Sauce 1dash
- ▶ Pinch of Salt and Pepper
- ▶ Fill with Tomato Juice

※ Highball잔에 양념류를 먼저 넣고 Vodka를 넣은 다음 바 스푼으로 잘 섞은 후 사각 얼음을 잔에 채운다(3~4EA). 그 다음 Tomato Juice로 잔을 채운다. Lemon, Celery Springs(잎이 달린) 등을 장식하고 Muddler를 꽂아 제공하면 된다. 베이스(기본주)를 Gin으로 하면 블러디 섬이 되고, 최근 유행하는 데킬라를 베이스로 하면 스트로우 햇이 된다.

싱가폴 슬링 *Singapore Sling*

●●●●●●●●

조주방법	Shake/Build		
GLASS	Pilsner Glass	Garnish	A Slice of Orange and Cherry
Recipe			

- ▶ Dry Gin 1 ½oz
- ▶ Lemon Juice ½oz
- ▶ Powdered Sugar 1tsp
- ▶ Fill with Club Soda
- ▶ On Top with Cherry Flavored Brandy ½oz

※ 위 재료를 얼음과 함께 Shaker에 넣고 흔든 다음 Pilsner Glass에 따르고 Soda Water로 잔을 채우고 오렌지와 체리로 장식을 하여 제공한다.

블랙 러시안 *Black Russian*

조주방법	Build		
GLASS	Old-fashined glass	Garnish	
Recipe			

▶ Vodka 1oz

▶ Coffee Liqueur ½oz

※ Old Fashioned Glass에 얼음을 3~4 EA 넣고 위 재료를 넣은 다음 제공한다.
알코올 도수는 높지만 좋은 커피향과 풍미로 인기있는 칵테일이다.

마가리타 *Margarita*

조주방법 Shake

GLASS Cocktail Glass **Garnish** Rimming with Salt

Recipe

- ▶ Tequila 1 ½oz
- ▶ Triple Sec ½oz
- ▶ Lime Juice ½oz

※ Margarita는 창작자의 연인 이름이라고 한다. 1949년도 미국의 내셔널 칵테일 콘테스트의 입선작품이다. 코앙뜨로우 혹은 트리풀 섹 대신 블루 큐라소로 바꾼 블루 마가리타(Blue Margarita)도 유명하다.

러스티 네일 *Rusty Nail*

조주방법	Build		
GLASS	Old-fashined glass	Garnish	
Recipe			

- ▶ Scotch Whisky 1oz
- ▶ Drambuie ½oz

※ 위의 재료를 Old Fashioned Glass에 얼음과 함께 넣어 제공한다.
Rusty Nail은 직역하면 '녹슨 못'이라는 의미지만, 한편으로는 옛스러운 음료라는 속어가 있다. 칵테일로서의 역사는 짧으며, 베트남 전쟁 때 세계적으로 급속히 유행된 음료라고 할 수 있다.

위스키사워 *Whisky Sour*

조주방법 Shake/Build

GLASS Sour Glass **Garnish** A Slice of Lemon and Cherry

Recipe

- ▶ Whisky 1 ½oz
- ▶ Lemon Juice ½oz
- ▶ Powdered Sugar 1tsp
- ▶ On Top with Soda Water 1oz

※ 위의 재료를 Shake해서 Sour Glass에 따르고 Lemon과 Cherry로 장식하여 제공한다. 또한 기본주로 Brandy를 사용하면 Brandy sour가 된다.
Sour(샤워)는 신맛이 난다는 의미도 있지만, 베이스에 레몬쥬스와 당분을 첨가한 스타일을 말한다. 기본주에 따라 위스키샤워, 진샤워, 브렌디샤워 등이 있다.

뉴욕 *New York*

조주방법	Shake		
GLASS	Cocktail Glass	Garnish	Twist of Lemon peel

Recipe

- ▶ American(Bourbon) Whiskey 1 ½oz
- ▶ Powdered Sugar 1tsp
- ▶ Grenadine Syrup ½tsp

※ 거대한 대도시 고층빌딩의 야경이 연상되는 아름다운 색조의 칵테일이다.
지명이 붙은 칵테일은 그것으로 하나의 랑트를 이룰 정도로 매우 많다.
그중에도 특히 유명하며 현대에도 애주가가 많이 즐기고 있는 인기높은 칵테일이다.

하베이 월뱅거
Harvey Wallbanger

조주방법 Build/Float

GLASS Collins Glass Garnish

Recipe

- ▶ Vodka 1 $\frac{1}{2}$oz
- ▶ Fill with Orange Juice
- ▶ Galliano $\frac{1}{2}$oz

※ Collins Glass에 얼음을 넣고 Vodka와 Orange Juice를 넣고 Stir한 후 Galliano를 잔위에 둥글게 따른다.
스큐류드라이버(Screwdriver)에 갈리아노를 첨가한 칵테일이다.
아메리카 켈리포니아의 서퍼인 하베이가 패전의 실의를 씻기 위해서 마신 칵테일이며, '벽을 두들기는 하베이'라고 불렀다고 한다.

다이키리 *Daiquiri*

조주방법 Shake

GLASS Cocktail Glass Garnish

Recipe

- Light Rum 1¾oz
- Lime Juice ¾oz
- Powdered Sugar 1tsp

※ Daiquiri라는 것은 큐바에 있는 광산의 이름이다. 그곳에서 일하셨던 미국인 기사가 큐바 특산의 럼과 라임, 설탕을 혼합해서 마신 것이 이 다이키리 칵테일의 시초라고 한다.

키스 오브 파이어 *Kiss of Fire*

조주방법	Shake		
GLASS	Cocktail Glass	Garnish	Rimming with Sugar

Recipe

- ▶ Vodka 1oz
- ▶ Sloe Gin ½oz
- ▶ Dry Vermouth ½oz
- ▶ Lemon Juice 1tsp

※ 먼저 칵테일 글라스의 가장자리에 레몬즙을 바르고 설탕을 묻힌 후(Rimming with sugar) 세이커에 위의 재료를 넣고 흔든 다음 칵테일 글라스에 따른다. 1995년도 제5회 전일본 드링크스(음료)콩쿨에서 1위로 입상한 칵테일이다.

비-52 *B-52*

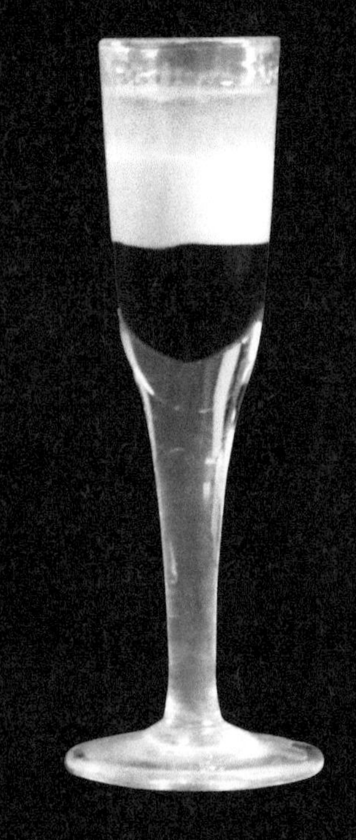

조주방법	Float		
GLASS	Sherry Glass	Garnish	

Recipe

- ▶ Coffee Liqueur ½oz(⅓part)
- ▶ Bailey's Irish Cream Liqueur ½oz(⅓part)
- ▶ Grand Marnier ½oz(⅓part)

※ Kahlua → Bailey's Irish Cream → Grand Marnier 순으로 Float 해야 한다. Sherry Glass에 칼루아를 1/2 oz 넣고 베일리스 아이리쉬를 1/2 oz 넣은 다음 그랑마니에 1/2 oz를 넣고 플로팅 기법으로 조주한다.

준벅 *June Bug*

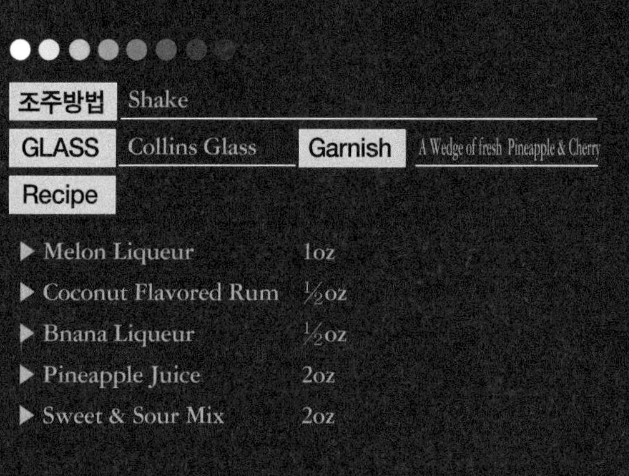

조주방법	Shake		
GLASS	Collins Glass	Garnish	A Wedge of fresh Pineapple & Cherry

Recipe

- ▶ Melon Liqueur 1oz
- ▶ Coconut Flavored Rum ½oz
- ▶ Bnana Liqueur ½oz
- ▶ Pineapple Juice 2oz
- ▶ Sweet & Sour Mix 2oz

※ 쉐이커에 얼음을 넣은 다음 위의 재료를 순서대로 넣고, 쉐이크를 하여 칼린스 글라스에 따른다. 그리고 가니쉬는 웨지 파인애플과 체리로 장식한다.

바카디 *Barcadi Cocktail*

조주방법	Shake		
GLASS	Cocktail Glass	Garnish	

Recipe

- Barcadi Rum White 1¾oz
- Lime Juice ¾oz
- Grenadine Syrup 1tsp

※ 1933년 미국의 국주법 폐지를 계기로 당시 큐바의 럼 메이커인 바카르디사가 자사의 럼을 판매 촉진용으로 발표한 칵테일이다.

슬로 진 피즈 *Sloe Gin Fizz*

조주방법	Shake/Build		
GLASS	Highball Glass	Garnish	A Slice of Lemon

Recipe

- ▶ Sloe Gin 1 ½oz
- ▶ Lemon Juice ½oz
- ▶ Powdered Sugar 1tsp
- ▶ Fill with Club Soda

※ 위 재료를 Shaker에 넣고 Shake한 다음 하이볼 글라스에 따르고 Soda Water로 잔을 채운 다음 레몬으로 장식하여 제공한다.

큐바 리버 *Cuba Libre*

조주방법	Build		
GLASS	Highball Glass	Garnish	A Wedge of Lemon
Recipe			

- ▶ Light Rum 1 ½oz
- ▶ Lime Juice ½oz
- ▶ Fill with Cola

※ Highball Glass에 얼음을 3~4 EA 넣고 위 재료를 순서대로 넣은 다음 Cola로 잔을 채우고 Lemon으로 장식하여 제공한다.

Cuba Libre는 자유의 큐바라는 의미로 1902년 큐바가 스페인으로부터 독립했을 때의 민족투쟁의 구호였던 'Viva Cuba Libre!'(자유큐바만세!)에서 왔다고 한다. '큐바 리브레'라고 하기도 한다.

그래스 하퍼 *Grasshopper*

조주방법 Shake

GLASS Champagne Glass(saucer형) Garnish

Recipe

▶ Crme De Menthe(Green) 1oz
▶ Crme De Cacao(White) 1oz
▶ Light Milk 1oz

※ 그래스 하퍼 칵테일에서 기본주 Menth Green 대신 갈리아노로 바꾸면 골든 캐딜락(Golden Cadillac) 칵테일이 된다.
Grasshopper는 청메뚜기라는 뜻으로 푸른 잔디위의 메뚜기가 연상되는 유명한 칵테일이다.

씨브리즈 *Seebreeze*

조주방법	Build		
GLASS	Highball Glass	Garnish	A Wedge of Lime or Lemon

Recipe

- ▶ Vodka 1 ½oz
- ▶ Cranberry Juice 3oz
- ▶ Grapefruit Juice ½oz

※ 하이볼 글라스에 얼음을 4개 정도 넣은 다음 위의 재료를 순서대로 넣고, 빌드 기법으로 조주한다. 가니쉬는 웨지 레몬으로 장식한다.

애플마티니 *Apple Martini*

조주방법	Shake		
GLASS	Cocktail Glass	Garnish	A Slice of Apple

Recipe

- ▶ Vodka 1oz
- ▶ Apple Pucker 1oz
- ▶ Lime Juice ½oz

※ 쉐이커에 얼음을 넣은 다음 위의 재료를 넣고, 쉐이크 한 후 칵테일 글라스에 따른다. 가니쉬는 애플 슬라이스로 장식한다.

네그로니 *Negroni*

조주방법	Build		
GLASS	Old-fashined glass	Garnish	Twist of Lemon peel

Recipe

- Dry Gin ¾oz
- Sweet Vermouth ¾oz
- Campari ¾oz

※ Old Fahioned Glass에 얼음을 3~4 EA 넣은 다음 위 재료를 넣고 Twist of Lemon peel로 장식하여 제공한다.
네그로니라는 이름은 에프리티프 칵테일을 좋아하는 이탈리아의 카미로 네그로니 백작의 이름에서 왔다고 한다.
프로방스에 있는 레스토랑에 올때마다 식전주 칵테일을 주문하였다고 한다.
1962년에 발표한 이래로 세계적인 칵테일이 되었다.

롱아일랜드 아이스티
Long Island Iced Tea

●●●●●●●●

조주방법	Build		
GLASS	Collins Glass	Garnish	A Wedge of Lime or Lemon
Recipe			

▶ Gin	½oz
▶ Vodka	½oz
▶ Light Rum	½oz
▶ Tequila	½oz

※ 쉐이커에 얼음을 넣고 진, 보드카, 럼, 데킬라, 트리플섹, 스위트앤샤워믹스를 넣은 다음 쉐이크를 한 후, Collins Glass 잔에 따른 후, 콜라를 플로팅 기법으로 따른다. 가니쉬는 웨지 레몬으로 장식한다.

사이드카 *Sidecar*

조주방법	Shake		
GLASS	Cocktail Glass	Garnish	
Recipe			

- ▶ Brandy 1oz
- ▶ Cointeau 1oz
- ▶ Lemon Juice ¼oz

※ 칵테일 글라스 가장자리에 Sugar Rimmed한 후 위 재료를 Shaker에 넣고 Shake 하여 글라스에 따루어 제공한다.

Sidecar Cocktail은 제1차 세계대전시, 사이드카를 타고 술을 마시러 온 병사가 항상 주문하여 마셨던 칵테일이라는 정설이 있으며, 사이드카는 사람이나 화물을 싣는 칸을 붙인 오토바이를 말하는데 바텐더는 사이더카의 소리가 나면 '사이드카가 왔군' 이라고 중얼거리면서 이 칵테일을 만들었기 때문에 이런 이름을 붙였다고 한다.

마이타이 *Mai-Tai*

조주방법 Shake

GLASS Collins Glass or Pilsner Glass **Garnish** A Wedge of fresh Pineapple(Orange) & Cherry

Recipe

- ▶ Light Rum 1¼oz
- ▶ Triple Sec ¾oz
- ▶ Lime Juice 1oz
- ▶ Pineapple Juice 1oz
- ▶ Orange Juice 1oz
- ▶ Grenadine Syrup ¼tsp
- ▶ Dark Rum 1dash

※ 여름철 Tropical Cocktail로 유명하며, 위 재료를 Shaker에 넣고 Shake한 후 얼음과 함께 글라스에 따르고 Pineapple과 Cherry로 장식하여 제공한다.

피나 콜라다 *Pina Colada*

조주방법	Shake		
GLASS	Collins Glass or Pilsner Glass	Garnish	A Wedge of fresh Pineaple & Cherry

Recipe

- ▶ Light Rum 1¼oz
- ▶ Pina Colada Mix 2oz
- ▶ Pineapple Juice 2oz

※ 쉐이커에 얼음을 넣은 다음 위의 재료를 순서대로 넣고 쉐이크 한 후, 파인애플과 체리로 장식한다.

코스모폴리탄
Cosmopolitan Cocktail

조주방법	Shake		
GLASS	Cocktail Glass	Garnish	Twist of lime or Lemon peel

Recipe

- ▶ Vodka 1oz
- ▶ Triple Sec ½oz
- ▶ Lime Juice ½oz
- ▶ Cranberry Juice ½oz

※ 쉐이커에 얼음을 넣은 다음 위의 재료를 순서대로 넣고 쉐이크 한 후, 레몬 필로 장식을 한다.

모스코 뮬 *Moscow Mule*

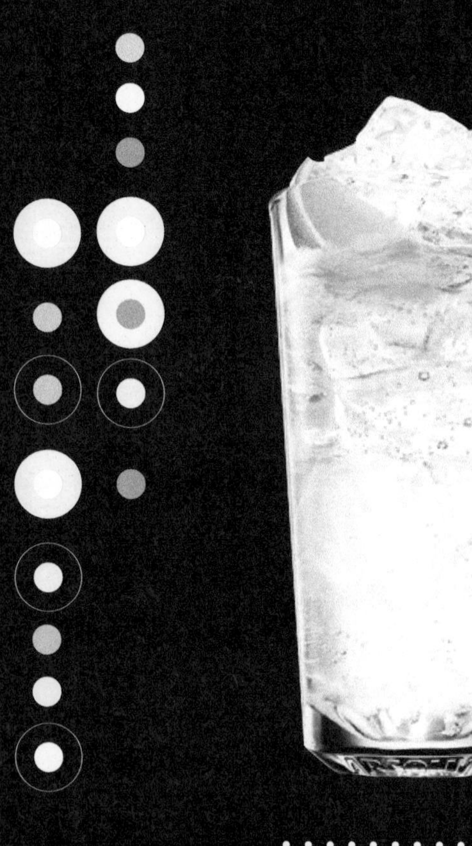

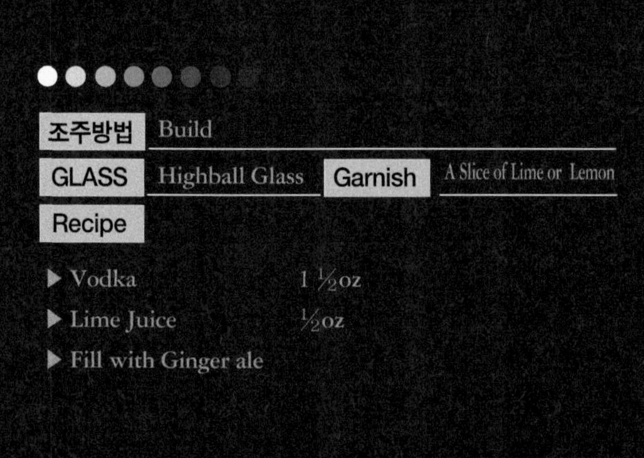

조주방법	Build		
GLASS	Highball Glass	Garnish	A Slice of Lime or Lemon

Recipe

- ▶ Vodka 1 ½oz
- ▶ Lime Juice ½oz
- ▶ Fill with Ginger ale

※ 하이볼 글라스에 보드카와 라임쥬스를 넣고 진저엘로 채운 다음 바 스푼으로 가볍게 저어주고 레몬으로 장식하여 제공한다.
Mule은 당나귀를 말하며 독한 음료라는 뜻도 있다.

아프리코트 칵테일
Apricot Cocktail

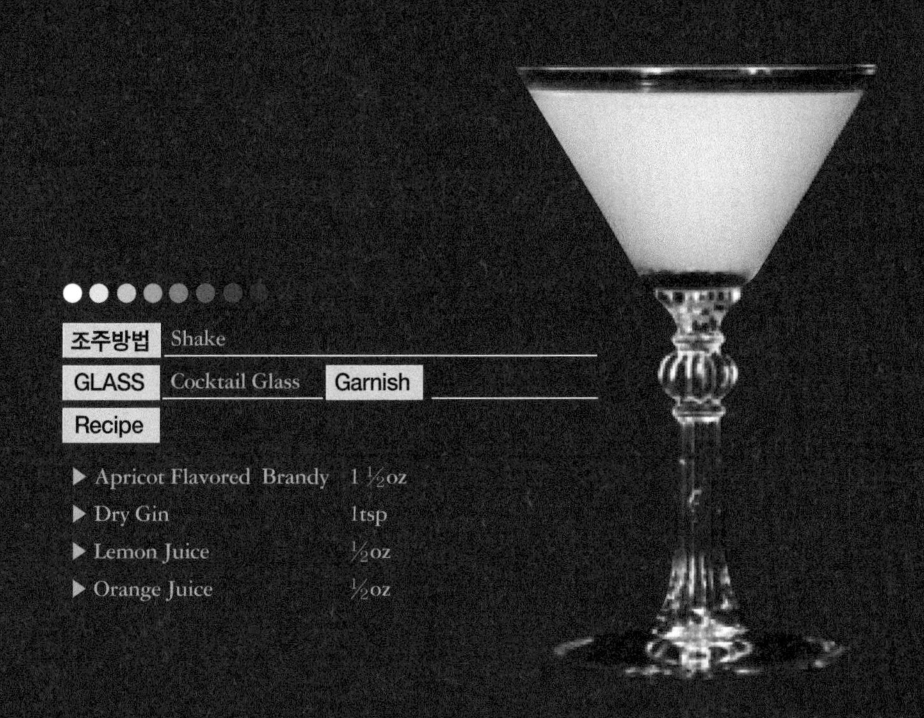

조주방법 Shake

GLASS Cocktail Glass | Garnish

Recipe

- ▶ Apricot Flavored Brandy 1 ½oz
- ▶ Dry Gin 1tsp
- ▶ Lemon Juice ½oz
- ▶ Orange Juice ½oz

※ Shaker에 얼음을 넣고 위 재료를 넣은 다음 흔든다. 칵테일 잔에 따른 다음 Lemon과 Cherry로 장식하거나 또는 장식을 하지 않아도 된다.
아프리코트 브랜디의 역사는 매우 오래되어 스트레이트로도 많이 마시며, 칵테일도 옛날부터 친숙한 것이다. Gin은 향기를 내는 역할을 하며 소량만 들어간다.

허니문 *Honeymoon Cocktail*

조주방법	Shake		
GLASS	Cocktail Glass	Garnish	
Recipe			

- ▶ Apple Brandy ¾oz
- ▶ Benedictine DOM ¾oz
- ▶ Triple Sec ¼oz
- ▶ Lemon Juice ½oz

※ 신혼의 달콤함 뿐만 아니라 프랑스풍의 멋스러움이 느껴지는 대표적인 칵테일이다. 단맛과 신맛이 조화를 이루며 허니문이라는 이름에 걸맞는 전세계에서 즐기고 있는 유명한 칵테일이다.

블루 하와이언 *Blue Hawaiian*

조주방법	Shake		
GLASS	Collins Glass or Pilsner Glass	Garnish	A Wedge of fresh Pineapple & Cherry

Recipe

- ▶ Light Rum 1oz
- ▶ Blue Curacao 1oz
- ▶ Coconut Flavored Rum 1oz
- ▶ Pineapple Juice 2½oz

※ 쉐이커에 얼음을 넣은 다음 위의 재료를 순서대로 넣고 쉐이크 한 후, 파인애플과 체리로 장식을 한다.

키르 *Kir*

조주방법	Build		
GLASS	White Wine Glass	Garnish	Twist of Lemon peel 또는 생략가능

Recipe

- ▶ White Wine 3oz
- ▶ Crme De Cassis ½oz

※ 얼음 없이 차가운 화이트 와인과 크렘 드 카시스를 넣고 빌드 기법으로 조주한 후, 레몬 필로 장식한다.

데킬라 선라이즈
Tequila Sunrise

조주방법	Build/Float		
GLASS	Highball Glass	Garnish	

Recipe

- ▶ Tequila 1 ½oz
- ▶ Fill with Orange Juice
- ▶ Grenadine Syrup ½oz

※ Tall Highball Glass에 얼음을 넣고 Tequila와 Orange Juice를 넣은 다음 Grenadine Syrup를 잔위에 둥글게 따른다.

태양의 나라 멕시코에서 태어났으며 그레나딘 시럽의 비중을 이용해서 일출의 정경을 나타낸 아이디어가 좋은 작품이다. 롤링스톤즈가 멕시코 공연 때에 이 칵테일에 반해서 그 후로는 세계각지로 가는 곳마다 퍼뜨렸다는 일화가 있다.

힐링 *Healing*

조주방법	Shake		
GLASS	Cocktail Glass	Garnish	Twist of Lemon peel

Recipe

- ▶ Gam Hong Ro(40도) 1 ½oz
- ▶ Benedictane ⅓oz
- ▶ Creme De Cassis ⅓oz
- ▶ Sweet & Sour Mix 1oz

진도 *Jindo*

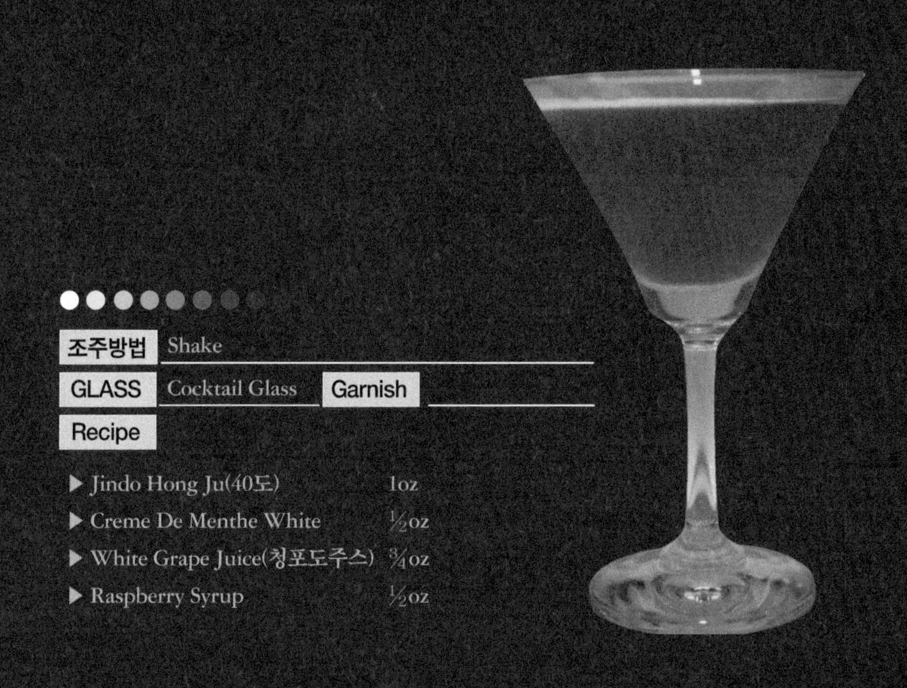

조주방법 Shake

GLASS Cocktail Glass **Garnish**

Recipe

- ▶ Jindo Hong Ju(40도) 1oz
- ▶ Creme De Menthe White ½oz
- ▶ White Grape Juice(청포도주스) ¾oz
- ▶ Raspberry Syrup ½oz

풋사랑 *Puppy Love*

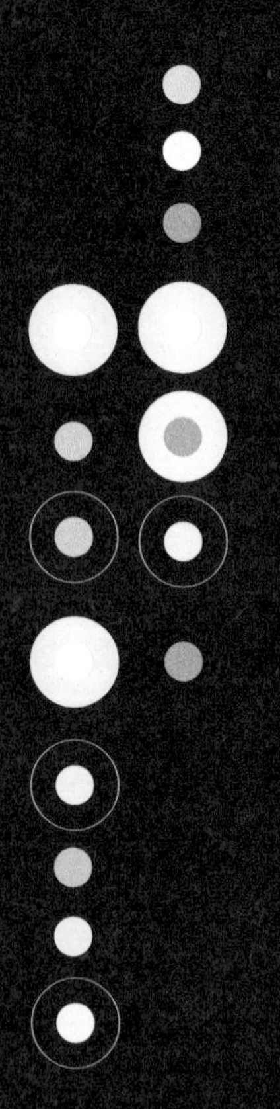

조주방법	Shake		
GLASS	Cocktail Glass	Garnish	A slice of Apple

Recipe

- ▶ Andong Soju(35도) 1oz
- ▶ Triple Sec ⅓oz
- ▶ Apple Pucker 1oz
- ▶ Lime Juice ⅓oz

금산 *Geumsam*

조주방법 Shake

GLASS Cocktail Glass Garnish

Recipe

- Geumsam Insamju(43도) 1 ½oz
- Coffee Liqueur(Kahlua) ½oz
- Apple Pucker ½oz
- Lime Juice 1tsp

고창 *Gochang*

조주방법	Stir		
GLASS	Flute Champagne Glass	Garnish	

Recipe

- ▶ Sunwoonsan Bokbunja Wine 2oz
- ▶ Cointreau or Triple Sec ½oz
- ▶ Sprite 2oz

참고문헌

Sopexsa 「The Wines and Spirits of France」 1983.
Tom Stevenson 「The New Sotherby's Wine Encyclopedia」 1997.
Kevin Zraly 「Complete Wine Course」 1996.
Alexis Bespaloff 「The New Frank Schoonmaker Encyclopedia of Wine」 1988.
Sopexsa 「Wines and Spirits of France」 1989.
David Whitten & Martin R. Ripp 「To Your Health」 1996.
Sid Goldstein 「The Wine Lover's Cookbook」 1999.
Andrew Jefford 「The Wine of Germany」 1993.
Alexis Lichine 「New Encyclopedia Book of Wine」 1990.

권용주 「호텔외식산업 식음료경영관리론」 백산출판사, 2005.
김성혁 외 「호텔식음료실무론」 백산출판사, 2003.
김성혁 「외식업의 서비스」 백산출판사, 1996.
박영배 「음료주장관리」 백산출판사, 2000.
원융희 「와인의 세계」 보경문화사, 1997.
윤태환 외 「최신호텔외식실무 주방경영론」 백산출판사, 2005.
최병호 외 「호텔경영의 이해」 백산출판사, 2004.

롯데호텔 식음료매뉴얼.
르네상스서울호텔 식음료매뉴얼.
신라호텔 식음료매뉴얼.
웨스틴조선호텔 식음료매뉴얼.
월간호텔&레스토랑, 2001~2004.

저자소개

Profile

최병호 | 세종대학교 대학원 호텔관광경영학전공, 경영학박사
특1급 호텔 23년 근무(신라, 롯데)
대한민국 명장심사위원(식음료서비스부문)
현) -신한대학교 글로벌관광경영학과 교수
-(사)한국외식산업학회 부회장
-조주, 와인, 커피, 사케 자격시험 심사위원(필기, 실기)
-한국대학 식음료교육교수협회회장
[저서] -호텔경영의 이해
-호텔체험 가이드
-호텔식음료실무론
-호텔 · 외식 용어 해설
-호텔 · 외식 연회컨벤션 경영실무
-호텔 · 외식 와인소믈리에 경영실무
-호텔 · 외식 · 커피 바리스타 경영실무
-호텔 · 외식 · 음료 경영 실무론
-호텔 · 외식 식음료 경영 실무론
-최신 와인 소믈리에 이해
[논문] -호텔레스토랑에서 멤버십 유형에 따른 관계효익이 고객만족과 고객의 자발적 행위에 미치는 영향 연구
-호텔 식음료 업장의 고객관계 혜택의 중요도와 지각에 관한 연구
-와인 수입량의 결정요인 분석에 관한 연구
-호텔교육훈련 특성이 교육훈련 전이 성과에 미치는 영향 연구 등

신정하 | 경희대학교 대학원 호텔관광학박사
미국 호텔협회 총지배인 자격증 취득
영국 바리스타 자격증 취득
프레지던트호텔 영업이사
조주기능사 자격시험 심사위원(실기, 필기)
바리스타 자격시험 심사위원(실기, 필기)
소믈리에 자격증 심사위원
현) 제주한라대학교 호텔외식경영과 교수
[저서] -테이블매너교실
-호텔실무영어
-음료의이해
-호텔외식산업 식음료경영관리론
-호텔경영관리론
-호텔외식 음료경영실무론
[논문] -호텔종사원 교육훈련의 전이성과에 관한 연구
-호텔 및 외식산업체 종사원의 감정 노동과 직무 스트레스가 직무만족 및 이직의도에 미치는 영향연구
-호텔기업 종사원 참여경영과 조직몰입의 관계에서 심리적 주인의식의 매개효과
-호텔 고객 상호관계적 브랜드 자산에 따른 호텔 브랜드 태도 및 이용 충성도에 관한 연구
-호텔 관리자의 리더십과 조직문화가 직무태도에 미치는 영향
-호텔 레스토랑 조리사들의 카빙 데코레이션에 대한 중요도 및 필요성 인식에 관한 연구
-호텔 관리자의 리더십과 조직문화 경영성과 간의 관계 연구

저자와의
합의하에
인지첩부
생략

음료서비스 실무경영론

2013년 2월 28일 초 판 1쇄 발행
2021년 8월 20일 개정판 3쇄 발행

지은이 최병호 · 신정하
펴낸이 진욱상
펴낸곳 백산출판사
교 정 편집부
본문디자인 강정자
표지디자인 오정은

등 록 1974년 1월 9일 제406-1974-000001호
주 소 경기도 파주시 회동길 370(백산빌딩 3층)
전 화 02-914-1621(代)
팩 스 031-955-9911
이메일 edit@ibaeksan.kr
홈페이지 www.ibaeksan.kr

ISBN 979-11-5763-157-5 93980
값 26,000원